高等学校物联网专业系列教材
编委会名单

高等学校物联网专业系列教材

物联网智能技术

张文宇　李　栋　主编

贾　嵘　主审

中国铁道出版社
CHINA RAILWAY PUBLISHING HOUSE

内 容 简 介

本书主要介绍了物联网智能技术的理论及其相关算法，从知识管理、知识表达、知识推理、智能计算、机器学习等方面，对物联网智能技术进行了详细介绍，以期为读者提供一个更为系统、综合的物联网智能技术体系。

本书内容丰富、详略得当、专业性强，既可作为系统工程专业、计算机专业及通信等相关专业本科生及研究生的教材，也可作为高等学校学生毕业论文及毕业设计的参考资料，以及从事物联网智能技术相关工作的专业人员的参考书。

图书在版编目（CIP）数据

物联网智能技术 / 张文宇，李栋主编. —北京：中国铁道出版社，2012.4
高等学校物联网专业系列教材
ISBN 978-7-113-13371-9

Ⅰ. ①物… Ⅱ. ①张… ②李… Ⅲ. ①互联网络—应用—高等学校—教材②智能技术—应用—高等学校—教材
Ⅳ. ①TP393.4②TP18

中国版本图书馆 CIP 数据核字（2012）第 006558 号

书　　名： 物联网智能技术
作　　者： 张文宇　李　栋　主编

策　　划： 刘宪兰　　**读者热线：** 400-668-0820
责任编辑： 王占清
编辑助理： 李晓迎　巨　凤
封面设计： 一克米工作室
责任印制： 李　佳

出版发行： 中国铁道出版社（100054，北京市西城区右安门西街 8 号）
网　　址： http://www.51eds.com
印　　刷： 航远印刷有限公司
版　　次： 2012 年 4 月第 1 版　　2012 年 4 月第 1 次印刷
开　　本： 787mm×1092mm　1/16　**印张：** 19.5　**字数：** 459 千
印　　数： 1～3 000 册
书　　号： ISBN 978-7-113-13371-9
定　　价： 38.00 元

总　序

物联网是继计算机、互联网和移动通信之后的又一次信息产业的革命性发展。目前，物联网被正式列为国家重点发展的战略性新兴产业之一，其涉及面广，从感知层、网络层、到应用层均涉及标准、核心技术及产品，以及众多技术、产品、系统、网络及应用间的融合和协同工作；物联网产业链长、应用面极广，可谓无处不在。

近年来，中国的互联网产业迅速发展，网民数量全球第一，在未来物联网产业的发展中已具备基础。当前，物联网行业的应用需求领域非常广泛，潜在市场规模巨大。物联网产业在发展的同时还将带动传感器、微电子、新一代通信、模式识别、视频处理、地理空间信息等一系列技术产业的同步发展，带来巨大的产业集群效应。因此，物联网产业是当前最具发展潜力的产业之一，是国家经济发展的又一新增长点，它将有力带动传统产业转型升级，引领战略性新兴产业发展，实现经济结构的战略性调整，引发社会生产和经济发展方式的深度变革，具有巨大的战略增长潜能，目前已经成为世界各国构建社会经济发展新模式和重塑国家长期竞争力的先导性技术。

物联网技术的发展和应用，不但缩短了地理空间的距离，也将国家与国家、民族与民族更紧密地联系起来，将人类与社会环境更紧密地联系起来，使人们更具全球意识，更具开阔眼界，更具环境感知能力。同时，带动了一些新行业的诞生和提高社会的就业率，使劳动就业结构向知识化、高技术化发展，进而提高社会的生产效益。显然，加快物联网的发展已经成为很多国家包括中国的一项重要战略，这对中国培养高素质的创新型物联网人才提出了迫切的要求。

2010 年 5 月，国家教育部已经批准了 42 余所本科院校开设物联网工程专业，在校学生人数已经达到万人以上。按照教育部关于物联网工程专业的培养方案，确定了培养目标和培养要求。其培养目标为：能够系统地掌握物联网的相关理论、方法和技能，具备通信技术、网络技术、传感技术等信息领域宽广的专业知识的高级工程技术人才。其培养要求为：学生要具有较好的数学和物理基础，掌握物联网的相关理论和应用设计方法，具有较强的计算机技术和电子信息技术的能力，掌握文献检索、资料查询的基本方法，能顺利地阅读本专业的外文资料，具有听、说、读、写的能力。

物联网工程专业是以工学多种技术融合形成的综合性、复合型学科，它培养的是适应现代社会需要的复合型技术人才。但是，我国物联网的建设和发展任务绝不仅仅是物联网工程技术所能解决的，物联网产业发展更多的需要是规划、组织、决策、管理、集成和实施的人才，因此物联网学科建设必须要得到经济学、管理学和法学等学科的合力支撑，因此我们也期待着诸如物联网管理之类的专业面世。物联网工程专业的主干学科与课程包括：信息与通信工程、电子科学技术、计算机科学与技术、物联网概论、电路分析基础、信号与系统、模拟电子技术、数字电路与逻辑设计、微机原理与接口技术、工程电磁场、通信原理、计算机网络、现代通信网、传感器原理、嵌入式系统设计、无线通信原理、无线传感器网络、近距无线传输技术、二维条码技术、数据采集与处理、物联网安全技术、物联网组网技术等。

物联网专业教育和相应技术内容最直接地体现在相应教材上，科学性、前瞻性、实用性、综合性、开放性是物联网专业教材的五大特点。为此，我们与相关高校物联网专业教学单位的专家、学者联合组织了本系列教材“高等学校物联网专业系列教材”，以为急需物联网相关知识的学生提供一整套体系完整、层次清晰、技术先进、数据充分、通俗易懂的物联网教学用书，出版一批符合国家物联网发展方向和有利于提高国民信息技术应用能力，造就信息化人才队伍的创新教材。

本系列教材在内容编排上努力将理论与实际相结合，尽可能反映物联网的最新发展，以及国际上对物联网的最新释义；在内容表达上力求由浅入深、通俗易懂；在知识体系上参照教育部物联网教学指导机构最新知识体系，按主干课程设置，其对应教材主要包括物联网概论、物联网经济学、物联网产业、物联网管理、物联网通信技术、物联网组网技术、物联网传感技术、物联网识别技术、物联网智能技术、物联网实验、物联网安全、物联网应用、物联网标准、物联网法学等相应分册。

本系列教材突出了“理论联系实际、基础推动创新、现在放眼未来、科学结合人文”的特色，对基本概念、基本知识、基本理论给予准确的表述，树立严谨求是的学术作风，注意相关概念、术语的正确理解和表达；从实践到理论，再从理论到实践，把抽象的理论与生动的实践有机地结合起来，使读者在理论与实践的交融中对物联网有全面和深入的理解和掌握；对物联网的理论、研究、技术、实践等多方面的发展状况给出发展前沿和趋势介绍，拓展读者的视野；在内容逻辑和形式体例上力求科学、合理、严密和完整，使之系统化和实用化。

自物联网专业系列教材编写工作启动以来，在该领域众多领导、专家、学者的关心和支持下，在中国铁道出版社的帮助下，在本系列教材各位主编、副主编和全体参编人员的努力和辛勤劳动下，在各位高校教师和研究生的帮助下，即将陆续面世。在此，我们向他们表示衷心的感谢并表示深切的敬意！

虽然我们对本系列教材的组织和编写竭尽全力，但鉴于时间、知识和能力的局限，书中难免会存在一些问题，离国家物联网教育的要求和我们的目标仍然有一定距离，因此恳请各位专家、学者以及全体读者不吝赐教，及时反映本套教材存在的不足，以使我们能不断改进完善，使之更加满足社会对物联网人才的需求。

高等学校物联网专业系列教材编委会

2011 年 10 月 1 日

前　言

智能技术与管理是信息科学与管理科学发展的高级阶段，是一门新兴的交叉前沿学科，具有极为广泛的应用领域，特别是在近年来兴起的物联网技术中表现得尤为突出。物联网智能技术与专家系统属于信息技术的应用课，其先导课程有“计算机基础”、“离散数学”、“数据库理论及数据挖掘技术”等。通过对物联网智能技术和专家系统的概念、结构、功能以及知识表示、推理机制等知识的学习，学生可以掌握智能信息处理的一般方法和原理，以解决一定领域内的实际问题。物联网智能技术将人工智能技术和IT基础设施整合为一体，使全球信息化进程发生重要转折，即从“数字化”阶段向“智能化”阶段迈进。物联网智能技术将大大加快信息化进程，拓展信息化领域，通过该技术实现的各种应用将快速渗透到经济、社会、安全等各个方面，并极大地提高社会生产效率。

本书内容丰富、详略得当、专业性强，共分12章进行讲解，其中：第1章主要概述了物联网和商务智能的基本概念、发展及应用等；第2章介绍了知识表示方法，包括与/或树表示法、产生式表示法、语义网络表示法、框架表示法、过程表示法、剧本表示法及面向对象表示法；第3章介绍了高级知识推理；第4章介绍了专家系统的概念、开发过程和发展趋势；第5章介绍了知识管理系统及与商务智能关系；第6章讲述了神经网络与遗传算法的基本概念；第7章对蚁群算法、免疫克隆算法、鱼群算法及粒子群优化算法进行介绍；第8章对粗糙集合及其算法进行讲解；第9章介绍了机器学习；第10章介绍了multiagent多智能体；第11章介绍了自然语言理解的概念和发展过程及自然语言理解研究的关键问题；第12章介绍了知识工程和常用的数据挖掘方法。

本书由张文宇、李栋主编，其中第1～8章由张文宇教授编写，第9～12章由李栋老师编写。西安理工大学贾嵘教授对全书各章节进行了审阅。全文的校对和修改由西安邮电学院研究生任露、高晶、邹佳利和马晨共同完成，在此表示感谢。

由于编写时间仓促，加之水平有限，书中疏漏和不妥之处在所难免，恳请读者批评指正。

编　者

于西安邮电学院

2011年6月

前　言

[illegible]

编者

[illegible]

2011年6月

目　录

第1章 物联网与商务智能

学习重点

通过本章的学习，学生可以对物联网和商务智能的概念、发展过程和体系结构有清晰的认识，了解到物联网对商务智能的影响。通过对概念的了解、掌握，为以后章节的学习做好准备。

任何事物及该事物在人们大脑意识中形成的概念都具有相互依存的关系。事物的概念是事物在人们大脑意识中的本质属性的反映。物联网也是一种事物，所以，物联网和物联网概念的关系也是相互依存的关系。没有物联网，物联网的概念就是无本之木，无源之水。物联网的实践很早，比如 1989 年英国剑桥大学的“咖啡壶事件”。由于几个楼层的研究人员共享一只咖啡壶带来诸多不便，结果他们为咖啡壶开发了一套网络追踪技术，不仅可以通过互联网确定咖啡壶的位置，还可以避免因拿到空壶而白跑一趟的尴尬局面。当然，在科学实践活动中，在人们大脑意识中形成的科学概念，与科学思维时期有所不同，科学概念可作为表现某一认识阶段时科学知识和科学研究的结果和总结而存在。物联网概念也是一种科学概念，所以，也可作为某一认识阶段时科学知识和科学研究的结果和总结而存在。根据上述的内容，这里将物联网的概念理解为：物联网概念是在互联网概念的基础上，将用户端延伸和扩展至物体与物体之间，进行信息交换和通信的一种网络概念，同时也是互联网知识和研究的结果和总结。

1.1　物联网概述

物联网（internet of things）是继计算机、互联网与移动通信网之后的又一次信息产业浪潮，是一个全新的技术领域。物联网的实践可以追溯到 1990 年施乐公司的网络可乐贩售机——Networked Coke Machine。1999 年，在美国召开的移动计算和网络国际会议中，提出物联网的概念。这一概念最早是由 MIT Auto-ID 中心的 Ashton 教授同年在研究射频识别（radio frequency identification，RFID）技术时提出的，还提出了结合物品编码、RFID 和互联网技术的解决方案。2004 年，日本和韩国分别提出了“U-Japan”战略和“U-Korea”战略。2005 年 11 月 17 日，在突尼斯举行的信息社会世界峰会（WSIS）上，国际电信联盟（ITU）发布《ITU 互联网报告 2005：物联网》，引用了“物联网”的概念，但物联网的定义和范围已经发生了变化，覆盖范围扩大，不再局限于单指基于 RFID 技术的物联网。

在中国，2008 年 11 月，在北京大学举办了第二届中国移动政务研讨会“知识社会与创新 2.0”，提出移动技术、物联网技术的发展代表着新一代信息技术的形成。在美国，美国总统奥巴马上任后第一项重要的技术议题即是物联网，美国要推动物联网技术的发展。IBM 公司提出“智慧地球”战略，即“互联网+物联网=智慧的地球”，这一战略上升为美国的国家战略。2009 年 8 月 7 日，中国国务院总理温家宝调研无锡时，对物联网产业研究院高度关注，提出“在传感网发展中，要早一点谋划未来，早一点攻破核心技术”，并且明确要求尽快建立中国的传感信息中心，或者叫“感知中国”中心。2009 年 10 月底，中国传感网产业联盟成立。据了解，2011 年 9 月份召开工业和信息化部部长办公会，即将出台的物联网“十二五”规划将物联网重点应用领域分布在智能电网、智能交通、智能物流、智能家居、医疗卫生、公共安全、环境保护等领域。图 1-1 所示为物联网发展的主要阶段。

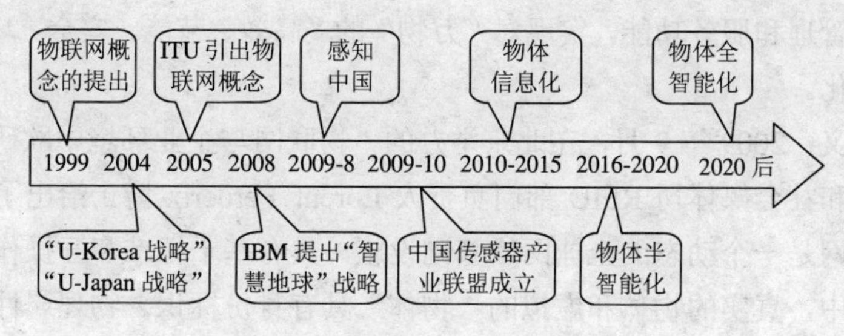

图 1-1　物联网发展的主要阶段

1.1.1　物联网的概念

物联网是新一代信息技术的重要组成部分。目前，国内对物联网还没有一个标准的定义。本书在众多物联网概念的基础上求同存异，将物联网定义为：通过射频识别（RFID）、红外感应器、全球定位系统、激光扫描器等信息传感设备，按约定的协议，把任何物体与互联网相连接，采集其声、光、热、电、力学、化学、生物、位置等各种需要的信息，进而进行信息交换和通信，以实现对物体的智能化识别、定位、跟踪、监控和管理的一种网络。

这里的"物"要满足以下条件才能被纳入"物联网"的范围：

（1）要有相应信息的接收器；

（2）要有数据传输通路；

（3）要有一定的存储功能；

（4）要有专门的应用程序；

（5）要有数据发送器；

（6）遵循物联网的通信协议；

（7）在世界网络中有可被识别的唯一编号。

物联网的本质就是将 IT 基础设施融入物理基础设施中，也就是将传感器嵌入电网、铁路、桥梁、隧道、公路、建筑、供水系统、水库、油气站等各种物体中，实现信息的自动提取。下面列举两个代表性的定义：

"中国式"定义：物联网是指将无处不在（ubiquitous）的末端设备（device）和设施（facility）（包括具备"内在智能"的传感器、移动终端、工业系统、楼控系统、家庭智能设施、视频监控系统等）与"外在智能（enabled）"，如安装有 RFID 的各种资产（assets）、安装有无线终端的人或车辆、"智能化物件或动物"或"智能尘埃"（mote），通过各种无线和（或）有线的长（短）距离通信线路实现网络的互联互通（M2M）。应用基于云计算的软件运营（software-as-a-service，SaaS）模式，在内网（Intranet）、专网（Extranet）和（或）互联网（internet）的环境下，采用适当的信息安全保障机制，提供安全可控以及个性化的实时在线监测、定位追溯、报警联动、调度指挥、预案管理、远程控制、安全防范、远程维保、在线升级、统计报表、决策支持和领导桌面（集中展示的cockpit dashboard）等管理和服务功能，实现对“万物”的“高效、节能、安全、环保”的“管、控、营”一体化。

欧盟的定义：2009年9月，在北京举办的“物联网与企业环境中欧研讨会”上，欧盟委员会信息和社会媒体司RFID部门负责人Lorent Ferderix博士给出了欧盟对物联网的定义：物联网是一个动态的全球网络基础设施，具有基于标准和互操作通信协议的自组织能力。其中，真实的物体和虚拟的“物体”具有身份标识、物理属性、虚拟的特性及智能的接口，并与信息网络无缝整合。物联网将与媒体互联网、服务互联网和企业互联网一起，构成未来互联网。

1.1.2 物联网的体系结构

物联网融合了传感器、计算机、通信网络和半导体技术实现物与物之间的互联通信。从产业和用户角度来说，其核心是“物物互连”，利用了先进的传感技术、网络通信技术，称为物联网；从技术支撑角度来说，称为传感网。在整个大网络的范畴中，物联网包含了传感网，而传感网作为一个网络模型，与物联网一起完成各种物体间的相互通信，如在民用的车速监测、环境监测、瓦斯监控和港口运输中，物联网依靠传感网实现对信息的跟进以及对物体的监控。物联网的结构体系如图1-2所示。

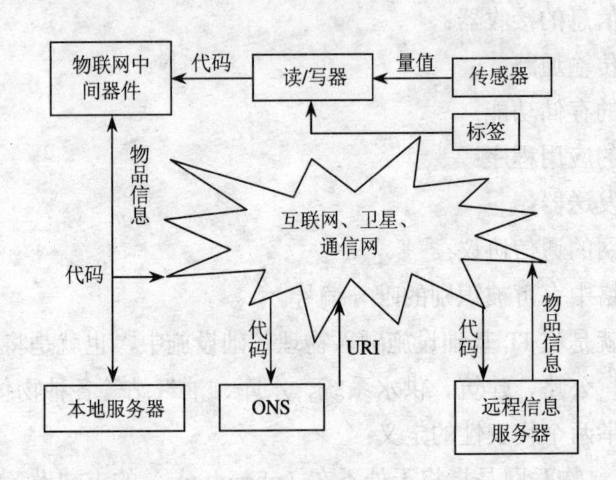

图1-2 物联网的结构体系

根据网络内数据的流向及处理方式，物联网可分为三个层次：网络感知层、传输网络层、应用网络层。

各层的含义如下：

（1）网络感知层即信息识别层，其以二维码、RFID、传感器为主，实现监测物体标识和感知。RFID系统利用射频信号将存储在标签上的标识物的信息进行识别和采集，并将该信息传送于计算机信息管理系统，在标识物与计算机之间进行通信。在所标识的物体中，物体自身也有相互的感知能力，这样在局部的空间里，物体间的信息就会实现相互的通信。

（2）传输网络层即网络通信层，是通过现有的互联网、卫星、移动通信网等接入物联通信网，实现数据的进一步处理和传输。从物联网的网络通信层面上看，保障数据的安全性是一个核心的问题。数据在传输过程中容易受到攻击、更改、冲突、堵塞和重发，那么在数据传输中，就需要采用数据融合和安全控制技术，以提高网络的容错能力，从而保证数据的可靠性。在传输网络层中，采用电子产品代码（electronic product code，EPC）形成一个全球的、开放的标识标准，对每一个物品赋予一个独一无二的代码，并结合 RFID 技术的使用，实现 RFID 技术与通信网络相结合，即可顺利地将所采集到的、经过处理的汇聚信息通过传输网络层传送出去，实现对物品的跟踪。

（3）应用网络层即终端处理层，是输入/输出（I/O）控制终端（包括计算机、手机等服务器终端），可实现对传输层发送信息的存储、挖掘、处理和应用。物联网的终端由外围感知（传感）接口、中央处理模块和外部通信接口三部分组成，属于网络感知层和传输网络层的中间设备，实现信息或数据的接收、处理以及整合等多种功能，从而实现“物物通信”。

物联网层次结构如图 1-3 所示。

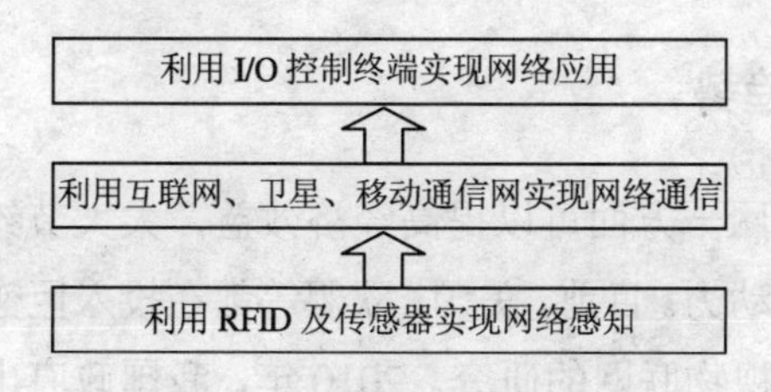

图 1-3　物联网的层次结构

1.1.3　物联网的特点

和传统的互联网相比，物联网具有以下一些物理特点：

（1）物联网是各种感知技术的广泛应用。物联网上部署了大量的、类型较多的传感器，每个传感器都是一个信息源，不同类别的传感器所捕获的信息内容和信息格式不同。传感器获得的数据具有实时性，并按一定的频率，周期性地采集环境信息，不断更新数据。

（2）物联网是一种建立在互联网上的泛在网络。物联网技术的基础和重要核心仍旧是互联网，物联网上的传感器定时采集的信息需要通过网络传输，由于其信息量极其庞大，为了保障数据的正确性和及时性，在传输过程中，必须适应各种异构网络和协议。

（3）物联网不仅提供了传感器的连接，其本身也具有智能处理的能力，能够对物体实施智能控制。物联网将传感器和智能处理相结合，利用云计算、模式识别等各种智能技术，扩大其应用领域。从传感器获得的信息中分析、加工和处理出有意义的数据，以适应不同用户的不同需求，从而发现新的应用领域和应用模式。

除上述这些特点之外，物联网还具有一些技术特点，具体可概括为以下几个方面：

（1）学科综合性强。物联网是连接数字世界和物理世界的桥梁，通过互联网、云计算和应用，使信息的产生、获取、传输、存储和处理形成有机的全过程。物联网技术涉及计算机、半导体、网络、通信、光学、微机械、化学、生物、航天、医学和农业等众多学科领域，发展物联网将对学科发展起到极强的推动作用。

（2）产业链条长。发展物联网将加快信息材料、器件、软件等的创新速度，使信息产业迎来新一轮的发展浪潮，大大拓宽了信息产业的发展空间。发展物联网将使传感器、芯片、设备制造、软件、系统集成、网络运营以及服务与支持等诸多产业迅速发展。

（3）渗透范围广。物联网将物理基础设施和IT基础设施整合为一体，是全球信息化进程发展的重要转折——从"数字化"阶段向"智能化"阶段迈进。物联网将大大加快信息化进程，拓宽信息化领域，其应用将快速渗透到经济、社会、安全等各个方面，并极大地提高社会的生产效率。

1.1.4 物联网的发展趋势

业内专家认为，物联网一方面可以提高经济效益，大大节约成本；另一方面可以为全球经济的复苏提供技术动力。目前，美国、欧盟等都在投入巨额资金深入研究物联网。我国也正在高度关注、重视物联网的研究。2010年，我国政府出台了一系列与物联网发展相关的产业政策，国务院、发改委、工业和信息化部、科技部等部门也都出台了相关产业的扶持政策来促进中国物联网产业的发展。与此同时，各省市和产业园区也将会出台相关的扶持政策，例如江苏省的无锡市、北京的中关村科技园等都将有可能成为地方政策出台的先行者。其具体原因有两个方面：

（1）在技术与标准化方面，北京邮电大学、中国科学院、南京邮电大学、无锡中国物联网产业研究院以及中国物联网标准化组织有望在物联网标准和关键技术方面取得突破性进展，一系列重点行业应用产品将被推向市场并逐步开始规模化应用。

（2）行业应用将成为未来几年物联网产业发展的主要驱动力。智能物流、智能交通、城市安防、智能电网等行业市场成熟度较高，这些行业传感技术成熟，政府扶持力度大，市场前景广阔，投资机会巨大，在许多城市已经开始规模化应用，将成为未来几年物联网产业发展的重点领域；医疗卫生、家庭、个人等领域的智能传感应用还需较长的时间，主要因技术、标准均有待进一步完善，大多产品还处于试验阶段，短时间内不会大规模应用。

未来物联网将给中国物流业带来革命性的变化，中国智慧物流将迎来大发展的时代。

华夏物联网总经理、中国物流技术协会副理事长王继祥认为，未来物联网在物流业的应用将出现以下四大趋势：

（1）智慧供应链与智慧生产融合。随着 RFID 技术与传感器网络的普及，物与物的互联互通，将为企业的物流系统、生产系统、采购系统与销售系统的智能融合打下基础。而网络的融合必将使智慧生产与智慧供应链相融合，从而使企业物流完全融入企业经营之中，打破工序和流程的界限，开辟智慧企业。

（2）智慧物流网络开放共享，融入社会物联网。物联网是聚合型系统创新的结果，这将带来跨行业的网络建设与应用。例如，一些社会化产品的可追溯智能网络能够融入社会物联网，这时开放追溯信息可让人与人之间方便地借助互联网或物联网手机终端，实时便捷地查询、追溯产品信息。这样，产品的可追溯系统就不只是一个物流智能系统，而是与质量智能跟踪、产品智能检测等紧密联系在一起的系统。

（3）多种物联网技术集成应用于智慧物流。目前，在物流业应用较多的感知技术主要是 RFID 和 GPS 技术，随着物联网技术的发展，传感技术、蓝牙技术、射频识别技术、M2M 技术等多种技术也将逐步集成并应用于现代物流领域，用于现代物流作业中的各种感知与操作。

（4）物联网对改善供应链管理、提升物流服务质量及完善产品质量监控等方面将产生深远的影响。

总之，物联网将促使各行各业迅速发展起来。计世资讯数据显示：截至 2015 年，中国物联网整体市场规模将达到 7 500 亿元，年复合增长率超过 30%，市场前景将远远超过计算机、互联网、移动通信等市场。美国权威咨询机构 FORRESTER 预测，截至 2020 年，世界上物物互连的业务，与人与人通信的业务相比，将达到 30: 1 。因此，物联网时代将带来全球第三次信息化浪潮，如图 1-4 所示。

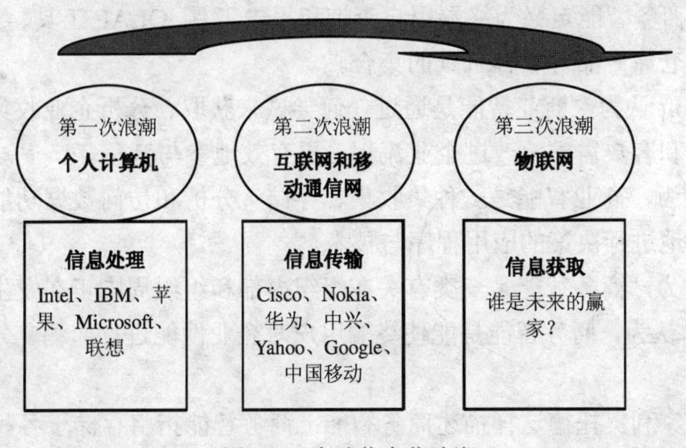

图 1-4　全球信息化浪潮

1.2 商务智能

商务智能（BI）是数据仓库、联机分析处理和数据挖掘等相关技术走向商业应用后形成的一种应用技术。商务智能将业务数据转换成明确的、基于事实的、能够执行的信息，并且使得业务人员能够发现客户趋势，创建客户忠诚度，增强与供应商的关系，减少金融风险，以及揭示新的销售商机。商务智能的目标是了解变化的意义——从而理解甚至预见变化本身。通过访问当前的、可靠的和易消化的信息，帮助企业从各个侧面及不同的维度灵活地浏览信息和建立模型。它是提高和维持竞争优势的一条有效的途径。近年来，商务智能技术日趋成熟，越来越多的企业决策者意识到需要通过商务智能来保持和提升企业竞争力。在美国，500 强企业里面已经有 90%以上的企业利用企业管理和商务智能软件帮助管理者做出决策。在中国，商务智能处于导入期，其应用的程度和实际效果与国外企业还有较大差距。近年来，国内外商务智能供应商和高等院校对商务智能技术开展了广泛的研究。

1.2.1 商务智能的定义

对商务智能的定义，目前还无定论。众多文献中对商务智能的理解各不相同，其中具有代表性的定义有：

（1）Gartner Group 将商务智能定义为一类由数据仓库（或数据集市）、查询报表、数据分析、数据挖掘、数据备份和恢复等部分组成的，以帮助企业决策为目的的技术及应用。

（2）IBM 认为，商务智能是一系列由系统和技术支持的以简化信息收集、分析策略的集合，主要包括企业需要收集什么信息、谁需要去访问这些数据、如何将原始数据转化为企业最终做出的决策、客户服务和供应链管理。

（3）IDC 将商务智能定义为终端用户查询和报告工具、OLAP 工具、数据挖掘软件、数据集市和数据仓库产品等软件工具的集合。

（4）Microsoft 认为，商业智能是通过任何尝试来获取、分析企业收集的数据，以更清楚地了解市场和客户需求，改进企业流程，更有效地参与竞争。

（5）SAP 认为，商业智能是一种集收集、存储、分析和访问数据功能于一身、以帮助企业用户更好地进行决策的应用程序与技术。

（6）SAS 认为，商务智能是一类有关在组织内部和组织周围正在发生的知识。

（7）Cognos 认为，商务智能是能使终端用户对企业性能进行监测、分析和形成报表的软件。

商务智能专家利奥托德这样描述商务智能：商务智能指将存储于各种商业信息系统中的数据转换成有用信息的技术。它允许用户查询和分析数据库，可以得出影响商业活动的关键因素，最终帮助用户做出更好、更合理的决策。

本书采取如下定义，即商务智能是利用数据仓库、数据挖掘技术对客户数据进行系统地存储和管理，并通过各种数据统计分析工具对客户数据进行分析，提供各种分析报告，如客户价值评价、客户满意度评价、服务质量评价、营销效果评价和未来市场需求等，为企业的各种经营活动提供决策信息。简单概括如下：

BI=DB（数据库）+DW（数据仓库）+OLAP（联机分析处理）+DM（数据挖掘）

目前，商务智能的概念已经不单是指软件产品和工具，更可能是整体应用的解决方案，甚至升华为一种管理思想，体现的是一种理性的经营管理决策的能力，即全面、准确、及时、深入地分析和处理数据与信息的能力。

1.2.2　商务智能的功能及作用

商务智能收集、汇总与商务活动有关的各种数据，并将这些数据集成到数据仓库中，采用联机分析技术对商务活动进行实时的监控、分析，以便及时做出有效的商务决策，从而提交商务活动的绩效。应用数据挖掘技术对描述商务活动的数据进行挖掘，以获取有效的商务信息，从中提取商务知识，可为企业发展寻找新的机遇。商务智能具有的功能如下：

（1）数据管理功能。从多个数据源（ETL）通过抽取、转换、转存的方式得到数据、整理数据，提高数据集成能力及高效存储与维护数据的能力。

（2）数据分析功能。具备 OLAP、legacy 等多种数据分析功能，终端信息查询和报表生成能力，数据可视化能力。

（3）知识发现功能。从大型数据库的数据中，提取人们感兴趣的知识的能力。这些知识是隐性的、未知的、潜在有用的信息，提取的知识被表示为概念（concepts）、规则（rules）、规律（regulations）及模式（patterns）等形式。

（4）企业优化功能。即辅助企业建模的能力。商务智能把知识应用于企业的决策，具备对知识的产生、分发和利用的能力，目的是建立一个高效的、快速反应的、科学决策的组织架构。

商务智能的作用与商务智能的功能密切相关，具体如下：

（1）理解业务。商务智能可以用于帮助企业决策者理解企业业务，认识是哪些趋势、哪些非正常情况和哪些行为对业务产生影响。

（2）衡量绩效。商务智能可以用于企业决策者对员工的期望进行定位，帮助他们跟踪并管理其绩效。

（3）改善关系。商务智能为客户、员工、供应商、股东提供关于企业及业务状况的有利信息，从而提高企业的知名度，使整个信息链保持一致。利用商务智能，企业可以在问题变成危机之前很快地对问题加以识别并解决。商务智能也有助于加强客户忠诚度，一个参与其中并掌握充分信息的客户更加有可能购买企业的产品和服务。

（4）创造获利机会。掌握各种商务信息的企业可以通过提供这些信息从中获取利润。

企业的各个职能部门都应该认识到商务智能的重要作用。企业资源规划、供应链管理、客户关系管理、财务和人力资源，所有这些关键的企业职能部门都应该而且能够利用商务智能工具来提高效率、改进效果。另外，还有许多跨职能的企业战略领域也开始使用商务智能工具，这些领域包括预算和预测、以活动为基础的管理、建立获利性模型、战略规划、平衡计分卡和以价值为基础的管理等。商务智能不仅能帮助分析和改进企业内部的经营和发展，而且能够帮助分析和改进企业之间的沟通和交流，从而为“协作型商务”这一新的商业模式提供强大的发展动力。

1.2.3 商务智能的过程

商务智能的实施是一项复杂的系统工程，整个项目涉及企业管理、运作管理、信息系统、数据仓库、数据挖掘、统计分析等众多门类的知识。因此，用户除了要选择合适的商务智能软件工具之外，还必须按照正确的实施方法才能保证项目取得成功。图 1-5 所示为商务智能项目的实施过程。

（1）需求分析。这是商务智能实施的第一步，在其他活动开展之前必须明确企业对商务智能的期望和需求，包括需要分析的主题及各主题可能查看的角度（维度）；需要发现企业哪些方面的规律。

（2）数据仓库建模。通过对企业需求的分析，建立企业数据仓库的逻辑模型和物理模型，并规划好系统的应用架构，将企业各类数据按照分析主题进行组织和归类。

（3）数据抽取。数据仓库建立后，必须将数据从业务系统抽取到数据仓库中，在抽取的过程中还必须将数据进行转换、分析，以适应分析的需要。

（4）建立商务智能分析报表。需要专业人员按照用户制定的格式进行开发，用户也可自行开发（开发方式简单、快捷）。

（5）用户培训和数据模拟测试。对于开发、使用分离型的商务智能系统，最终用户的使用是相当简单的，只需通过操作即可针对特定的商务问题进行分析。

（6）系统改进和完善。任何系统的实施都必须不断完善。商务智能系统更是如此，在用户使用一段时间后可能会提出更多的、更具体的要求，这时就需要再次按照上述步骤对系统进行重构或完善。

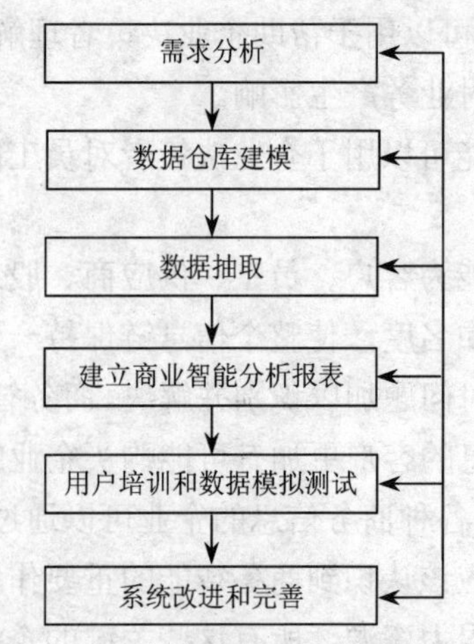

图 1-5　商务智能项目的实施过程

1.3　商务智能的产生与发展过程

以下对于商务智能产生的条件、基础及商务智能的发展过程进行较为详细的讲解。

1.3.1　决策支持系统引发商务智能

1947 年，卡内基梅隆大学的赫伯特•西蒙（Herbert Simon）教授出版了《行政行为——行政组织决策过程的研究》一书。在这本被后世喻为经典的著作里，他提出，“如果能利用存储在计算机里的信息来辅助决策，人类理性的范围将会大大扩大”。后来，这位天才科学家又提出，在后工业时代，人类社会的中心问题将从如何提高生产率转变为如何利用信息辅助决策。追本溯源，学界已公认，赫伯特•西蒙对决策支持系统的研究，是现代商务智能概念最早的源头和起点。决策支持系统（DSS）于 20 世纪 70 年代首先提出，在其产生后的 30 年里，各国学者对 DSS 的理论与开发应用进行了卓有成效的研究。目前，DSS 已经成为计算机应用领域中一个十分活跃的分支。从数据到知识的这个跨越，人类用了半个多世纪。直到 20 世纪 90 年代，由于若干新技术的出现，打破了瓶颈，“商务智能”才浮出水面。

1.3.2　数据仓库实现商业信息的聚集

决策支持系统面临的“瓶颈式”难题是如何将多个不同的信息系统产生的数据进行有机的聚集整合，而数据仓库技术解决了以上难题。数据仓库（data warehouse）技术完全是在决策需求的驱动下产生与发展起来的。

数据仓库是商务智能的依托，是对海量数据进行分析的核心物理构架，它是面向主题的、集成的、相对稳定的、随时间不断变化（不同时间）的数据集合，用以支持经营管理中的决策制定过程。数据仓库最根本的特点是物理地存放数据，数据源可以是来自多种不同平台的系统，如企业内部的客户关系管理系统、ERP 系统、SAP 系统，也可以是企业外部的系统和零散数据及相关的数据文件。这些不同形式、分布在不同地方的物理数据，将以统一定义的格式从各个系统中被提取出来，再通过 ETL 工具进行抽取、转换、集成，最后进入数据仓库。ETL 工具和数据仓库理论的成熟，解决了决策支持系统的瓶颈问题，从此，商务智能得到更进一步的发展。

1.3.3　联机分析产生多维数据

联机分析处理（OLAP）是共享多维信息的、针对特定问题的、联机数据访问和分析的快速软件技术。它通过对信息的多种可能的观察形式进行快速、稳定一致和交互性的存取，允许管理决策人员对数据进行深入观察。决策数据是多维数据，多维数据就是决策的主要内容。 联机分析处理具有灵活的分析功能、直观的数据操作和分析结果可视化表示等突出优点，从而使用户对基于大量复杂数据的分析变得轻松而高效，以利于迅速做出正确判断。联机分析处理有助于进行商务智能查询，业务分析人员希望获取业务的全局认识，根据聚合数据看到更广泛的趋势，商务智能是从 OLAP 数据库中提取数据，然后分析这些数据以获得所需信息的过程，可以用这些信息做出明智的商业决策并付诸实施。联机分析处理是基于多维数据模型的，这个模型将数据看做是数据立方体形式，数据立方体允许以多维数据建模和观察，由维和事实来定义。多维数据模型上的 OLAP 操作包括数据上卷（roll-up）、下钻（drill-down）、切片和切块（slice and dice）、转轴（pivot）、钻过（drill-across）、钻透（drill-through）等。

1.3.4　数据挖掘产生有价值的知识

随着数据仓库、联机分析技术的发展和成熟，商务智能的框架基本形成。但真正给商务智能赋予“智能”生命的，是商务智能的下一个产业链——数据挖掘。

数据的丰富带来了对强有力的数据分析工具的需求，数据挖掘是从海量的数据中抽取感兴趣的、有价值的、隐含的、以前没有用但是潜在有用信息的模式和知识，从而为决策者提供新的知识。

数据挖掘按挖掘任务分类包括：分类或预测知识模型发现、数据总结、数据聚类、关联规则发现、时序模式发现、依赖关系或依赖模型发现、异常和趋势发现等。

数据挖掘按挖掘对象分类包括：关系数据库、面向对象数据库、空间数据库、时态数据库、文本数据库、多媒体数据库、异构数据库、数据仓库、演绎数据库和 Web 数据库等。

数据挖掘按挖掘方法分类包括：统计方法、机器学习方法、仿生物法、信息论法、集合论法、数据库方法等。

1.3.5　信息可视化提供最直观的视觉效果

随着数据仓库、联机分析和数据挖掘技术的不断完善，业界都认为，商业智能系统已经很好地完成了智能分析的使命，因此早期商务智能的产业链只有这三个。但进入 21 世纪后，随着技术的不断发展，商务智能的产业链又多了一个，即信息可视化。

传统意义上的报表，格式单一，枯燥乏味。信息可视化主张的提出，决定了人的创造力不仅要依靠逻辑思维，而且还要依靠形象思维。数据如果能变成图像，就能在逻辑思维的基础上进一步激发人的形象思维，帮助用户理解数据之间隐藏的规律，为企业商做出决策提供最优的支持。短短十年间，从最早的点线图、直方图、饼图、网状图等简单图表，发展到以监控商务绩效为主的仪表盘、记分板，到今天的三维地图、交互式图像、动态模拟、动画技术等更加直观化、趣味化的表现方法，信息可视化已经发展成为一个独立的产业，其产品数不胜数，可谓绚丽多彩。信息可视化把美学创造的艺术元素带进了商务智能，为商务智能的发展锦上添花。

1.3.6　知识时代的竞争利器

信息可视化的出现，使商务智能的产业链形成了一个数据整合、联机分析、数据挖掘到最后数据展示的完整闭环。商务智能的这四个产业链独立性强，可具体到特定的商务智能产品，且每个产业链都随着数据量的增大变得越来越复杂。

商务智能的发展是一个渐进的、复杂的演变过程，其内涵和外延处于动态的发展之中。商务智能的各个产业链，都在不断地扩大，特别是作为其“智能灵魂”的数据挖掘技术，将对人类社会的发展产生深远的影响。正如德鲁克所说，21 世纪的竞争，是知识生产率的竞争。以知识发现为使命的商务智能，必将成为知识时代的竞争利器。

1.4　商务智能的体系结构

从对商务流程处理的角度来看，商务智能系统主要由三个子系统组成：数据集成子系统、数据存储子系统以及 BI 应用子系统。商务智能系统的主框架如图 1-6 所示。

图 1-6　商务智能系统的主框架

1. 数据集成子系统

数据集成子系统提供了一个解决企业的数据一致性与集成化问题的方案，它通过数据整合、数据集中、数据交换等数据处理手段，将企业各个业务系统面向应用的数据重新按照面向统计分析的方式进行组织，屏蔽数据资源的异构性与分布性，从而实现统一的数据访问和数据集成。目前，数据集成主要通过 ETL 工具软件、基于 ETL 的数据交换技术实现。

2. 数据存储子系统——数据仓库

数据仓库在现有各业务系统的基础上，对数据进行抽取、清理并有效集成后，按照主题进行重新组织，最终确定数据仓库的物理存储结构，同时组织存储数据仓库元数据（具体包括数据仓库的数据字典、记录系统定义、数据转换规则、数据加载频率以及业务规则等信息）。

3. BI 应用子系统

通过对需要的数据按照多维数据模型进行再次重组，以支持用户多角度、多层次的分析需要，并利用数据分析工具从中发现有用的知识，支持企业的决策过程。它主要包括各种数据分析工具、报表工具、查询工具、数据挖掘工具以及各种基于数据仓库或数据集市开发的应用。其中，数据分析工具主要针对 OLAP 服务器，报表工具、数据挖掘工具既针对数据仓库，同时也针对 OLAP 服务器。

商务智能体系结构如图 1-7 所示。

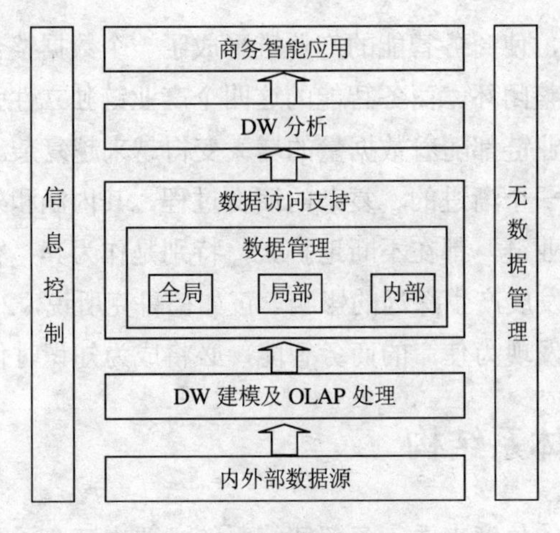

图 1-7　商务智能体系结构图

1.5　主流商务智能产品

商务智能在 20 世纪 90 年代后期有了突飞猛进的发展，越来越多的企业提出了其对商务智能的需求，把商务智能作为帮助企业达到经营目标的一种有效手段，并纷纷加入商务智能研究和软件开发的行列，比如 IBM、Oracle、Microsoft、SAS、Business Objects 等著名厂商纷纷推出支持商务智能开发与应用的软件系统。商务智能软件市场在近些年得到迅速发展。

目前，中国市场上的商务智能公司主要分为两大阵营。一大阵营是专门做商务智能软件的厂商，主要有 Business Objects、Hyperion、Cognos 等。这一阵营中厂商的特点是技术先进，产品功能强大而全面，产品易用性高，可以使用各种数据源，目前这个阵营的厂商已经占据了中国商务智能市场的大部分市场份额。另一阵营的厂商则一般与数据库有着千丝万缕的联系，这类厂商包括 Oracle、微软、IBM 等。这个阵营的厂商对于商务智能的侧重点各不相同，因此相应的商务智能产品各具特色。这类厂商往往是把商务智能打包在其他软件中推广，特别是有自己数据库产品的厂商，比如 Oracle。这类厂商除了有数据库产品之外，还有其他应用软件产品，因此在推广商务智能软件中确实可以抢占一定的先机。下面按厂商分类介绍主流商务智能产品。

1. IBM

IBM 为零售行业提供了专门的商务智能解决方案 RBIS。RBIS 提供全面的包含零售企业客户分析、商品定价、营销效果分析、商店运作等多方面的报表库。

2．Microsoft

微软商务智能包含如下组件：

（1）基本组件：Microsoft SQL Server、Analysis Services 及 Microsoft Office；

（2）商务智能组件：SharePoint Portal Server；

（3）可视化组件：Data Analyzer；

（4）地理空间分析组件：MapPoint；

（5）点击流分析组件：Commerce Server 2000；

（6）零售与营销分析组件：BI Accelerator for SQL Server；

（7）项目管理组件：Microsoft Project；

（8）资料分析组件：Office Web Components 等。

3．SAP

SAP 的商务智能工具有：SAP Business Information Warehouse (SAP BW)和 SAP NetWeaver。

4．Oracle

Oracle 产品与解决方案有：

（1）数据仓库平台：包括 Oracle Database 、Oracle OLAP、Oracle Data Mining 引擎和 Oracle Warehouse Builder；

（2）商务智能工具：包括 OracleBI Discoverer、Oracle BI Spreadsheet Add-in、Oracle BI Data Miner、Oracle Reports Services 和 OracleBI Beans；

（3）分析应用程序：包括 Oracle Daily Business Intelligence、Oracle Balanced Scorecard、Oracle Enterprise Planning and Budgeting、Oracle Activity Based Management 和 Oracle Performance Analyzer 等。

5．Business Objects

Business Objects 率先提出电子商务智能（e-business intelligence）的概念，将电子商务和商务智能紧密地结合起来。Business Objects 提出的概念还包括人力资源智能（human resource intelligence）、产品和服务智能（product & service intelligence）、6S 智能（six-sigma intelligence）、供应链智能（supply chain intelligence）等概念。

6．SAS

SAS 的产品和解决方案包括：SAS Enterprise BI Server——SAS Web Report Studio、SAS Add-In for Microsoft Office、 SAS Information Delivery Portal、 SAS Information Map Studio 和 SAS Integration Technologies 等。

7. MicroStrategy

MicroStrategy 实现的零售解决方案包括：商品管理分析、供应商分析、销售和市场分析、客户分析、商品类别管理分析、库存管理分析、员工绩效管理分析、电子商务分析、财务分析等。

8. Hyperion

Hyperion 认为：大量涌现的集团化运作企业，对庞大而复杂的财务关系和信息流分析提出更高要求，信息技术、管理理论的成熟，催生了商务智能和企业绩效管理。企业绩效管理（business performance management，BPM）软件允许公司将策略变为计划、监测执行过程、提供能提高财务和运作绩效的洞察力。

9. Cognos

Cognos 的产品和解决方案包括：

（1）ETL 工具：Decision Stream；

（2）事件和检测工具：NoticeCast；

（3）统一的元数据分析工具：Cognos Architect；

（4）平衡记分卡 KPI 分析工具：Cognos Metrics Manager、Cognos Metrics Designer、Visualizer；

（5）报表分析工具：ReportNet；

（6）即时查询工具：Cognos Query、ReportNet Query Studio；

（7）OLAP 分析工具：PowerPlay、PowerPlay Enterprise、Server、Transformer；

（8）安全性分析工具：Access Manager；

（9）配置和管理工具：Cognos Server Administration、Configuration Manager 等。

1.6 商务智能未来的发展趋势

近些年，商务智能已经被人们广泛地认可和推崇，现在人们谈论最多的商务智能从技术上是指报表、即席查询、在线分析（OLAP）和深层次的分析（数据挖掘）。最近，商务智能的概念从技术到应用都发生了巨大的变化，从商务智能到商务分析，再到企业绩效管理，再到企业绩效优化。那么，商务智能未来的发展趋势会如何？下面从技术层面和应用层面对商务智能的发展趋势进行分析。

1. 技术层面的发展趋势

（1）实时商务智能。比如，企业发现欺诈行为，应该马上禁止不良行为，客户实时信用的分析可以用来处理客户有多大的信用额度等。为了实现实时商务智能，自然就需要将原来的 ETL 工具进行改造，也就形成了新的企业信息整合（EII）技术，来实现实时数据抽取，和原来的ETL工具配合，共同使用。

（2）移动商务智能。将原来人们依赖于计算机的商务智能搬到手机上，这样使得客户非常容易监控、分析企业出现的例外现象。比如，当发现企业的现金发生不正当交易时，很快就可以通过手机获得一条预警短信，然后，通过手机寻找风险出现的原因，快速反应。但为了实现手机商务智能，自然就需要相应的软件和技术。

（3）SaaS商务智能。商务智能作为云计算，作为一种服务，企业不需要在自己的终端上安装任何软件，只要将自己的电子表格或数据库等的数据加载到远程的服务器上，就可以得到大量的分析和数据处理。这样就需要云计算的技术和工具。

（4）大数据量快速处理商务智能。原来一般是利用空间换时间的方法，比如多维数据库（MDDB），但是它存在空间过大反而导致效率低下的问题，现在人们越来越多地将软件和硬件结合起来，提高大数据量的处理速度和效率。比如，SAP的Explorer和IBM、HP、Intel等合作采取了这种技术。

（5）简单易用商务智能。只要大家熟悉MS Office就可以使用商务智能，将商务智能的界面和PPT、Word、Outlook、Excel等结合起来，可以在Outlook或者PPT上做分析、钻取和数据的刷新。这样就需要Live Office的功能。

（6）主数据管理（MDM）。在实现商务智能时，对于共享数据的处理，就需要一个工具，解决共享数据的模型和整合，这就是主数据管理所做的工作。

（7）将数据分析和搜索引擎结合起来。只要客户在搜索引擎中输入关键词，就可以获得相关的分析结果，不需要开发就可以得到各种维度的分析。

2．应用层面的发展趋势

（1）方案集成度不断提高。时至今日，各大厂商都发布了集成整合各自软件的方案，即使是新兴的商务智能厂商也不断完善自我方案的完整性，希望能提供用户一站式的解决方案。对于商务智能的用户来言，这样的方案集成将大大降低过往高昂且费时的系统集成工作，并能保障快速的系统部署。例如，Oracle已经率先推出从存储、服务器、操作系统、数据仓库平台和预置模型、ETL平台和预置抽取过程、商务智能平台和预置展现指标、企业绩效管理应用到最终用户智能手机终端的全套集成方案。

（2）实时数据获取和整理。原来的商务智能仅仅获得企业以前做了什么和为什么发生的例外分析上，而现在的企业越来越多地需要做到预测和实时商务智能。这就需要BI应用提供最近的关于当下客户的交易行为、风险以及营销机会等信息。很显然，滞后的信息无法让工作人员在与客户接触时准确了解客户的全貌，如潜在需求等情况，将导致商业机会的流失或者不当的业务动作。

（3）协作型商务智能。从数据出发，可以在供应商、企业内部和客户之间共享分析的结果，来获得某些行动可能会产生的风险，这些风险会给供应商、企业内部、客户之间带来损失，以实现数据共享。

（4）可视化技术进一步发展。越来越多的用户不再满足于传统的图像展现和交互式的图像展现。越来越多的分析需求需要借助图像 OLAP 方式的分析方法来完成，比如噪声数据、数据集趋势等。借助 Oracle Essbase 海量数据处理引擎，Oracle 已经率先开展了数据可视化分析的先河，为用户提供可视化数据探索服务。

(5)全员需要的商务智能。现在大部分企业都将商务智能作为领导的决策支持系统，这样，系统的应用就很少，将来的趋势是人人都用商务智能，使之成为企业的一套每天都在应用的业务系统。

（6）商务智能和核心业务系统整合。在 ERP 系统中是流程驱动，将手动的东西变成计算机自动化处理，但是还要对每个结点进行智能的判断，比如客户的信用额度是否超标，如果超标，就无法提交等。

1.7　物联网对商务智能活动的影响

1．物联网技术极大地促进商务智能的应用

正如物联网概念所指出的，物联网具备的条件最后需要智能处理，需要通过庞大的系统来进行智能分析和管理，而这个智能分析管理就是当前被商业界主管以及 CIO 所持续关注商务智能。

当前，商务智能已经成为企业信息化建设的下一个目标，企业的决策者以及业务人员希望通过引进商务智能来了解市场动态、企业的内部管理等，对于商务智能的需求越来越强烈。从企业对于商务智能的需求映射到物联网的发展，看似有着不同，但其本质的发展都是一样的。如果把物联网看成一个“企业”，那么这个“企业”就是一个多元化，覆盖不同领域、不同行业的企业，它所产生的数据、信息会大得惊人，如何把这些数据进行分析、转换成有效的信息以及实现智能的管理，显得尤为重要。

2．物联网对商务智能的新要求

虽然，我们看到物联网对于商务智能的需求同样也很强烈，但商务智能在物联网的部署并不是一步到位的，物联网的海量数据对商务智能提出了新的要求：

（1）实时商务智能，即随时随地实现商务智能。受内部和外部的、可预见的和突发事件的影响，物联网任何一个应用端均需要对瞬息万变的环境实时分析并做出决策。

（2）分析速度更快。实时商务智能要求其分析速度更快。这就使商务智能不得不进行架构上的改变。BI 专家指出，以前的 BI 都是把它存储在硬盘上面，数据和硬盘有接口互相交换，这种交换限制了速度的提高。以前的 BI 只是一个软件，如果用户要分析，把它通过网络连接到服务器进行计算就可以了。但现在，BI 企业没有完全将 BI 固化到硬盘里，而是和硬件厂商进行绑定，推出一个专门为分析而制定的软硬结合的工具，从而大幅提高了分析速度。

（3）数据质量控制。海量的数据如果不能保证数据的真实性，就会产生错误的结果和判断，后果非常严重。因此，数据质量控制是获得真实结果的重要保证。

（4）关键绩效指标分析、即时查询、多维分析、预测功能以及易用的数据挖掘等也是 BI 必不可少并不断需要加强的地方。

1.8　物联网环境下商务智能创新模式前景分析

在物联网快速发展的环境下，商务智能将会也必会不断创新，以满足社会的迫切需要。它的创新模式前景可具体表现为十个方面。

1．智能家居

智能家居产品融合自动化控制系统、计算机网络系统和网络通信技术于一体，将各种家庭设备（如音视频设备、照明系统、窗帘控制、空调控制、安防系统、数字影院系统、网络家电等）通过智能家庭网络联网实现自动化，通过中国电信的宽带、固话和 3G 无线网络，可以实现对家庭设备的远程操控。与普通家居相比，智能家居不仅提供舒适宜人且高品位的家庭生活空间，实现更智能的家庭安防系统；还将家居环境由原来的被动静止结构转变为具有能动智慧的工具，提供全方位的信息交互功能。

2．智能医疗

智能医疗系统借助简易实用的家庭医疗传感设备，对家中病人或老人的生理指标进行自测，并将生成的生理指标数据通过中国电信的固定网络或 3G 无线网络传送到护理人或有关医疗单位。根据客户需求，中国电信还提供相关增值业务，如紧急呼叫救助服务、专家咨询服务、终生健康档案管理服务等。

3．智能城市

智能城市产品包括对城市的数字化管理和城市安全的统一监控。前者利用“数字城市”理论，基于 3S（地理信息系统 GIS、全球定位系统 GPS、遥感系统 RS）等关键技术，深入开发和应用空间信息资源，建设服务于城市规划、城市建设和管理，服务于政府、企业、公众，服务于人口、资源环境、经济社会的可持续发展的信息基础设施和信息系统。后者基于宽带互联网的实时远程监控、传输、存储、管理的业务，利用中国电信无处不达的宽带和 3G 网络，将分散、独立的图像采集点进行联网，实现对城市安全的统一监控、统一存储和统一管理、为城市管理和建设者提供一种全新、直观、视听觉范围延伸的管理工具。

4．智能环保

智能环保产品通过对实施地表水质的自动监测，可以实现水质的实时连续监测和远程监控，及时掌握主要流域重点断面水体的水质状况，预警预报重大或流域性水质污染事故，解决跨行政区域的水污染事故纠纷，监督总量控制制度的落实情况。

5. 智能交通

智能交通系统包括公交无线视频监控平台、智能公交站台、电子票务、车管专家和公交手机一卡通五种业务。公交行业无线视频监控平台利用车载设备的无线视频监控和GPS定位功能，对公交运行状态进行实时监控。智能公交站台通过媒体中心与电子站牌的数据交互，实现公交调度信息数据的发布和多媒体数据的发布功能，还可以利用电子站牌实现广告发布等功能。车管专家利用全球卫星定位技术（GPS）、无线通信技术（CDMA）、地理信息系统技术（GIS）和中国电信3G等高新技术，将车辆的位置与速度，车内外的图像、视频等各类媒体信息及其他车辆参数等进行实时管理，有效满足用户对车辆管理的各类需求。

6. 智能农业

智能农业产品通过实时采集温室内温度、湿度信号以及光照、土壤温度、CO_2浓度、叶面湿度、露点温度等环境参数，自动开启或者关闭指定设备。可以根据用户需求，随时进行处理，为设施农业综合生态信息自动监测、对环境进行自动控制和智能化管理提供科学依据。通过模块采集温度传感器等信号，经由无线信号收发模块传输数据，实现对大棚温湿度的远程控制。智能农业产品还包括智能粮库系统，该系统通过将粮库内温湿度变化的感知与计算机或手机的连接进行实时观察，记录现场情况以保证粮库内的温湿度平衡。

7. 智能物流

智能物流打造了集信息展现、物流配载、仓储管理、金融质押、园区安保和海关保税等功能为一体的物流园区综合信息服务平台。信息服务平台以功能集成、效能综合为主要开发理念，以电子商务、交易为主要交易形式，建设高标准、高品位的综合信息服务平台，并为金融质押、园区安保和海关保税等功能预留了接口，可以为园区客户及管理人员提供一站式综合信息服务。

8. 智能校园

校园手机一卡通，促进了校园的信息化和智能化。校园手机一卡通的主要功能包括：电子钱包、身份识别和银行圈存。电子钱包即通过手机刷卡实现主要校内消费；身份识别包括门禁、考勤、图书借阅、会议签到等；银行圈存即实现银行卡到手机的转账充值、余额查询。目前校园手机一卡通的建设，除了满足普通一卡通功能之外，还实现了借助手机终端实现空中圈存、短信互动等功能。

9. 智能文博

智能文博系统是基于RFID和无线网络，运行在移动终端的导览系统。该系统在服务器端建立相关导览场景的文字、图片、语音以及视频介绍数据库，以网站形式提供专门面向移动设备的访问服务。移动设备终端通过其附带的RFID读写器，得到相关展品的EPC编码后，可以根据用户需要，访问服务器网站并得到该展品的文字、图片语音或者视频介绍等相关数据。该产品主要应用于文博行业，实现智能导览及呼叫中心等应用拓展。

10．M2M平台

M2M平台是物联网应用的基础支撑设施平台。M2M协议规范引领着M2M终端、中间件和应用接口的标准统一，为跨越传感网络和承载网络的物联信息交互提供表达和交流规范。在电信级M2M平台上驱动着遍布各行各业的物联网应用逻辑，倡导基于物联网络的泛在网络时空，让广大消费者尽情享受物联网带来的个性化、智慧化、创新化的信息新生活。

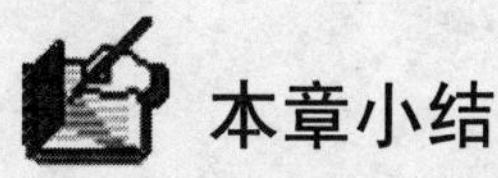

本章小结

本章对物联网和商务智能分别进行了较具体的介绍，且对物联网环境下商务智能创新模式前景进行了分析。首先对物联网进行概述，包括其发展背景、概念、体系结构和特点。物联网的核心和基础是互联网。目前美国、欧盟等都高度关注物联网，并投入巨资深入研究探索，所以本章对大家比较关心的物联网未来发展趋势进行了分析。然后，介绍了商务智能，包括其定义、功能以及实施过程的六个具体步骤，还有其产生和发展的过程、体系结构和技术工具、主流商务智能产品以及商务智能未来的发展趋势。最后，探究了物联网对商务智能活动的影响，并指出商务智能在物联网环境下将大有可为，同时物联网也对商务智能提出了新要求。

本章习题

1. 简述物联网的概念、特点和体系结构。
2. 简述商务智能的定义、功能和作用过程。
3. 谈谈身边物联网的具体应用有哪些，物联网给整个世界带来了哪些变化。
4. 讨论物联网具体创新应用模式会有哪些。
5. 举例分析商务智能技术在某些领域的具体应用。
6. 结合某一行业的具体企业，举例分析商务智能在质量管理、客户关系管理、财务、人力资源管理等中的具体应用。
7. 举例分析物联网对商务智能的影响。

第2章 知识表示方法

学习重点

通过本章的学习，学生可以对知识的概念和分类方法及知识表示有一定的认识。通过对谓词表示法、与/或树表示法和产生式表示法等八种知识表示方法的学习，为第3章的高级知识推理奠定理论基础。

知识是一切智能行动的基础，是实现人工智能的前提。目前，由于人们用自然语言描述的知识，计算机还不能直接识别，因而必须研究相应的知识表示方法。知识表示（knowledge representation）是指把知识客体中的知识因子与知识关联起来，以便人们识别和理解知识。知识表示是智能信息处理的前提和基础，任何智能信息处理的方法都要建立在知识表示的基础之上。

2.1 知识与知识表示

知识是人们认识世界和改造客观世界过程中积累起来的认识和经验。知识表示包括知识表示的概念和知识表示方法。根据所表示知识的确定化程度，可将知识表示分为确定性知识表示和不确定性知识表示。本书主要讨论知识表示的概念和确定性知识的表示方法。

2.1.1 知识

对于“知识”的定义没有明确规定，在智能信息处理领域，有代表性的知识的解释有以下三种：

① 费根鲍姆（Feigenbaum）认为，知识是经过削减、塑造、解释和转换的信息。简单地说，知识是经过加工的信息。

② 伯恩斯坦（Bernstein）认为，知识是由特定领域的描述、关系和过程组成的。

③ 海斯—罗斯（Hayes-Roth）认为，知识包括事实、信念和启发式规则等。

一般来说，知识就是人们对客观事物及其规律的认识。此外，知识还包括人们利用客观规律解决实际问题的方法和策略等。对客观事物及其规律的认识，包括对事物的现象、本质、属性、状态、关系、联系和运动等的认识，即对客观事物的原理的认识。利用客观规律解决实际问题的方法和策略，包括解决问题的步骤、操作、规则、过程、技术和技巧等具体的微观性方法，也包括战术、战略、计谋和策略等宏观性方法。所以，就内容而言，知识可分为（客观）原理性知识和（主观）方法性知识两大类。就形式而言，知识可分为显式知识和隐式知识。

知识可从范围、目的、有效性这三个方面加以描述。其中，知识的范围是由具体到一般，知识的目的是由说明到指定，知识的有效性是由确定到不确定。例如，为了证明 $A \to B$，只需证明 $A \wedge \sim B$ 是不成立的，这种知识是一般性、指定性和确定性的。像“汽车有四个车轮”，这种知识是具体的、说明性和不确定性的。

1. 知识的属性

（1）真假性与相对性。知识作为人们对客观世界的认识，应具有真假性。由于人们对客观世界的认识是在一定的条件下进行的，因此知识又具有相对性。

所谓真假性，是指可以通过实践或推理来证明知识为真或为假。所谓相对性，是指知识的真与假是相对于某些条件、环境及时间而言的，即知识一般不是无条件的真或无条件的假，而是相对于一定条件的。一个知识可能会在某些条件、某个环境或某一时间段为真，而当这些条件、环境或时间发生变化时就有可能为假。

（2）不确定性。由于现实世界的复杂性和人们认识事物的局限性，可能会使知识带有一些不确定性。知识的不确定件包括不完整性、不精确性与模糊性。

知识的不完整性是指在解决问题时不具备解决该问题所需要的全部知识。从人类对客观事物的认识过程来看，一般遵循由部分到整体、由感性到理性、由表面到本质等规律，这种部分的、感性的、表面的认识，都反映了知识的不完整性。事实上，人们求解问题的过程，很多都是在知识不全面的情况下开始思考并最终使问题得以解决的。例如，医生在看病时，能够了解到的往往只是病人的一部分症状，医生对病人的诊断和治疗一般都是在这种知识不完整的情况下进行的。知识的不完整性又可能会导致知识的不精确性和模糊性。

知识的不精确性是指知识所具有的既不能完全被确定为真，又不能完全被确定为假的特性。例如，在专家系统中，其知识一般来源于领域专家的经验，即领域专家在长期工作和研究实践中积累起来的知识。对于这些知识，领域专家一般都能够灵活、高效地运用，但要精确地将其描述出来却比较困难。通常，知识的不精确性是用“置信度”来描述的。

知识的模糊性是指知识的“边界”不明确的特性。由于某些概念之间存在着模糊关系，那么当用这些概念构成知识时，就使得人们很难把两个类似的知识严格区分开来。例如，“好”与“比较好”是两个模糊的概念。当评价一个人时，好到什么程度算比较好，好到什么程度算好，就很难区分了。所以，知识的模糊性通常是用“模糊隶属度”来度量的。

（3）矛盾性和相容性。矛盾性是指同一个知识集中的不同知识之间的相互对立或不一致性。也就是指，从这些知识出发，会推出不一致的结论。相容性是指同一个知识集中的所有知识之间互相不矛盾，因此也称为知识的一致性，即从这些知识出发，不能从中推出一对互相矛盾的结论。

（4）可表示性与可利用性。可表示性是指知识可以用适当的形式表示出来。例如，语言、文字、图形、神经网络等。知识的可表示性为知识的存储、传播和利用奠定了基础。知识的可利用性是指知识可以被用来解决各种各样的问题。

2．知识的类型

关于知识的类型，可以从许多不同的角度来划分。下面为常见的几种划分方法

（1）按知识的性质来分，知识可分为概念、命题、公理、定理、规则和方法等。

（2）按知识的作用范围来分，知识可分为常识性知识和领域性知识。常识性知识是指通用通识的知识，即人们普遍知道的、适应于所有领域的知识。领域性知识是指面向某个具体专业的专业性知识，这些知识只有该领域的专业人员才能够掌握并运用。例如，领域专家的经验等。专家系统解决问题主要依靠的就是领域知识。

（3）按知识的作用来分，知识可分为事实性知识、过程性知识和控制性知识。

事实性知识是用于描述问题或事物的概念、状态、环境及条件等情况的知识。例如，地球围着太阳转就是事实性知识，主要反映事物的静态特征，一般采用直接表达形式。

过程性知识是用来描述问题求解过程所需要的操作、演算或行为等规律性的知识，指出在问题求解过程中如何使用那些与问题有关的事实性知识，即用于说明在那些事实性知识成立时该怎么办。过程性知识一般由与所求解问题有关的规则、定律、定理、经验及算法等构成。其表示方法主要有产生式规则、语义网络及过程性算法等。

控制性知识是指如何运用已有知识进行问题求解的知识，又称为关于知识的知识。例如，问题求解中的推理策略（如正向推理、逆向推理）、搜索策略（如广度优先、深度优先、启发式）和传播策略等。

（4）按知识的层次来分，知识可分为表层知识和深层知识。

表层知识是指客观事物的现象以及这些现象与结论之间关系的知识。例如，经验性知识、感性知识等。表层知识形式简洁、易表达、易理解，但不能反映事物的本质。目前，大多专家系统拥有的知识都是表层知识。

深层知识是指事物本质、因果关系内涵、基本原理之类的知识。例如，理论知识、理性知识等。

（5）按知识的确定性来分，知识可分为确定性知识和不确定性知识。

确定性知识是指可以给出其值为“真”或“假”的知识。这些知识是可以明确表示的知识。

不确定性知识是指具有“不确定”特性的知识。不确定性的概念包含不明确、不完备和模糊。

（6）按知识的等级来分，知识可分为零级知识、一级知识、二级知识、三级知识等。

零级知识是指问题领域内的事实、定理、方法、实验对象和操作等常识性知识和原理性知识。

一级知识是指具有经验性、启发性的知识。

二级知识是指如何运用上述两级知识的知识。在实际应用中，通常把零级知识和一级知识称为领域知识，把二级知识称为元知识（也称超知识），把三级知识称为元元知识等。但目前人们研究的主要是二级和二级以下的知识。

（7）按知识的结构及表现形式来分，知识可分为逻辑性知识和形象性知识。

逻辑性知识是指反映人类逻辑思维过程的知识，例如，人类的经验性知识。这种知识一般都具有因果关系和难以精确描述的特点，与逻辑思维相对应，例如，专家系统中的经验。

形象性知识是指通过事物的形象建立起来的知识，与形象思维相对应。例如，一个人的相貌，要用文字来描述非常困难，但要亲眼见到这个人，就很容易在头脑中形成这个人的轮廓。目前，人们正在研究用神经网络的联结机制来表示形象性知识的问题。

图 2-1 所示为常见知识分类图。

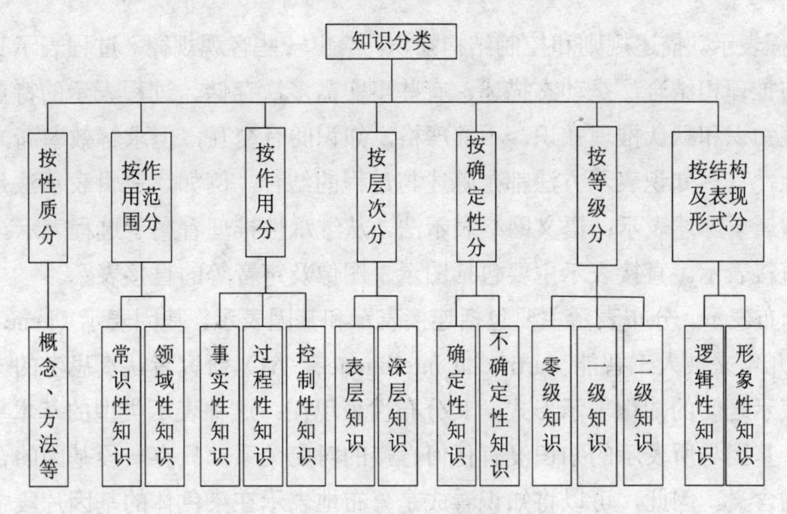

图 2-1　知识分类图

2.1.2　知识表示

知识表示是一种用机器能识别的命令来表示知识可行性、有效性的方法，是一种数据结构与控制结构的统一体，既考虑知识的存储又考虑知识的使用。知识表示可看成是一组描述事物的约定，是将人类的知识转换成机器能处理的数据结构。

知识表示有语言、文字、数字、符号、公式、图表、图形和图像等多种形式，这些形式是人类所能接受和处理的形式。但目前还不能完全直接用于计算机，因此需要研究适用于计算机的知识表示形式。

人工智能问题的求解是以知识为基础，知识表示是人工智能研究中最基本的问题之一。知识表示形式常模仿人脑的知识存储结构，在这点上，心理学家做出了重要的贡献。

知识表示是目前人工智能研究中最活跃的领域。研究者通常对主要知识采取高效实用的表达，以提高程序的能力。知识表示是设计知识处理系统及从事任何计算机非数值处理的根本问题。

1．知识表示的形式

知识表示的形式可以分成三类：局部表示、直接表示和分布表示。

（1）局部表示。局部表示可分为陈述表示和过程表示，包括逻辑、产生式系统，语义网络、框架及过程等。

① 陈述表示。描述事实性知识，给出客观事物知识，告诉人们所涉及的对象是什么，是对这一对象相关事实的“陈述”（数据）。陈述表示将知识表示与知识的运用（推理）分开处理，是静态描述。陈述表示的特点是较严格、模块性好，有些事实仅需存储一次。

② 过程表示。描述规则和控制结构知识，给出一些客观规律。过程表示其实就是求解程序，与推理相结合，是动态描述，有些事实需多次存储。过程表示的特点是，易于表达启发性知识和默认推理知识，不够严格，知识间有交互，但求解效率高。

实际上，许多知识表示方法都是陈述与过程的结合。例如，逻辑表示法是表示与求解分离的，属于陈述表示；语义网络表示法，从继承性推理看属于过程表示。

（2）直接表示。直接表示主要包括图示、图像及声音等的直接表示。

（3）分布表示。分布表示主要包括连接表示和基因表示。基因表示（gene representation）是近几年来被人工智能（artificial intelligence，AI）研究者认真思考的一种介于局部与分布表示之间的知识表示形式。其分布性表现在：这种表示类型的基本单元——染色体的任一基因与所表示的知识没有任何直接的对应关系，只有一段基因的合理组合才具有一定的含义。因此，可以将知识看成是分布地表示在染色体的基因片段中。从对染色体的遗传操作来看，知识表示是分布的，但从其对后代的选择来看，知识表示又是局部的，而局部性主要考虑到染色体可以被分成若干有实际含义的基因段。对于人工智能研究来说，基因表示适合表示那些具有整体特性的知识。另外，这种知识表示形式具有大规模并行处理的特点，由于其基于优化的搜索方法，所以对解决很多优化问题具有特殊的意义。图 2-2 所示为知识表示的体系树。

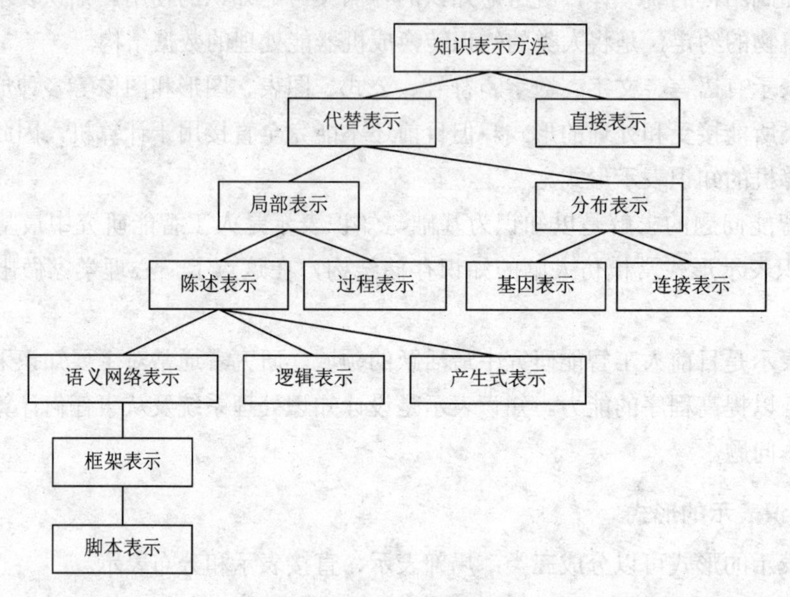

图 2-2　知识表示的体系树

2. 知识表示的要求

知识表示的目的不仅是将知识用数据结构的形式存储在计算机中，更重要的是能够方便且正确地运用和管理知识。正确合理的知识表示，可以使问题求解变得容易、高效；反之，则会使问题求解变得复杂。一般来说，对知识表示的要求可以从以下几个方面考虑：

（1）表示能力。知识表示能力是指能否正确、有效地将问题求解所需要的各种知识表示出来。知识表示能力是对知识表示的一个重要要求。知识表示能力包括以下三个方面：① 知识表示范围的广泛性；② 领域知识表示的高效性；③ 对不确定性知识表示的支持程度。其中，知识表示范围的广泛性要求的是一种共性；领域知识表示的高效性要求的是一种个性；对不确定性知识表示的支持程度要求的则是一种不确定性或模糊性。

（2）可利用性。知识的可利用性是指利用知识进行推理，以求得问题的解。知识的可利用性主要包括对推理的适应性和高效算法的支持性。

所谓推理，是指根据已知事实，通过使用存储在计算机中的知识推出新的事实（或结论）或执行某个操作的过程。一般来说，人工智能主要适合于对推理的知识感兴趣。所谓对高效算法的支持性是指知识表示应能够获得较高的处理效率。一般来说，那种不完备的、不可解的或推理复杂性高的知识表示，其推理效率都比较低，并且会降低系统求解问题的能力。

知识表示和知识利用是密切相关的。“表示”的基础是“利用”，而“利用”的目的是“表示”。由此可见，为使一个智能系统有效地进行问题求解，除需要具备必要的知识之外，还需要有便于利用的知识表示形式。

（3）可组织性与可维护性。知识的可组织性是指把有关知识按照某种方式组成一种知识结构。知识的组织方式与知识的表示形式也是密切相关的，不同的表示形式会对应不同的组织方式。因此，在选择知识表示形式时，还需要考虑知识的组织方式。知识的可维护性是指在保证知识一致性与完整性的前提下，对知识所进行的增加、删除和修改等操作。事实上，任何一个智能系统在建立过程中或建成之后，都不可避免地要对知识进行维护。因此，在选择知识表示形式时也需要考虑知识的可维护性。

（4）可实现性。所谓知识的可实现性，是指所采用的知识表示形式要便于在计算机上实现，便于直接由计算机对其进行处理。如果这种知识表示形式不便于在计算机上实现，就没有什么实用价值。一般来说，用文字表述的知识是不便在计算机上处理的。

（5）自然性与可理解性。知识的自然性是指知识表示形式要符合人们的日常习惯和思维方式。知识的可理解性是指知识的表示形式应易读、易懂、易获取、易维护。针对上述条件，如果要求某一种知识表示形式同时满足这两个条件，这可能比较困难。一般情况下，选择其中的最主要因素，或者采用多种知识表示形式的组合。

2.1.3　知识表示方法

知识表示方法有很多，有谓词逻辑表示法、与/或树表示法、产生式表示法、语义网络表示法、框架表示法、过程表示法、剧本表示法和面向对象表示法等。每种表示方法的原理及过程将在后续内容中逐一展开。

2.1.4　衡量知识表示方法的标准

人类一般都用自然语言来处理知识、表示知识，如果能将自然语言直接引入计算机作为知识表示语言是最理想的。但是，自然语言存在二义性，语法语义也难以有完善的描述，这样就会给机器内部带来较大的麻烦，所以需另行考虑知识表示方法。一种知识表示方法的提出，要求有较强的表达能力和足够的准确度。同时，相对应的表示方法的推理要保证其正确性和效率。从使用者的角度看，应满足可读性好、模块性好等要求。

衡量知识表示方法的标准有四条，具体如下：

（1）具有表示某个专门领域所需要的知识的能力，并保证知识库中的知识是相容的。

（2）具有从已知知识推出新知识的能力，容易建立表达新知识所需要的新结构。

（3）便于新知识的获取，最简单的情况是能由人直接将知识输入到知识库中。

（4）便于将启发式知识附加到知识结构中，以使将推理集中到某一个知识点。

2.2　一阶谓词逻辑表示法

一阶谓词逻辑表示法是一种基于数理逻辑的知识表示方式。数理逻辑是一门研究推理的科学，是人工智能的基础，在人工智能的发展中占有重要地位。人工智能中用到的逻辑可分为两大类：一类是一阶谓词逻辑；另一类是除谓词逻辑以外的那些逻辑。本小节将主要讨论一阶谓词逻辑的表示方法。

2.2.1　谓词逻辑

作为谓词逻辑知识表示的逻辑基础包括一阶经典逻辑基础，如命题、谓词、连词、量词、谓词公式等。下面先介绍基本概念：

1. 谓词演算符号的字母表

（1）英语字母集合，包括 26 个大写与小写字母，如 A，a，B，b，…，Z，z；

（2）数字集合，如 0，1，…，9；

（3）下画线。

2. 谓词演算的符号集和项

（1）谓词演算的符号集：

① 真值符号：True、False。

② 常元符号：常元符号是指第一个字符为小写字母的符号表达式。如 tree，blue 等。常元是指具体的或特定的字体。

③ 变元符号：变元符号是指第一个字符为大写字母的符号表达式。如 George，Bill，Kate 等。变元符号是表示泛指或抽象的客体。

④ 函词符号：第一个字符为小写字母的符号表达式。函词是指一个集合（称为函词的定义域）的一个元素或多个元素到另一个集合（值域）的唯一元素的映射。

⑤ 连结词：$\neg$ 、$\wedge$、$\vee$、 $\rightarrow$、 $\Leftrightarrow$。

⑥ 谓词演算中的量词：

“$\forall$”：全称量词，表示命题对于变元的变域中的所有值都为真。

“$\exists$”：存在量词，表示命题对于变元的变域中的一些值为真。

（2）项的概念

一个项可以是一个常元或变元或函词表达式。函词表达式的形式是在函词符号后面加上其参数，这一参数是函词定义域中的元素，参数的个数等于函词的元数，参数用括号括起来，并用逗号隔开，如 $f(X,Y,Z)$。

一个 n 元函词表达式项是以 n 元函词表达式开头，后面加上用括号括起来的 n 个项，如 $t_1, t_2, \cdots, t_n$，项间用逗号分开，如 $f(t_1, t_2, \cdots, t_n)$。

注意：函词和我们熟知的函数有等同意义，只是函词所对应的均为离散概念。

3. 谓词演算的命题

每个原子命题都能用逻辑操作符将其变成谓词演算的命题。

如果 S 是命题，那么$\neg S$ 也是命题。

如果 S_1，S_2 是命题，那么 $S_1 \wedge S_2$，$S_1 \vee S_2$，$S_1 \rightarrow S_2$，$S_1 \Leftrightarrow S_2$ 也都是命题。

如果 x 是一个变元，S 是一个命题，那么（$\forall x_1$）S、（$\exists x_1$）S 也是命题。

2.2.2　一阶谓词演算

谓词演算的基本关系式如下：

（1）蕴涵等价式：

$$P(x) \rightarrow Q(x) \equiv \neg P(x) \vee Q(x)$$

（2）德 · 摩根律：

$$\neg (P(x) \vee Q(x)) \equiv \neg P(x) \wedge \neg Q(x)$$

$$\neg (P(x) \wedge Q(x)) \equiv \neg P(x) \vee \neg Q(x)$$

（3）分配律：

$$P(x) \wedge (Q(x) \vee R(x)) \equiv (P(x) \wedge Q(x)) \ \vee \ (P(x) \wedge R(x))$$

$$P(x) \vee (Q(x) \wedge R(x)) \equiv (P(x) \vee (Q(x)) \wedge (P(x) \vee R(x))$$

（4）交换律：

$$P(x) \wedge Q(x) \equiv Q(x) \wedge P(x)$$
$$P(x) \vee Q(x) \equiv Q(x) \vee P(x)$$

（5）结合律：

$$(P(x) \wedge Q(x)) \wedge R(x) \equiv P(x) \wedge (Q(x) \wedge R(x))$$
$$(P(x) \vee Q(x)) \vee R(x) \equiv P(x) \vee (Q(x) \vee R(x))$$

（6）全称量词与存在量词的否定：

$$\neg (\exists x)P(x) \equiv (\forall x)\neg P(x)$$
$$\neg (\forall x)P(x) \equiv (\exists x)\neg P(x)$$

（7）变元代换：

$$(\exists x)P(x) \equiv (\exists y)P(y)$$
$$(\forall x)Q(x) \equiv (\forall y)Q(y)$$

（8）作用域分解：

$$(\forall x)(P(x) \wedge Q(x)) \equiv (\forall x)P(x) \wedge (\forall y)Q(y)$$
$$(\exists x)(P(x) \vee Q(x)) \equiv (\exists x)P(x) \vee (\exists y)P(y)$$

【例 2.1】 MAN(x)，MORTAL(x)，可以作为表示“人”的状态的两个谓词逻辑，分别表示“某物质是人”和“人是要死的”这两个命题。在将这种简单谓词逻辑组合起来，就可以构成复杂的逻辑谓词，从而表达复杂的命题。

如，上面两个谓词逻辑的组合，MAN(x)→MORTAL(x)，就可以表示“人都是要死的”这个命题。用谓词逻辑表示上面的关于苏格拉底的三段论推理，就可以写成（$\forall x$）{MAN(x)→MORTAL(x)}

MAN(苏格拉底)

MORTAL(苏格拉底)

支持谓词演算的计算机语言有 Prolog、Lisp 等，也称为人工智能语言。

【例 2.2】 将下面的英文句子翻译成谓词表达式：

① All basketball Players are tall：$\forall X$ (basketball-player(X)) ⇒ tall(X)

② Some people like anchovies：$\exists X$ (person(X) $\wedge$ likes(X,anchovies))

③ Nobody likes taxes：$\neg \exists X$ likes(X,taxes)

谓词逻辑知识表示方法建立在一阶经典逻辑的基础之上，具有严格的逻辑学基础，其主要优点为自然、明确、严格、灵活、模块化等，但这种方法也存在一些不足，如只能表示确定性知识、知识库管理困难及对于复杂问题的推理效率低等。

2.3　与 / 或树表示法

与/或树表示法是一种用于表示问题及其求解过程的形式化方法，通常用于表示比较复杂的问题求解。

在现实的问题求解过程中，当所要求解的问题比较复杂时，如果采取直接求解的方法，往往比较困难，这时人们通常会采取一种分解或变换的思想，将复杂的问题分解或转化为一系列本原问题，然后通过对这些本原问题的求解，实现对原问题的求解。所谓本原问题，是指不能再进行分解或变换，且可以直接解答的子问题。这种将一个复杂问题分解或变换为一组本原问题的过程称为归约。

2.3.1　问题的分解与等价变换

问题的分解是指把一个复杂问题 P 分解为若干个子问题 $P_1,P_2,\cdots,P_n$（每个子问题又可以继续分解为若干个更为简单的子问题，直至不需要再分解或者不能再分解为止）。然后，对每个子问题求解，当且仅当所有子问题 $P_i(i=1,2,\cdots,n)$都有解时，原问题 P 才有解；任何一个子问题 P_i 无解都会导致原问题 P 无解，即分解所得到的子问题的“与”和原问题 P 等价，如图 2-3 所示。这时子结点间是“与”关系，通常用一条弧把各边连接，此时构成的图称为“与图”。

问题的等价变换是指对一个复杂问题 P 进行同构或同态的等价变换，将其变换为若干个较容易求解的新问题 $P_1,P_2,\cdots,P_n$ 只要这些新问题 P_i 中有一个有解，则原问题 P 就有解。只有当变换得到的所有问题 $P_i(i=1,2,\cdots,n)$都无解时，原问题 P 才无解。也就是说，等价变换所得到的新问题的“或”与原问题等价，问题的等价变换过程，也可以用一个图表示，如图 2-4 所示，称为“或图”。

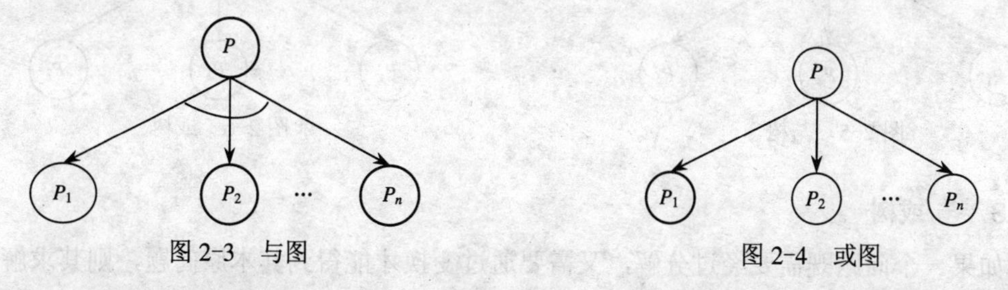

图 2-3　与图　　　　图 2-4　或图

在实际问题的求解过程中，有可能需要同时采用分解和变换的方法，我们将与图和或图结合起来使用称为“与/或图”。无论是分解还是变换，都是要将原问题化为一组本原问题。本原问题可以作为终止归约的限制条件。

2.3.2　问题归约的与/或树表示

与/或树表示法是把初始问题通过一系列变换最终变为一个子问题集合，这些子问题的解可直接得到，从而解答初始问题。

这里先简单介绍几个概念：

与/或树：除了起始结点，每个结点只有一个父结点。

与/或图：除了起始结点，每一个结点允许有多个父结点。

这两者的关系：与/或树是与/或图的特例。

1．与树

当把一个复杂问题分解为若干个子问题时，可用一个“与图”来表示这种分解的过程。例如，设问题 P 可以分解为三个子问题 P_1、P_2、P_3，即对其的求解相当于对这三个新问题的同时求解，则 P 和这三个新问题之间存在“与”关系，称结点 P 为“与”结点。由 P、P_1、P_2、P_3 构成的图称“与”树，如图 2-5 所示。图中连接三条有向边的小弧线表示 P_1、P_2、P_3 之间是“与”的关系。

2．或树

把一个复杂问题变换为若干个与之等价的新问题，这一等价变换过程也可用一个图表示出来，称为“或”树。例如，设问题 P 可以变换为三个新问题 P_1、P_2、P_3 中的任何一个，即总是 P 与这三个新问题中的任何一个等价，可用图 2-6 表示。其中，新问题 P_1、P_2、P_3 中只要有一个可解，则原问题就可解。我们称 P_1、P_2、P_3 之间存在“或”关系，结点 P 称为“或”结点，由 P、P_1、P_2、P_3 所构成的图构成“或”树。

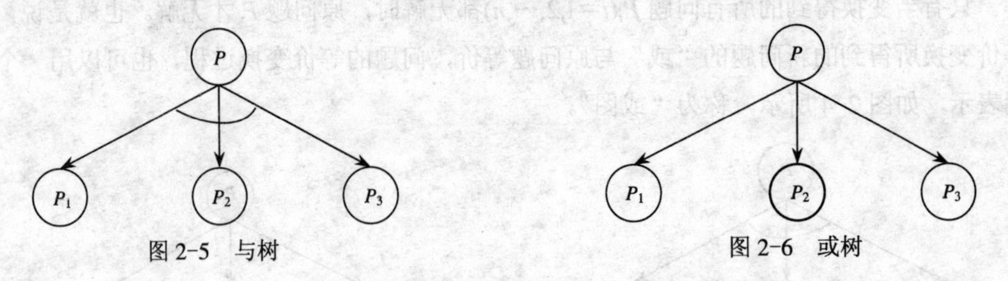

图 2-5　与树　　　　图 2-6　或树

3．与/或树

如果一个问题既需要经过分解，又需要通过变换才能得到其本原问题，则其求解过程可用一个“与/或树”来表示。与/或树的例子如图 2-7 所示。事实上，大多数实际问题都需要用与/或树来表示，即在解决大多数问题时，对原问题的分解与变换是相结合的。在与/或树中，其根结点对应着待求解的原始问题。

4．端结点与终止结点

在与/或树中，没有子结点的结点称为端结点；本原问题所对应的结点称为终止结点。

可见，终止结点一定是端结点，但端结点却不一定是终止结点。

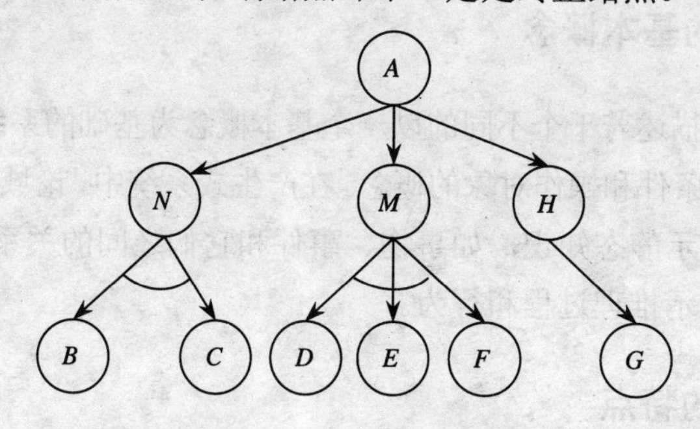

图 2-7　与/或树

5．可解结点与不可解结点

（1）在与/或树中，满足下列条件之一者，称为可解结点

① 终止结点是可解结点（因为它们与本原问题相关联）。

② 如果某个非终止结点含有或后继结点，那么只要当其后继结点至少有一个是可解结点时，此非终止结点便也是可解结点。

③ 如果某个非终止结点含有与后继结点，那么只要当其后继结点全部为可解结点时，此非终止结点便也是可解结点。

（2）不可解结点，即可解结点的三个条件均不满足

① 没有后裔的非终止结点为不可解结点。

② 如果某个非终止结点含有或后继结点，那么只有当其全部后继结点为不可解时，此非终止结点才是不可解结点。

③ 如果某个非终止结点含有与后继结点，那么只要当其后继点至少有一个为不可解时，此非终止结点便是不可解的。

2.3.3　与/或树表示法的求解步骤

用与或树表示法求解问题的步骤如下：

（1）对所要求解的问题进行分解或等价变换。

（2）若所得的子问题不是本原问题，则继续分解或变换，直到分解或变换为本原问题。

（3）在分解或变换的中，若是不等价的分解，则用“与”树表示；若是等价变换，则用“或”树表示。

2.4　产生式表示法

产生式这一术语，是由美国数学家波斯特于 1943 年首次提出并使用的。目前，产生式表示法已成为人工智能中应用最多的一种知识表示方法。

2.4.1　产生式系统的基本概念

产生式系统是用来描述若干个不同的以一个基本概念为基础的系统。这个基本概念就是产生式规则或产生式条件和操作对象的概念。在产生式系统中，论域的知识分为两部分：

（1）事实：用于表示静态知识，如事物、事件和它们之间的关系。

（2）规则：用于表示推理过程和行为。

2.4.2　产生式系统的特点

产生式系统具有格式固定、形式单一的特点，规则间相互较为独立，没有直接的关系，使数据库的建立较为容易，用来处理较为简单的问题是可取的。另外，产生式系统推理方式单纯，也没有复杂计算。特别是数据库与推理机是分离的，这种结构给数据库的修改带来方便，对系统的推理路径也容易做出解释。

产生式系统具有如下优点：

（1）有丰富的表达知识能力。

（2）对结构化的知识表达方便、灵活且易于增加、删除。

（3）能表达动作，其结构等价于图灵机。

（4）推理方向可逆，推理机制多样性。

（5）采用产生式系统结构求解问题的过程类似于人类求解问题时的思维过程，因而可以用其来模拟人类求解问题的思维过程，有利于人工智能目标的实现。

产生式表示的主要缺点如下：

（1）效率较低。在产生式表示中，求解过程的每一步都需要用规则前件与已知事实进行匹配，当问题较大时效率会明显降低。

（2）不便于表示结构性知识。由于产生式表示中的知识具有一致格式，且规则之间不能相互调用，因此对具有结构关系或层次关系的知识，很难进行正确表示。

2.4.3　产生式表示的知识种类及基本形式

产生式可表示的知识种类有及时性、规则性知识及它们的不确定度量。

1．事实的表示

事实可看成是断言一个语言变量的值或断言多个语言变量之间关系的陈述句。其中，语言变量的值或语言变量之间的关系可以是一个词，不一定是数字。例如，陈述句“雪是白色的”，其中“雪”是语言变量，“白色的”是语言变量的值。再如，陈述句“王峰热爱祖国”，其中，“王峰”和“祖国”是两个语言变量，“热爱”是语言变量之间的关系。在产生式表示法中，事实通常是用三元组或四元组来表示的。

（1）对确定性知识，一个事实可用一个三元组来表示。其格式如下：

（对象，属性，值）或（关系，对象 1，对象 2）

其中，对象就是语言变量。这种表示方式，在机器内部可用一个表来实现。例如，上面的两个例子可分别表示为

(blood，color，red）或（血，颜色，红色）——即“血的颜色是红的”

（love，Wang Ping，country）或（热爱，王平，祖国）——即“王平热爱祖国”

（2）对不确定性知识，一个事实可用一个四元组来表示。其格式如下：

（对象，属性，值，可信度因子）

其中，“可信度因子”是指该事实为真的可信程度，可用一个 0～1 之间的数来表示。

2．规则的表示

规则描述的是事物间的因果关系，其含义是“如果……，则……”。规则的产生式表示形式常称为产生式规则，简称为产生式或规则。其基本形式为

$$P \rightarrow Q$$

或者表示为

$$\text{IF } P \text{ THEN } Q$$

其中，P 是产生式的前提，也称为产生式的前件，给出该产生式可否使用的先决条件，由事实的逻辑组合来构成；Q 是一组结论或操作，也称为产生式的后件，指出当前提 P 满足时，应该推出的结论或应该执行的操作。

产生式的含义是：如果前提 P 满足，则可推出结论 Q 或执行 Q 所规定的操作。

例如：

Rule1：IF 动物有犬齿 AND 有爪 AND 眼盯前方 THEN 该动物是肉食动物是一个产生式。

其中：

Rule1 是该产生式的编号；

动物有犬齿 AND 有爪 AND 眼盯前方是产生式的前提 P；

该动物是肉食动物是产生式的结论 Q。

2.4.4　产生式系统的构成

通常，把用产生式知识表示方法构造的智能系统称为产生式系统。一个产生式系统的基本结构包括综合数据库、产生式规则库和控制系统这三个主要部分。它们之间的关系如图 2-9 所示。把一组产生式放在一起，让它们互相配合，协同工作，一个产生式生成的结论可以供另一个产生式作为前提使用，以这种方式求得问题解决的系统就叫做产生式系统。

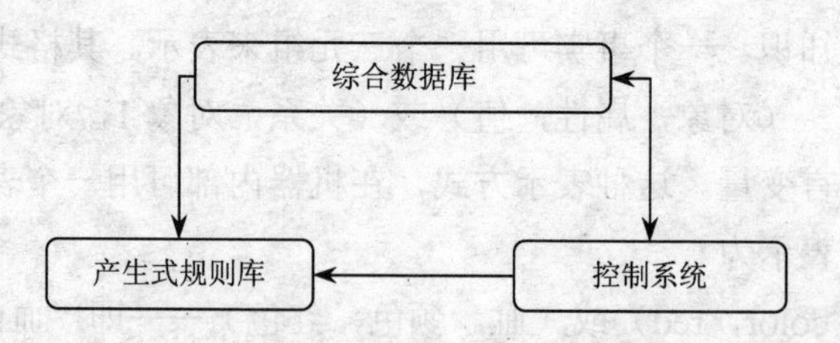

图 2-8　产生式系统的构成示意图

1．综合数据库

综合数据库（data base，DB）也称为事实库，是一个用来存放当前与求解问题相关的各种信息的数据结构。例如，问题的初始状态、输入的事实、推理得到的中间结论及最终结论等。在推理过程中，当规则库中某条规则的前提可以和综合数据库中的已知事实相匹配时，该规则被激活，由其推出的结论将被作为新的事实放入综合数据库，成为后面推理的已知事实。

2．产生式规则库

规则库（rule base，RB）是一个用来存放与求解问题有关的所有规则的集合，也称为知识库（knowledge base，KB），包含了将问题从初始状态转换成目标状态所需要的所有变换规则。这些规则描述了问题领域中的一般性知识。可见，规则库是产生式系统进行问题求解的基础，其知识的完整性、一致性、准确性、灵活性以及知识组织的合理性等，对规则库的运行效率都有着重要影响。其结构为：如果 A 则 B，即 IF A THEN B。

3．控制系统

控制系统（control system，CS）也称为推理机，由一组程序组成，用来控制整个产生式系统的运行，决定问题求解过程的推理思路，实现对问题的求解。其主要工作如下：

（1）按一定策略从规则库中选择规则与综合数据库中的已知事实进行匹配。所谓匹配，是指把所选规则的前提与综合数据库中的已知事实进行比较，若事实库中存放的事实与所选规则前提一致，则称匹配成功，该规则可被使用；否则，称匹配失败，该规则不可用于当前推理。

（2）当匹配成功的规则多于一条时，推理机构应该能够按照某种策略从中选出一条规则去执行。

（3）对要执行的规则，如果该规则的后件不是问题的目标，则当其为一个或多个结论时，把这些结论加入到综合数据库中；当其为一个或多个操作时，执行这些操作。

（4）对要执行的规则，如果该规则的后件满足问题的结束条件，则停止推理。

（5）在问题求解过程中，记住应用过的规则序列，以便最终能够给出问题的求解路径。

以上内容仅是对产生式系统的一般描述，对不同领域的问题或不同的要求，系统结构和控制方式都会有所不同。尤其是在推理的每一步，都有很多细节需要考虑，这些将在后面做详细介绍。为进一步加深对产生式系统的认识和理解。下面给出一个用于动物识别的例子。

【例 2.3】一个用于动物识别的产生式系统。

设该系统可以识别老虎、金钱豹、斑马、长颈鹿、企鹅、信天翁这六种动物。其规则库包含如下 15 条规则：

r_1：IF 该动物有毛发 THEN 该动物是哺乳动物

r_2：IF 该动物有奶 THEN 该动物是哺乳动物

r_3：IF 该动物有羽毛 THEN 该动物是鸟

r_4：IF 该动物会飞 AND 会下蛋 THEN 该动物是鸟

r_5：IF 该动物吃肉 THEN 该动物是肉食动物

r_6：IF 该动物有犬齿 AND 有爪 AND 眼盯前方 THEN 该动物是肉食动物

r_7：IF 该动物是哺乳动物 AND 有蹄 THEN 该动物是有蹄类动物

r_8：IF 该动物是哺乳动物 AND 是嚼反刍动物 THEN 该动物是有蹄类动物

r_9：IF 该动物是哺乳动物 AND 是肉食动物 AND 是黄褐色 AND 身上有暗斑点 THEN 该动物是金钱豹

r_{10}：IF 该动物是哺乳动物 AND 是肉食动物 AND 是黄褐色 AND 身上有黑色条纹 THEN 该动物是虎

r_{11}：IF 该动物是有蹄类动物 AND 有长脖子 AND 有长腿 AND 身上有暗斑点 THEN 该动物是长颈鹿

r_{12}：IF 该动物是有蹄类动物 AND 身上有黑色条纹 THEN 该动物是斑马

r_{13}：IF 该动物是鸟 AND 有长脖子 AND 有长腿 AND 不会飞 THEN 该动物是鸵鸟

r_{14}：IF 该动物是鸟 AND 会游泳 AND 不会飞 AND 有黑白二色 THEN 该动物是企鹅

r_{15}：IF 该动物是鸟 AND 善于飞 THEN 该动物是信天翁

其中，r_i（i=1,2,…,15）是规则的编号，如图 2-9 所示。在该图中，最上层的结点称为“假设”或“结论”，中间结点称为“中间假设”，终结点称为“证据”或“事实”。其中，每个“结论”都是本问题的一个目标，所有“假设”构成了本问题的一个目标集合。

若推理开始前，综合数据库中有以下事实：动物有暗斑，有长脖子，有长腿，有奶，有蹄。当推理开始后，推理机的工作过程如下：

（1）从规则库中取出第一条规则 r_1，检查其前提是否可与综合数据库中的已知事实相匹配。r_1 的前提是“有毛发”，但事实库中没有这一事实，故匹配失败。然后取出 r_2，该前提可与事实库中的已知事实“有奶”相匹配，r_2 被执行，并将其结论“该动物是哺乳动物”作为新的事实加入综合数据库中。此时，综合数据库的内容变为

动物有暗斑，有长脖子，有长腿，有奶，有蹄，是哺乳动物

（2）从规则库中取出 r_3、r_4、r_5、r_6 进行匹配，结果都匹配失败。接着取出 r_7，该前提与事实库中的已知事实“是哺乳动物”相匹配，r_7 被执行，并将其结论“该动物是有

蹄类动物”作为新的事实加入综合数据库中。此时，综合数据库的内容变为

动物有暗斑，有长脖子，有长腿，有奶，有蹄，是哺乳动物，是有蹄类动物

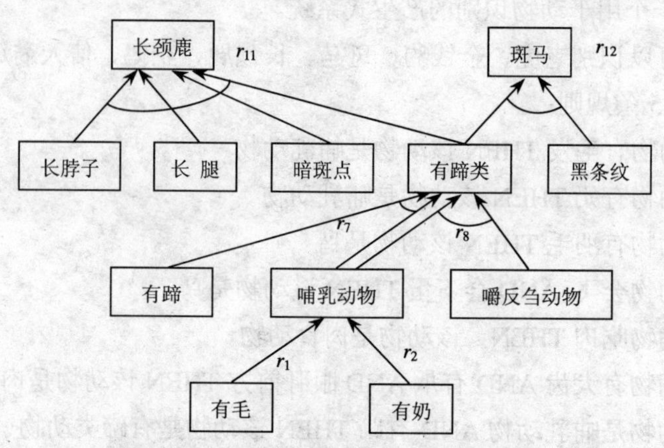

图 2-9　动物识别系统的部分推理网络

（3）取出 r_8、r_9、r_{10}，均匹配失败。接着取 r_{11}，该前提“该动物是有蹄类动物 AND 有长脖子 AND 有长腿 AND 身上有暗斑”与事实库中的已知事实相匹配，r_{11} 被执行，并推出“该动物是长颈鹿”。由于“长颈鹿”已是目标集合中的一个结论，即已推出最终结果，故问题求解过程结束。

最后需要指出的是，上述规则库中的规则是一种直接表示方式，也可用三元组来表示前提中的事实和后件中的假设。例如，r_{15} 可表示为

r_1：IF（动物，类别，鸟）AND（动物，本领，善飞）THEN（动物，名称，信天翁）

如果某动物是哺乳动物，并且吃肉，那么这种动物称为肉食动物。用产生式表示为

IF the animal is a mammal and it eats meat THEN it is a carnivores

控制策略的作用是说明下一步应该选用什么规则，也就是说如何应用规则。通常从选择规则到执行操作分三步：

（1）匹配。把当前数据库和规则的条件部分相比较（见图 2-10）。

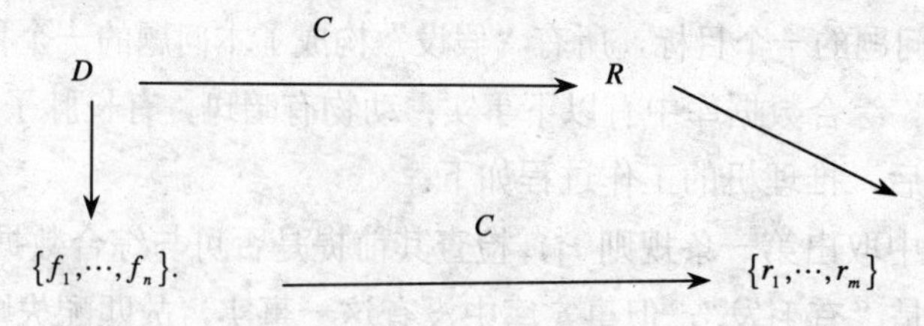

图 2-10　数据库的事实与规则库的条件匹配示意图

如果两者完全匹配，则把这条规则称为触发规则。当按规则的操作部分去执行时，这条规则称为启用规则。被触发的规则不一定总是启用规则，因为有可能同时有几条规则部分被满足，这就要冲突解决。

（2）冲突解决。当有一个以上的规则的条件部分和当前数据库相匹配时，就需要决

定首先使用哪一条规则，这就是冲突解决。冲突解决的方法有：

① 专一性排序。如果某一规则的条件部分比另一条规则的条件部分所规定的情况更为专业，则这条规则有较高的优先权。

② 规则排序。如果规则编排了顺序就表示启用了优先级，这就称之为规则排序。

③ 数据排序。把规则条件部分的所有条件按优先级次序编排起来，运行时首先使用在条件部分包含较高优先级数据的规则。

④ 规模排序。按规则的条件部分的规模排列优先级，优先使用被满足的条件较多的规则。

⑤ 就近排序。把最近使用的规则放在最优先的位置。

⑥ 上下文限制。把产生式规则按它们所描述的上下文分组。也就是说，按上下文对规则分组，在某种上下文条件下，只能从与其相对应的那组规则中选择可应用的规则。

⑦ 用次数排序。把使用频率较高的排在前面。

不同的系统，可选择使用上述这些策略的不同组合，而如何选择冲突解决策略完全是启发式的。

（3）操作。操作是指执行规则的操作部分，经过操作以后，当前数据库将被修改，其他的规则有可能被使用。产生式系统的工作周期如图 2-11 所示。

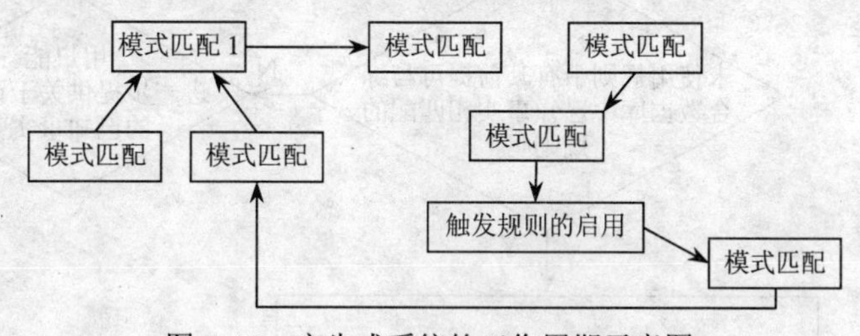

图 2-11　产生式系统的工作周期示意图

2.4.5　产生式系统的基本过程

通过“动物识别”问题的讨论，我们对产生式系统已经有了一个初步的认识，为进一步加深理解，下面再给出产生式系统问题求解的基本过程：

（1）初始化综合数据库，把欲解决问题的已知事实送入综合数据库中。

（2）检查规则库中是否存在尚未使用过的规则，若有，则执行（3）；否则，转（7）。

（3）检查规则库的未使用规则中是否有其前提可与综合数据库中已知事实相匹配的规则，若有，则从中选择一个；否则，转（6）。

（4）执行当前选中规则，并对该规则加上标记，把执行该规则后所得到的结论作为新的事实放入综合数据库。如果该规则的结论是一些操作，则执行这些操作。

（5）检查综合数据库中是否包含了该问题的解，若已包含，则说明已求出解，问题求解过程结束；否则，转（2）。

（6）当规则库中还有未使用的规则，但均不能与综合数据库中的已有事实相匹配时，要求用户进一步提供关于该问题的已知事实，若能提供，则转（2）；否则，说明该问题无解，终止问题求解过程。

（7）若知识库中不再有未使用规则，也说明该问题无解，终止问题求解过程。

需要说明的是，这个过程是不确定的。原因是第（3）步没有明确指出当有多条规则可用时，如何从中选择一条作为当前可执行规则。另外，从第（3）步到第（5）步的循环过程实际上就是一个搜索过程。

图 2-12 所示为产生式系统系统问题的基本过程。

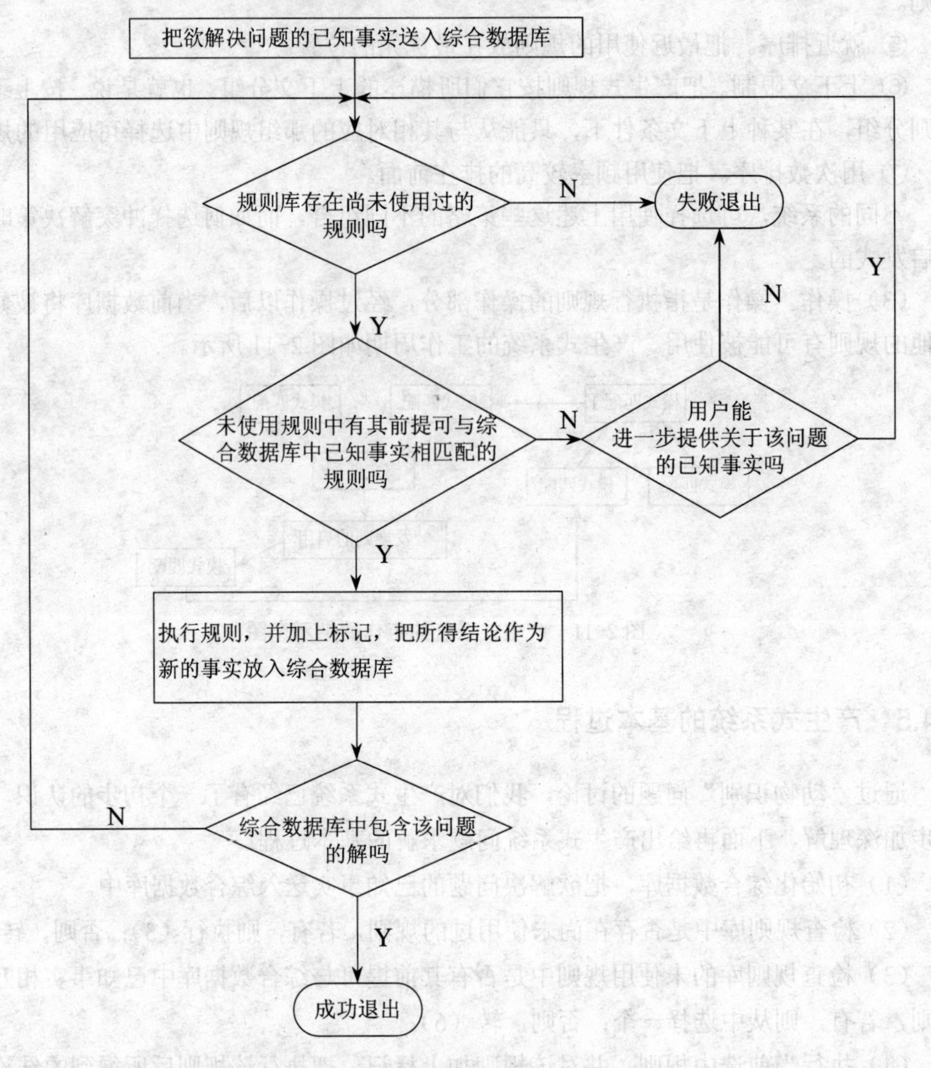

图 2-12　产生式系统基本求解过程图

2.4.6　产生式系统的控制策略

在产生式问题求解过程中，当有多条规则可用时，如何从中选择一条作用于当前综合数据库，这是一个控制策略问题。由于在求解过程的每一轮循环中不一定都能找出一条最合适的规则，因此产生式系统的运行过程就表现为一种搜索过程，即在每一轮循环中选一条规则试用，直到满足结束条件为止。产生式系统的控制策略总体上可分为两大类，一类是不可撤回（irrevocable）方式，另一类是试探性（tentative）方式。

1．不可撤回方式

不可撤回方式是一种“一直往前走”不回头的方式，类似于中国象棋中为过河卒子规定的走法。这种方式是利用问题给定的局部知识来决定选用规则，即根据当前已知的局部知识，选取一条规则作用于当前综合数据库，接着再根据新状态继续选取规则，搜索过程一直进行下去，不必考虑撤回用过的规则。在这一过程中，一条不理想规则的应用不会影响下一步的工作，更不会影响是否能找到解，最多是在求解过程中多用了一些规则。这种策略的主要优点是控制过程简单，其主要缺点是当问题有多个解时，不一定能找到最优解。

2．试探性方式

试探性方式又可分为回溯（backtracking）方式和图搜索（graph-search）方式。

（1）回溯方式。回溯方式是在问题求解过程中，允许先尝试某条规则，如果发现这条规则不合适，则退回去，再另选一条规则来试。使用回溯策略需要解决两个主要问题：一是如何确定回溯条件，二是如何减少回溯次数。回溯策略是一种完备而有效的策略，较容易实现，且所需内存容量较小。

（2）图搜索方式。图搜索方式是一种用图或树把全部求解过程记录下来的方式。由于这种方式记录了已试过的所有路径，因此便于从中选取最优路径。图搜索方式与回溯方式的主要区别在于，回溯方式去除了所有引起失败的试探路径，而图搜索方式则记住了所有已试过的路径。

2.5 语义网络表示法

语义网络是奎利恩（M. R. Quillian）于1968年提出的一种心理学模型，随后，奎利恩又将这一模型用于知识表示。1972年，西蒙在他的自然语言理解系统中也采用了语义网络表示法。目前，语义网络已成为人工智能中应用较多的一种知识表示方法。

2.5.1 语义网络的基本概念

1．语义网络的定义

语义网络是一种用实体及其语义关系来表达知识的有向图。其中，结点代表实体，表示各种事物、概念、情况、属性、状态、事件、动作等；弧代表语义关系，表示弧所连接的两个实体之间的语义联系。在语义网络中，每一个结点和弧都必须带有标志，这些标志用来说明其所代表的实体或语义。

2. 语义网络表示的四个相关部分

（1）词法部分：决定词汇表中允许有哪些符号，涉及各个结点和弧线。

（2）结构部分：叙述符号排列的约束条件，指定各弧线连接的结点对。

（3）过程部分：说明访问过程，这些过程能用来建立和修正描述以及回答相关问题。

（4）语义部分：确定与描述相关的（联想）意义的方法，即确定有关结点的排列及其占有物和对应弧线。

3. 语义网络的特点

（1）能把实体的结构、属性与实体间的因果关系简明地表达出来，与实体相关的事实、特征和关系可以通过相应的结点弧线推导出来。这样以联想方式实现对系统的解释。

（2）由于在一个结点中组织与概念相关的属性和联系，因而易于访问和学习。

（3）表现问题更加直观，更易于理解，适于知识工程师与领域专家沟通。语义网络中的继承方式也符合人类的思维习惯。

（4）语义网络结构的语义解释依赖于该结构的推理过程而没有结构的约定，因而得到的推理不能保证和谓词逻辑法一样有效。

（5）结点间的联系可能是线状、树状或网状的，甚至是递归状的结构，使相应的知识存储和检索可能需要比较复杂的过程。

2.5.2 语义网络的表示

1. 基本表示

从结构上看，语义网络一般是由一些最基本的语义单元构成的，这种最基本的语义单元被称为语义基元。一个语义基元可用三元组来表示，具体如下：

(结点 1, 弧, 结点 2)

对此三元组，如果用 A、B 分别表示其中的两个结点，用 R 表示 A 与 B 之间的某种语义联系，则所对应的基本网元的结构如图 2-13 所示。

例如，所有的机器人（robot）都是机器（machine）。建立两个结点，robot 和 machine，分别表示机器人和机器。两结点以“是一个”（ISA）链相连，如图 2-14 所示。

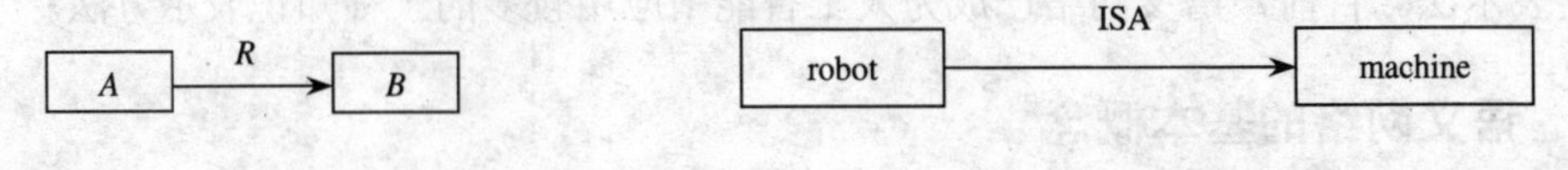

图 2-13　一个基本网元的结构　　图 2-14　语义网络示例

在选择结点时，首先要弄清结点是用于表示基本的物体或概念的，还是用于多种目的的。否则，如果语义网络只被用来表示一个特定的物体或概念，那么当有更多的实例时，就需要更多的语义网络，这样就使问题复杂化。通常把有关一个物体（或概念）或一组相关物体（或概念）的知识用一个语义网络表示出来。否则，会造成过多的网络，使问题复杂化。与此相关的是寻找基本概念和某些基本弧的问题。这被称之为“选择语义基元”问题。选择语义基元就是试图用一组基元来表示知识。这些基元描述基本知识，并以图解表示的形式相互联系。用这种方式，可以通过简单的知识来表达更复杂的知识。

2. 基本的语义关系

从功能上讲，语义网络可以描述任何事物间的任意复杂关系。但是，这种描述是通过把许多基本的语义关系关联到一起来实现的。基本语义关系是构成复杂语义关系的基石，也是语义网络知识表示的基础。但由于基本语义关系的多样性和灵活性，因此又不可能对其进行全面讨论。下面给出的仅是一些最常用的基本语义关系。

（1）实例关系。实例关系体现的是“具体与抽象”的概念，用来描述“一个事物是另外一个事物的具体例子”。其语义标志为 ISA，即 Is-a 的简写形式，含义为“是一个”。

例如，实例关系“李强是一个人”，可用如图 2-15 所示的语义网络来表示。

（2）分类关系。分类关系也称为泛化关系，它体现的是“子类与超类”的概念，用来描述“一个事物是另外一个事物的一个成员”。其语义标志为 AKO，即 A-Kind-of 的缩写，其含义为“是一种”。

例如，分类关系“老虎是一种动物”可用如图 2-16 所示的语义网络来表示。

图 2-15　实例关系　　图 2-16　分类关系

（3）成员关系。成员关系体现的是“个体与集体”的概念，用来描述“一个事物是另外一个事物的一个成员型”。其语义标志为 A -Member -of，含义为“是一员”。

例如，成员关系“张强是共青团员”可用如图 2-17 所示的语义网络来表示。

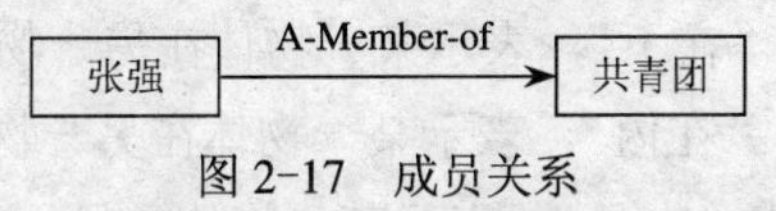

图 2-17　成员关系

（4）属性关系。属性关系是指事物与其行为、能力、状态、特征等属性之间的关系。由于不同事物的属性不同，因此属性关系可以有很多种。例如：

Have，含义是“有”，表示一个结点具有另一个结点所描述的属性。

Can，　含义是“能”、“会”，表示一个结点能做另一个结点所描述的事情。

Age，　含义是“年龄”，表示一个结点是另一个结点在年龄方面的属性。

例如，“鸟有翅膀”可用如图 2-18 所示的语义网络来表示。再如，“张强 18 岁”可用如图 2-19 所示的语义网络来表示。

图 2-18　属性关系一　　图 2-19　属性关系二

（5）聚类关系。聚类关系也称为包含关系，是指具有组织或结构特征的“部分与整体”之间的关系。它和类属关系的最主要区别是包含关系一般不具备属性的继承性。常用的包含关系有：

Part-of，含义为“是一部分”，表示一个事物是另一个事物的一部分。

例如，“CPU 是计算机的一部分”可用如图 2-20 所示的语义网络来表示。再如，“黑板是墙壁的一部分”可用图 2-21 来表示。从继承性的角度看，CPU 不一定具有计算机的各种属性，黑板也不具有墙壁的各种属性。

图 2-20　包含关系一　　图 2-21　包含关系二

（6）时间关系。时间关系是指不同事件在其发生时间方面的先后次序关系。常用的时间关系有：

Before，含义为“在前”，表示一个事件在另一个事件之前发生。

After，　含义为“在后”，表示一个事件在另一个事件之后发生。

例如，“西安世园会在上海世博会之后”可用如图 2-22 所示的语义网络来表示。

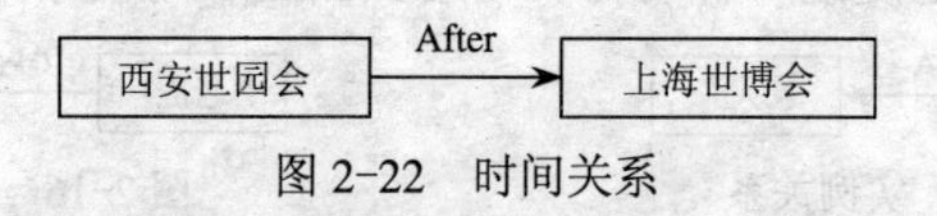

图 2-22　时间关系

（7）位置关系。位置关系是指不同事物在位置方面的关系。常用的位置关系有：

Located-on，含义为“在上”，表示某一物体在另一物体之上。

Located-at，含义为“在”，表示某一物体所在的位置。

Located-under，含义为“在下”，表示某一物体在另一物体之下。

Located-inside，含义为“在内”，表示某一物体在另一物体之内。

Located-outside，含义为“在外”，表示某一物体在另一物体之外。

例如，“凳子在桌子上”可用如图 2-23 所示的语义网络来表示。

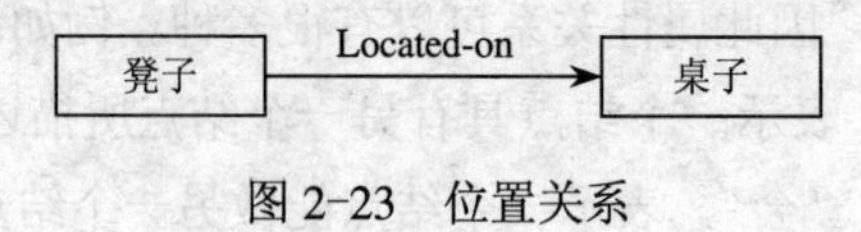

图 2-23　位置关系

（8）相近关系。相近关系是指不同事物在形状、内容等方面相似或接近。常用的相近关系有：

Similar-to，含义为“相似”，表示某一事物与另一事物相似。

Near-to，含义为“接近”，表示某一事物与另一事物接近。

例如，“葫芦似瓢”可用如图 2-24 所示的语义网络来表示。

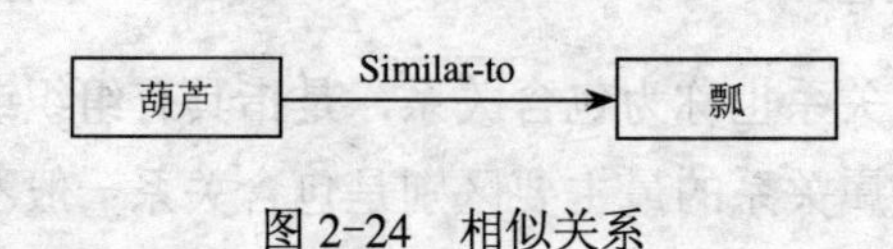

图 2-24　相似关系

2.5.3　语义网络的推理过程

语义网络知识表示没有形式语义，它与谓词逻辑不同，对所给定的表达结构表示什么语义没有统一的表示法。赋予网络结构的含义完全决定于管理这个网络的过程特征。目前已经设计了很多种以网络为基础的系统，它们各自完全采用完全不同的推理过程。

为了便于以下的叙述，对所用符号做进一步的规定。区分在链的头部和在链的尾部的结点，把在链的尾部的结点称为值结点。另外，还规定结点的槽相当于链，不过取不同的名字而已。在图 2-25 中砖块 12（brick12）有 3 个链，构成两个槽。其中一个槽只有一个值，另一个槽有两个值。颜色槽（COLOR）填入红色（red），ISA 槽填入了砖块（brick）和玩具（toy）。

语义网络中的推理过程主要有两种，即继承和匹配。

1. 继承

继承是指把对于事物的描述从抽象结点传递到具体结点。通过继承可以得到所需结点的一些属性值，它通常是沿着 ISA、AKO 等继承弧进行的。继承的一般过程如下。

Step1　建立一个结点表，用来存放带求解结点和所有以 ISA、AKO 等继承弧与此结点相连的那些结点。在初始情况下，表中只有带求解结点。

Step2　检查表中的第一个结点是否有继承弧。若有，就把该弧所指的所有结点放入结点表的末尾，记录这些结点的所有属性，并从结点表中删除第一个结点。若无，仅从结点表中删除第一个结点。

Step3　重复 Step2，直到结点表为空。此时，记录下来的所有属性都是从待求解结点继承来的属性。

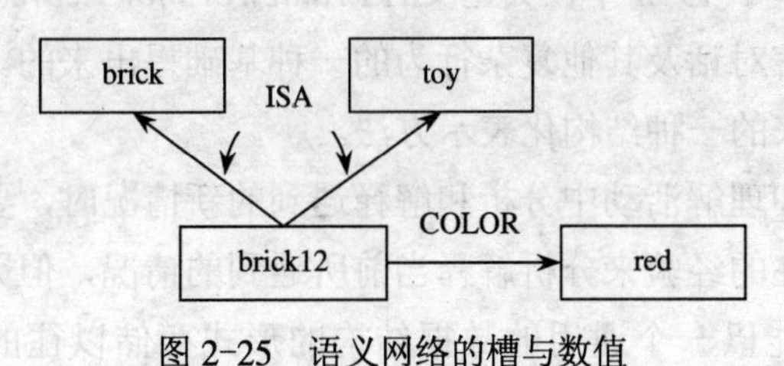

图 2-25　语义网络的槽与数值

2. 匹配

匹配是指在知识集的语义网络中寻找与待求解问题相符的语义网络模式。其主要过程如下。

Step1　根据待求解问题的要求构造一个网络片断，该网络片断中某些结点或弧的标识为空，称为问询处，它反映的是带求解的问题。

Step2　根据该网络片断到知识集中去寻找所需要的信息。当该网络片断和知识集中的某个网络片断相匹配时，与问询处所对应的事实就是该问题的解。

2.5.4 语义网络表示法的特征

语义网络表示法的主要优点如下：

（1）结构性。语义网络把事物的属性及事物间的各种语义联系显式地表示出来，是一种结构化的知识表示方法。

（2）联想性。语义网络本来是作为人类联想记忆模型提出来的，它着重强调事物间的语义联系，体现了人类的联想思维过程。

（3）自索引性。语义网络表示法把各结点之间的联系以明确、简捷的方式表示出来，通过与某一结点连接的弧可以很容易地找出与该结点有关的信息，而不必查找整个知识库。

（4）自然性。语义网络实际上是一个带有标志的有向图，它可以比较直观地把知识表示出来，符合人们表达事物间关系的习惯，并且自然语言与语义网络之间的转换也比较容易实现。

语义网络表示法也存在一定的缺点，主要表现为：

（1）非严格性。语义网络没有像谓词那样严格的形式表示体系，一个给定语义网络的含义完全依赖于处理程序对它所进行的解释，推理不太严密，因而推理不能完全保证其正确性。

（2）复杂性。语义网络表示知识的手段是多种多样的，这虽然对其表示带来了灵活性，但由于表示形式的不一致，也使得对其处理的复杂性增加了。

2.6 框架表示法

框架理论是明斯基于1975年在其论文*A Framework for Reprcscnting Knowledge*中作为理解视觉、自然语言对话及其他复杂行为的一种基础提出来的。框架表示法是在框架理论的基础上发展起来的一种结构化表示方法。

在人类日常思维和理解活动中分析和解释遇到的新情况时，要使用过去经验积累的知识。人们试图用以往的经验来分析解释当前所遇到的情况，但无法把过去的经验一一都存在脑子里，而只能以一个通用的数据结构的形式存储以往的经验。这样的数据结构称为框架（frame）。框架提供了一个结构，一种组织。在这个结构或者组织中，新的资料可用从过去的经验中得到的概念来分析和解释。因此，框架也是一种结构化表示法。

通常框架采用语义网络中的“结点—槽—值”表示结构。所以框架也可以定义为是一组语义网络的结点和槽，这组结点和槽可以描述格式固定的事物、行动和事件。语义网络可看做结点和弧线的集合，也可以视为框架的集合。

2.6.1　框架结构和框架表示

1．框架的基本结构

框架通常由描述事物各个方面的若干个槽（slot）组成，每一个槽又可以根据实际情况拥有若干个侧面（aspect），每一个侧面也可以拥有若干个值（value）。在框架系统中，每个框架都有自己的名字，称为框架名。同样，每个槽和侧面也都有自己的槽名和侧面名。框架的基本结构如下：

```
Frame<name>
slot1：side name1₁value1₁₁，value1₁₂，…
side name1₂value1₂₁，value1₂₂，…
⋮
slot2：side name 2₁value2₁₁，value2₁₂，…
side name 2₂value2₂₁，value2₂₂，…
⋮
⋮
slot 3：side namen₁valuen₁₁，valuen₁₂，…
side namen₂valuen₂₁，valuen₂₂，…
⋮
side namenₘvaluenₘ₁，valuenₘ₂，…
```

框架的槽值和侧面值，既可以是数字、字符串、布尔值，也可以是一个给定的操作，甚至还可以是另外一个框架的名字。当其值为一个给定的操作时，系统可通过在推理过程中调用该操作，实现对侧面值的动态计算或修改等。当其值为另一个框架的名字时，系统可通过在推理过程中调用该框架，实现这些框架之间的联系。

较简单的情景是用框架来表示诸如人和房子等事物。例如，一个人可以用职业、身高和体重等项描述，因而可以用这些项目组成框架的槽。当描述一个具体的人时，再用这些项目的具体值填入相应的槽中。表 2-1 给出的是描述 Smith 的框架。

表 2-1　简单框架示例

Smith	
ISA	person
SEX	male
PROFESSION	teacher
HEIGHT	178cm
WEIGHT	78kg

2．框架表示

上面给出的仅是一种框架的基本结构和一个比较简单的例子。一般来说，单个框架只能用来表示那些比较简单的知识。当知识的结构比较复杂时，往往需要用多个相互联系的框架来表示。例如，分类问题，若采用多层框架结构表示，既可以使知识结构清晰，又可以减少冗余。

这里，我们举例给出 MASTER 框架用两个相互联系的 Student 框架和 Master 框架来表示。其中，Master 框架是 Student 框架的一个子框架。Student 框架描述所有学生的共性。Master 框架描述硕士生的个性，并继承 Student 框架的所有属性。

学生框架：

```
Frame<Student>
Name: Unit (Last name, First name)
Sex: Area (male, female)
Default: male
Age: Unit (Years)
   If-Needed: Ask-Age
Address: <S-Address>
Telephone: HomeUnit (Number)
   MobileUnit (Number)
       If-Needed: Ask-Telephone
```

硕士生框架：

```
Frame<Master>
AKO: Student
Major: Unit (Major)
If- Needed: Ask-Major
  If -Added: Check-Major
Field: Unit (Field)
If-Needed: Ask-Field
Advisor: Unit (Lastname, First name)
  If-Needed: Ask Visor
  Project: Area (National, Provincinal, Other)
Default: National
Paper: Area (SCI, EI, Core, General)
Default: Core
```

在 Master 框架中，我们用到了一个系统预定义槽名 AKO。所谓系统预定义槽名，是指框架表示法中事先定义好的可公用的一些标准槽名。框架中的预定义槽名 AKO 与语义网络中的 AOK 弧的含义相似，其直观含义为“是一种”。当 AKO 作为下层框架的槽名时，其槽值为上层框架的框架名，表示该下层框架是 AKO 槽所给出的上层框架的子框架，并且该子框架可以继承其上层框架的属性和操作。

框架的继承技术，通常由框架中设置的一个侧面：Default，If-Needed，If-Added 所提供的默认推理功能来组合实现。

Default：该侧面的作用是为相应槽提供默认值。当其所在槽没有填入槽值时，系统就以此侧面值作为该槽的默认值。例如，Paper 槽的默认值为 Core。

If-Needed：该侧面的作用是提供一个为相应槽赋值的过程。当某个槽不能提供统一的默认值时，可在该槽增加一个 If-Needed 侧面，系统通过调用该侧面提供的过程，产生相应的属性值。例如，Age 槽、Telephone 槽等。

If-Added：该侧面的作用是提供一个因相应槽值变化而引起的后继处理过程。当某个槽的槽值变化会影响到一些相关槽时，需要在该槽增加一个 If-Added 侧面，系统通过调用该侧面提供的过程去完成对其相关槽的后继处理。例如，Major 槽，由于 Major 的变化，可能会引起 Field 和 Advisor 的变化，因此需要调用 If-Added 侧面提供的 Check-Major 过程进行后继处理。

2.6.2 框架系统

对于大多数问题，不能这样简单地用一个框架表示出来，必须同时使用许多框架，组成一个框架系统。图 2-26 所示为表示立方体的一个视图的框架。

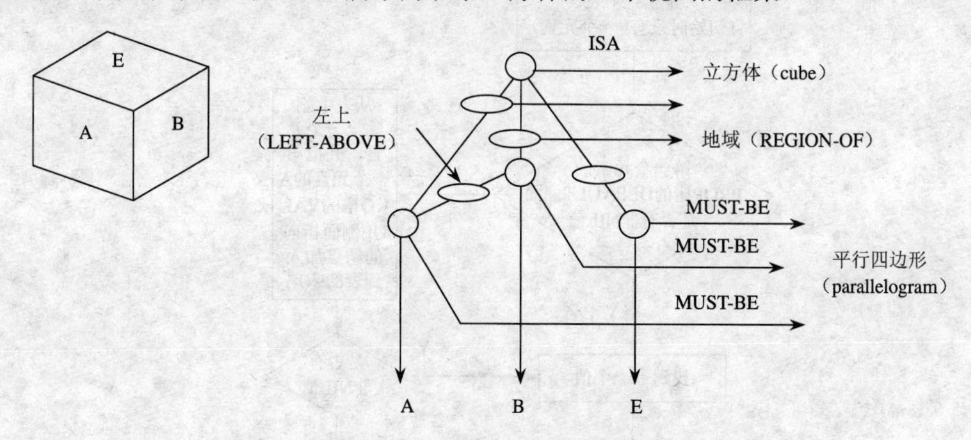

图 2-26 一个立体视图的框架表示

图中，最高层的框架用 ISA 槽，说明它是一个立方体，并由 REGION 槽指示出它所拥有的 3 个可见面 A、B、E。而 A、B、E 又分别用 3 个框架来具体描述。用 MUST-BE 槽指示出它们必须是一个平行四边形。

一个框架结构可以是另一个框架的槽值，并且同一个框架结构可以作为几个不同的框架的槽值。这样，一些相同的信息可以不必重复存储，节省了存储空间。框架的一个重要特性是其继承性。为此，一个框架系统常被表示成一种树状结构，树的每一个结点是一个框架结构，子结点与父结点之间用 ISA 或 AKO 槽连接。所谓框架的继承性，就是当子结点的某些槽值或侧面值没有被直接记录时，可以从其父结点继承这些值。例如，椅子一般都有 4 条腿，如果一把具体的椅子没有说明它有几条腿，则可以通过一般椅子的特性，得出它有 4 条腿。

框架是一种通用的知识表达形式，对于如何运用框架系统还没有一种统一的形式，常常由各种问题的不同需要来决定。框架由一组槽组成，适合于描述具有固定格局的物体、事件和动作。

框架系统具有树状结构。树状结构框架系统的每个结点具有如下框架结构形式：

框架名

```
AKO VALUE＜值＞
PROP DEFAULT＜表 1＞
SF IF-NEEDED＜算术表达式＞
CONFLICT ADD＜表 2＞
```

其中，框架名用类名表示。AKO 是一个槽，VALUE 是它的侧面，通过填写＜值＞的内容表示出该框架属于哪一类。PROP 槽用来记录该结点所具有的特性，其侧面 DEFAULT 表示该槽的内容是可以进行缺省继承的，即当＜表 1＞为非 NIL 时，PROP 的槽值为＜表 1＞，当＜表 1＞为 NIL 时，PROP 的槽值用其父结点的 PROP 槽值来代替。

搜索过程如图 2-27 所示。

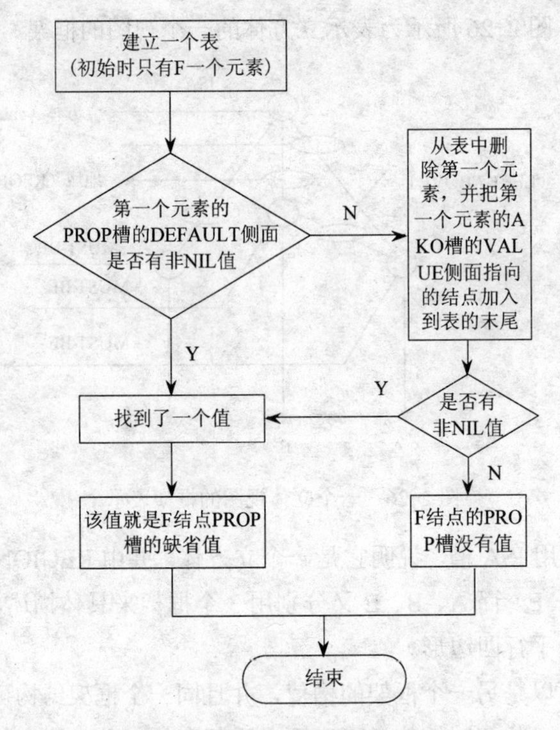

图 2-27　框架填槽的搜索过程图

当用框架来描述一个复杂知识时，往往需要用一组相互联系的框架来表示，这组相互联系的框架称为框架系统。在实际应用中，绝大多数的问题都是用框架系统来表示的。在框架系统中，诸框架之间的联系，可以是纵向的，也可以是横向的。

1．框架之间的纵向联系

当用框架来表示那种具有演绎关系的知识结构时，下层框架与上层框架之间具有一种继承关系，这种具有继承关系的框架之间的联系称为纵向联系。例如，在图 2-28 中，学生可按照接受教育的层次分为小学生、初中生和高中生。每类学生又可按照班级的不同，分为不同班级的学生等。

在框架系统中，框架之间的纵向联系是通过预定义槽名 AKO 和 ISA 等来实现的。正像我们前面所给出的例子一样，AKO 实现了框架与 Student 框架之间的纵向联系，ISA 实现了 student 框架与 class 实例框架之间的联系。

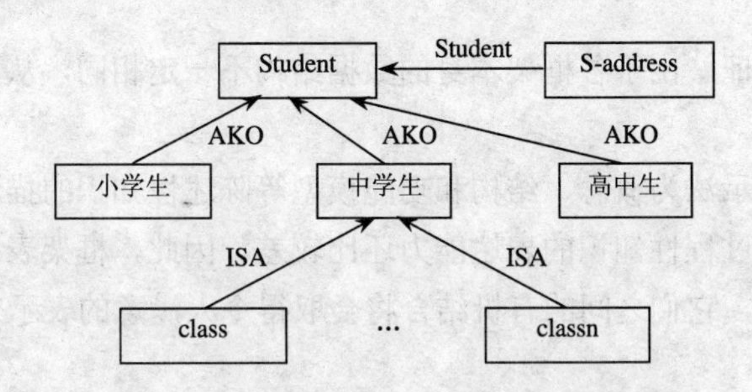

图 2-28　描述学生分类的框架系统的例子

2．框架之间的横向联系

由于一个框架的槽值或侧面值可以是另外一个框架的名字，这就在框架之间建立起了另外一种联系，我们称框架之间这种联系为横向联系。例如，在图 2-28 描述的框架系统中，Student 框架与学生住所 S-Address 框架之间就是一种横向联系，是通过在 Student 框架的地址 Address 槽中填入另一个框架的框架名 S-Address 来实现的。

2.6.3　框架表示法的特性

1．框架表示法的优点

（1）结构性。框架表示法的最突出特点是善于表示结构性知识，它能够把知识的内部结构关系及知识间的特殊联系表示出来。在框架表示中，知识的基本单位是框架，而框架又由若干个槽组成，一个槽又由若干个侧面组成，这样就可以把知识的内部结构显式地表示出来。

（2）深层性。框架表示法不仅可以从多个方面、多重属性表示知识，而且还可以通过 ISA 和 AKO 等槽以嵌套结构分层地对知识进行表示，因此能用来表达事物间复杂的深层联系。

（3）继承性。在框架系统中，下层框架可以继承上层框架的槽值，也可以进行补充和修改，这样不仅可以减少知识的冗余，而且较好地保证了知识的一致性。

（4）自然性。框架系统对知识的描述在直觉上是很吸引人的。它把与某个实体或实体集的相关特性都集中在一起，从而高度模拟了人脑对实体的多方面、多层次的存储结构，直观自然，易于理解。

2. 框架表示法的不足

（1）缺乏框架的形式理论。至今还没有建立框架的形式理论，其推理和一致性检查机制并非基于良好定义的语义。

（2）缺乏过程性知识表示。框架系统不便于表示过程性知识，缺乏如何使用框架中知识的描述能力。框架推理过程需要用到一些与领域无关的推理规则，而这些规则在框架系统中又很难表达。

（3）清晰性难以保证。由于各框架本身的数据结构不一定相同，从而框架系统的清晰性很难保证。

综上所述，框架表示法为概念、结构和功能模型等陈述性知识的描述提供了一种结构化的典型方法，但对过程性知识的表达能力还比较差。因此，框架表示法经常与产生式表示法结合起来使用，它们之间的有机结合将会取得令人满意的表示效果。

2.7 过程表示法

前面所讨论的几种知识表示方法，均属陈述性知识表示，它们所强调的是知识的静态、显式描述，而对于如何使用这些知识，则需要通过控制策略来决定。过程性知识表示则不同，它可将有关某一问题领域的知识，连同如何使用这些知识的方法，均隐式地表示为一个求解问题的过程。

2.7.1 过程规则的组成

在过程性知识表示方法中，过程所给出的是事物的一些客观规律，表达的是如何求解问题，知识的描述形式就是程序，所有信息均隐含在程序之中，知识库是一组程序的集合。这样，当需要对知识库进行增、删、改时，实际上就是对有关程序的增、删、改操作。

过程表示没有固定的表示形式，如何描述知识完全取决于具体问题。一般来说，一个过程规则由以下四部分组成：

（1）激发条件。激发条件由推理方向和调用模式两部分组成。其中，推理方向用于指出推理是正向推理（FR）还是逆向推理（BR）。若为正向推理，则只有当综合数据库中的已有事实可以与其“调用模式”匹配时，该过程规则才能被激活；如果是逆向推理，则只有当“调用模式”与查询目标或子目标匹配时，才能将该过程规则激活。

（2）演绎操作。演绎操作由一系列的子目标构成。当前面的激发条件满足时，将执行这里列出的演绎操作。

（3）状态转换。状态转换操作用来完成对综合数据库的增、删、改操作。

（4）返回。过程规则的最后一个语句是返回语句，用于指出将控制权返回到调用该过程规则的上一级过程规则那里去。

下面给出一个关于同学问题的过程表示。设有如下知识：

“如果 x 与 y 是同班同学，且 z 是 x 的老师，则 z 也是 y 的老师”可用过程规则表示为

```
BR (Teacher?z? y)
GOAL (Classmate?x y)
GOAL (Teacher z x)
INSERT (Teacher z y)
RETURN
```

其中，BR 是逆向推理标志；GOAL 表示求解于目标，即进行过程调用；INSERT 表示对数据库进行插入操作；RETURN 作为结束标志；带“?”的变量表示其值将在该过程中求得。

2.7.2 过程表示的问题求解过程

在用过程规则表示知识的系统中，问题求解的基本过程是：每当有一个新的目标时，就从可以匹配的过程规则中选择一个执行之。在该规则的执行过程中可能会产生新的目标，此时就调用相应的过程规则并执行它。反复进行这一过程，直至执行到 RETURN 语句，这时将控制权返回给调用当前过程的上一级过程规则，并依次按照调用时的相反次序逐级返回，在这一过程中，如果某过程规则运行失败，就另选择一个同层的可匹配的过程规则执行，如果不存在这样的过程规则，则返回失败标志，并将执行的控制权移交给上一级过程规则。

下面用一个例子来说明采用逆向推理的问题求解过程。

设综合数据库中有以下已知事实：

（Classmate　张红　柳青）

（Teacher　林海　杨叶）

其中，第一个事实表示张红与柳青是同班同学；第二个事实表示林海是张红的老师。

假设需要求解的问题是：找出两个人 ω 及 υ，其中 ω 是 υ 的老师。该问题可表示为

GOAL(Teacher?ω? υ)

求解该问题的过程是：

（1）在过程规则库中找出对于问题 GOAL(Teacher?ω? υ)，其激发条件可以满足的过程规则。显然，BR(Teacher?z?y)经如下变量代换：

$\omega / z, \upsilon / y$

此时可以匹配，因此选用该过程规则。

（2）执行该过程规则中的第一个语句 GOAL(Classmate?x y)。此时，其中的 y 已被 υ 代换。经与已知事实（C1assmate 张红　柳青）匹配，分别求得了变量 x 及 υ 的值，即

x=张红，υ = 柳青

（3）执行该过程规则中的第二个语句 GOAL(Teacher z x)。此时，x 的值已经知道。z 已被 ω 代换。经与已知事实（Teacher 林海　张红）匹配，求得了变量 ω 的值，即

ω =林海

（4）执行该过程规则中的第三个语句 INSERT(Teacher z y)，此时，z 与 y 的值均已知道，分别是林海和张红，因此这时插入数据库的事实是：

（Teacher 林海 柳青）

这表明“林海也是柳青的老师”，求得了问题的解。

2.7.3 过程表示的特性

过程表示法有如下优点：

（1）表示效率高。过程表示法是用程序来表示知识的，而程序能准确的表明先做什么，后做什么，以及怎样做，并直接嵌入一些启发式的控制信息，因此，可以避免选择及匹配那些无关的知识，也不需要跟踪那些不必要的路径，从而提高了系统的运行效率。

（2）控制系统容易实现。由于控制性质已嵌入程序中，因而控制系统就比较容易设计。

过程表示法的主要缺点：

（1）不易修改和添加新知识，而且当对某一过程进行修改时，又可能影响到其他过程，给系统带来不便。

（2）当知识更新时或当知识处于增量式状态时，过程表示维护困难。

目前的发展趋势是探讨说明性与过程性相结合的知识表示方法，以便在可维护性、可理解性及运行效率方面寻求一种比较合理的解决方法。

2.8 剧本表示法

剧本表示法是夏克（R. C. Schank）1975 依据他的概念依赖理论提出的一种知识表示方法。剧本与框架类似，是按照时间顺序由一组槽组成，用来表示特定领域内一些事件的发生序列。就像戏剧剧本中的事件序列一样，它是框架的一种特殊形式。

2.8.1 概念依赖理论

在人类的各种知识中，常识性知识是数量最大、涉及面最宽、关系最复杂的知识，很难把它们形式化的表示出来交给计算机处理。面对这一难题，夏克提出了概念依赖理论，其基本思想是：把人类生活中各类故事情节的基本概念抽取出来，构成一组原子概念，确定这些原子概念间的相互依赖关系，然后把所有故事情节都用这组原子概念及其依赖关系表示出来。

由于各人的经历不同，考虑问题的角度和方法不同，因此抽象出来的原子概念也不尽相同，但一些基本要求都是应该遵守的。例如原子概念不能有二义性，各原子概念应该互相独立等。夏克在其研制的 SAM（script applier mechanism）中对动作一类的概念进行了原子化，抽取了11种原子动作，并把它们作为槽来表示一些基本行为。这11种原子动作是：

（1）PROPEL：表示对某一对象施加外力。例如推、拉、打等。

（2）GRASP：表示行为主体控制某一对象。例如抓起某件东西，扔掉某件东西等。

（3）MOVE：表示行为主体变换自己身体的某一部位。例如抬手、蹬脚、站起、坐下等。

（4）ATRANS；表示某种抽象关系的转移。例如当把某物交给另一人时，该物的所有关系就发生了转移。

（5）PTRANS：表示某一物理对象物理位置的改变。例如某人从一处走到另一处，其物理位置发生了变化。

（6）ATTEND：表示用某个感觉器官获取信息。例如用眼睛查看或用耳朵听某种声音等。

（7）INGEST：表示把某物注入体内。例如吃饭、喝水等。

（8）EXPEL：表示把某物排出体外。例如落泪、呕吐等。

（9）SPEAK：表示发出声音。例如唱歌、喊叫、说话等。

（10）MTRANS：表示信息的转移。例如看电视、窃听、交谈、读报等。

（11）MBUILD：表示由已有的信息形成新信息。

夏克利用这11种原子概念及其依赖关系把生活中的事件编制成剧本，每个剧本代表一类事件，并把事件的典型情节规范化。当接受一个故事时，就找出一个相应的剧本与之匹配，根据事先安排的剧本情节来理解故事。

2.8.2　剧本的构成

剧本一般由以下各部分组成：

（1）开场条件：给出在剧本中描述的事件发生的前提条件。

（2）角色：用来表示在剧本所描述的事件中可能出现的有关人物的一些槽。

（3）道具：这是用来表示在剧本所描述的事件中可能出现的有关物体的一些槽。

（4）场景：描述事件发生的真实顺序，可以由多个场景组成，每个场景又可以是其他的剧本。

（5）结果：给出在剧本所描述的事件发生以后通常所产生的结果。

下面以音乐会剧本为例说明剧本各个部分的组成。

例子：音乐会剧本。

（1）开场条件：A想听音乐会、E主办音乐会、A有钱。

（2）角色：A为听众、B为售票员、C为检票员、D为乐队、E为主办者。

（3）道具：入场券、乐器、钱币、听众席、售票处、演奏厅。

（4）场景：

场景 1　购票

A 注意到售票处

A 朝售票处走去

A 向 B 说："我要入场券"。

A 给 B 钱

B 给 A 入场券

场景 2　入场

A 给 C 入场券

A 进入演奏厅

A 注意到听众席

A 看往哪儿坐

A 朝自己的听众席走去

A 坐下

场景 3　听演出

乐队演奏乐器

A 听音乐

场景 4　离开

A 站起来

A 离开座位

A 离开音乐厅

2.8.3 剧本的推理

剧本是有用的知识表达结构，因为在现实世界中事件发生的某种模式来自事件之间的因果关系。事件中的主人公完成一个动作后才能完成另一个动作。

剧本中所描述的事件形成一个巨大的因果链，这个链的起点是一组开场条件，满足这些开场条件，剧本中的事件才能产生。链的终点是一组结果，有了这组结果，以后的事件或事件序列（可能用其他的剧本来描述）才能发生。

在这个链内一件事情和前后的事情都相互联系。前面的事件，使当前的事件有可能产生，而当前事件又使后面的事件有可能产生。

如已知某一剧本适用于所给定的情形，剧本在预言一些没有直接提到的事件方面特别有用。同时剧本对表示已经提到的事件之间的关系也很有用。例如，要表示某人点了炖牛肉这道菜和此人吃牛肉之间是什么联系，就可以利用剧本。

但在应用某一剧本以前，必须先准备好剧本，也就是先要确定这个剧本适用于当前的情形。根据剧本的重要性，有两种准备剧本的方法：

（1）对于不属于事件核心部分的剧本，只需设置指向该剧本的指针即可，以便当它成为核心时启用。

（2）对于符合事件核心部分的剧本，则应使用在当前事件中涉及的具体对象和人物去填写剧本的槽。剧本的前提、道具、角色和事件等常能起到启用剧本的指示器的作用。

一旦剧本被启用（激活），则可以应用它来进行推理。其中最重要的是运用剧本可以预测没有明显提及的事件的发生。

剧本表示法的优点：

（1）知识可以用自然语言表达。

（2）表达的知识比较翔实。

剧本表示法的缺点：

（1）表达能力有限，比较呆板。

（2）有时很难用剧本抽象人类日常的行为。

2.9　面向对象表示法

近年来，在智能系统的设计与构造中，人们开始使用面向对象的思想、方法和开发技术，并在知识表示、知识库的组成与管理、专家系统的系统设计等方面取得了一定的进展。本小节将首先讨论面向对象的基本概念，然后再对应用面向对象技术表示知识的方法进行初步的探讨。

2.9.1　面向对象的基本概念

在面向对象技术中，核心的概念是对象。实际上，客观世界中的任何事物都可看做是一个对象。所以，面向对象技术是源自客观实际、能更好表达客观实际的一门程序设计技术。与对象相关的概念还有类、继承和封装等概念，它们都是面向对象技术中的基本概念，对于理解面向对象的思想及方法有重要作用。下面将简单介绍这些基本概念，以便为后面讨论知识表示方法打下基础。

1．对象

广义地讲，所谓“对象”是指客观世界中的任何事物，即任何事物都可以在一定前提下被看成是一个对象，它既可以是一个具体的简单事物，也可以是由多个简单事物组合而成的复杂事物。从这个意义上讲，整个世界也可被认为是一个最复杂的对象。

由于每个客观事物都具有其自然属性及行为，因此要研究这些客观事物就应该把与其相关的属性及行为抽取出来加以研究。而抽象所得到的这些属性数据以及与其相关的一些行为（或称施加在这些数据上的操作）恰恰反映了相应客观事物本身。所以，对象就应该包括对客观事物抽象所得到的属性及行为的全部。

因此，通过抽象可以这样给出对象的定义：对象就是由一组数据和与该组数据相关的操作构成的封装体或实体。

例如，“人”是一个对象，它至少具有以下一些属性（或称可以表征它的一些数据）：

name：　weight：　hair-color：

age：　height：　skin-color：

相应的操作为：

birthday(age)：每年实现 age+1

这里，name、age、weight、height、hair-color、skin-color 都是“人”的属性；birthday(age) 是一个将 age 每年加 1 的过程，在这里称作方法（method）。如果给其中的每一个属性赋一具体值，就得到“人”这个对象的一个实例。实例就是一个具体的人，实例其实也是一个对象，只不过比“人”这个对象低了一个层次。如果将每个具体的人看做对象，则“人”又会抽象成类，类的概念下面就要介绍，所以，类和对象都是一个相对的概念。

2．类

在面向对象表示中类和类继承都是很重要的概念。类在概念上是一种抽象机制，它是对一组相似对象的抽象。类由一组变量和一组操作组成，它描述了一组具有相同属性和操作的对象。对于一组对象，为了避免数据及操作的重复描述及存储，就把共同的部分抽取出来构成一个类。类是一个相对的概念，它也可以被看做是一个对象，只是它的数据及操作是该类中各具体对象共同的那部分。例如，黑白电视、彩色电视都是具体对象，但它们有共同属性，于是可以把它们抽象为“电视”，“电视”是一个类对象。各个类还可以进一步进行抽象，形成超类。例如，对电视、电冰箱……可以形成超类“家用电器”。这样，超类、类、对象就形成了一个层次结构。其实该结构还可以包含更多的层次，在此结构中，层次越高越抽象，越低越具体。

3．继承

一个类拥有另一个类的全部变量和操作，这种拥有就是继承。父类所具有的数据和操作可被子类继承。

面向对象表示法中的继承关系与框架表示法中框架间属性的继承关系类似，都避免了信息的冗余。

4．封装

一个对象的数据只能由它的私有操作（方法）来改变，其他对象的操作不能直接改变它的数据。当一个对象需要改变另一个对象的数据时，它只能向该对象发送消息，该对象接受消息后就根据消息的模式找出相应的操作，并执行操作改变自己的数据。

像这样把一切局限于对象的信息及操作都限制在对象之内，在外面是不可见的，对象之间除了互递消息之外，不再有其他联系，这就是所谓“封装”的概念。

封装是一种信息隐藏技术，是面向对象的主要特征，面向对象的许多优点都是靠这一手段而获得的，它使得对象的用户可以不了解对象行为实现的细节，只需用消息来访问对象，这样就可把精力用于系统一级的设计与构成上。

由面向对象技术所建立和依据的这些概念，可以看出它具有以下特点：

(1) 模块性。一个对象是可以独立存在的实体，其内部状态不直接受到外界的影响，能够较为自由地为各个不同的软件系统使用，提高软件的复用率。

(2) 继承性。子类可继承父类的数据及操作，这样每个子类的数据就一般地分为两部分，一部分是从父类那里继承过来的共享数据，另一部分是本类中的私有数据。

(3) 封装性。对象是封装的数据及操作。每个对象将自己的功能实现细节封装起来知道其内部细节就可使用它，从而加快了软件开发的速度。

(4) 多态性。所谓多态是指一个名字可以有多种语义，可做多种解释；例如，运算符"+"、"-""*"、"/"，既可做整数四则运算，也可做实数四则运算，但它们的执行代码却全然不同。在面向对象系统中，对象封装了操作，恰恰是利用了重名操作，让各对象自己去根据实际情况执行，不会引起混乱。

(5) 易维护性。对象实现了抽象和封装，这就使错误具有局部性，不会传播，便于检测和修改。

2.9.2　面向对象技术表示知识的方法

面向对象技术中的核心概念是对象，而对对象的进一步抽象则构成类，所以类、子类和对象（又称为类的实例）构成了一个层次结构，而且子类可以继承父类的数据及操作。这种层次结构及继承机制直接支持了分类知识的表示，而且其表示方法与框架表示法有许多相似之处，知识可按类以一定层次形式进行组织，类之间通过链实现联系。

用面向对象方法表示知识时，需要对类的构成形式进行描述。不同的面向对象语言所提供的类的描述形式不同，下面给出一般的描述形式：

```
Class <类名> [:<父类名>]
      [<类变量表>]
Structure
<对象的静态结构描述>
Method
<关于对象的操作定义>
Restraint
<限制条件>
End
```

其中，Class 就是类描述的开始标志；<类名>是该类的名字，它是系统中该类的唯一标识；<父类名>是任选的，指出当前定义的类之父类，它可以缺省；<类变量表>是一组变量名构成的序列，该类中所有对象都共享这些变量，对该类对象来说它们是全局变量，当把这些变量实例化为一组具体的值时，就得到了该类中的一个具体对象，即一个实例；Structure 后面的＜对象的静态结构描述＞用于描述该类对象的构成方式；Method 后面的＜关于对象的操作定义＞用于定义对类元素可施行的各种操作，它既可以是一组规则，也可以是为实现相应操作所需执行的一段程序，在 C++中则为成员函数调用；Restraint 后面的＜限制条件＞指出该类元素所应满足的限制条件，可用包含类变量的谓词构成，当它不出现时表示没有限制。

在使用不同的面向对象语言进行智能系统开发时，有关知识的分类方法以及类的描述形式要根据具体的语言要求来实现，类的描述形式也可能由于语言不同而有所不同。

本章小结

本章讨论了知识和知识表示的一般方法。

知识是一切智能行为的基础，也是人工智能的重要研究对象。一般来说，知识就是人们对客观事物及其规律的认识。知识表示是研究用机器表示知识的可行性、有效性的一般方法，是一种数据结构与控制结构的统一体，既考虑知识的存储又考虑知识的使用。知识表示的方法有很多，本章主要介绍了一阶谓词逻辑表示法、与/或树表示法、产生式表示法、语义网络表示法、框架表示法、过程表示法、剧本表示法和面向对象表示法。

本章习题

1. 什么是知识？有哪几种主要的知识分类方法？
2. 什么是知识表示？知识表示有哪些要求？
3. 用谓词表示法表示农夫、狼、山羊、白菜问题。

设农夫、狼、山羊、白菜全部在一条河的左岸，现在要把他们全部送到河的右岸，农夫有一条船，过河时，除农夫外船上至多能载狼、山羊、白菜中的一种。狼要吃山羊，山羊要吃白菜，除非农夫在那里。试规划出一个确保全部安全过河的计划。请写出所用谓词的定义，并给出每个谓词的功能及变量的个体域。

4. 何谓语义网络？它有哪些基本的语义关系？
5. 在框架系统中，问题求解的一般过程是什么？
6. 面向对象知识表示法与框架知识表示法的主要区别是什么？

第3章 高级知识推理

学习重点

本章从推理和逻辑的概念和分类讲起，重点介绍主观Bayes方法和证据理论。推理有很多种分类方法，本章主要对不确定知识的两种表达进行详细讲解。

一个智能系统不仅应该拥有知识，而且还应该能够很好地利用这些知识，即运用知识进行推理和求解问题。智能系统的推理过程实际上就是一种思维过程。按照推理过程所用知识的确定性，推理可分为确定性推理和不确定性推理。

3.1　推理的相关知识

本节主要对推理的相关知识进行介绍，具体包括推理的概念、分析及方法，推理的控制策略等。

3.1.1　推理的概念

所谓推理，是指按照某种策略从已知事实出发去推出结论的过程。其中，推理所用的事实可分为两种情况：一种是与求解问题有关的初始证据；另一种是推理过程中所得到的中间结论。通常，智能系统的推理过程是通过推理机来完成的。所谓推理机，就是智能系统中用来实现推理的那些程序。

例如，在医疗诊断专家系统中，所有与诊断有关的医疗常识和专家经验都被保存在知识库中。当系统开始工作时，首先需要把病人的症状和检查结果放到事实库中，然后再从事实库中的这些初始证据出发，按照某种策略在知识库中寻找可以匹配的知识，如果得到的是一些中间结论，还需要把它们作为新的事实放入事实库中，并继续寻找可以匹配的知识，如此反复进行，直到推出最终结论为止。上述由初始事实出发到推出最终结论为止的这一过程就是推理，实现这一推理过程的程序称为推理机。

智能系统的推理包括两个基本问题：一个是推理的方法，另一个是推理的控制策略。下面分别讨论这些问题。

3.1.2　推理方法及其分类

推理方法主要解决在推理过程中前提与结论之间的逻辑关系，以及在不确定性推理中不确定性的传递问题。推理可以有多种不同的分类方法，例如，可以按照推理的逻辑基础、所用知识的确定性、推理过程的单调性以及是否使用启发性信息等来划分。如图3-1所示。

1．按推理的逻辑基础分类

按照推理的逻辑基础，常用的推理方法可分为演绎推理和归纳推理等。

（1）演绎推理。演绎推理是从已知的一般性知识出发，推出蕴涵在这些已知知识中的适合于某种个别情况的结论。它是一种由一般到个别的推理方法，其核心是段论。常用的三段论是由一个大前提、一个小前提和一个结论三部分组成的。其中，大前提是已知的一般性知识或推理过程得到的判断；小前提是关于某种具体情况或某个具体实例的判断；结论是由大前提推出的，并且适合于小前提的判断。

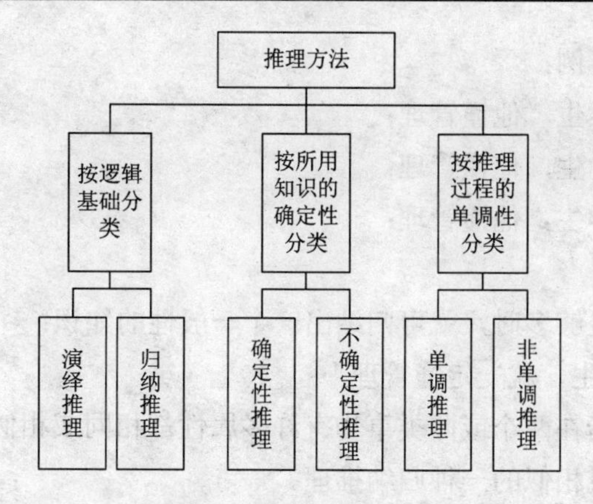

图 3-1　推理方法分类图

例如，有如下三个判断：

① 管理系的学生都懂管理；

② 王平是管理系的一位学生；

③ 王平懂管理。

这是一个三段论推理。其中，①是大前提，②是小前提；③是经演绎推出来的结论。从这个例子可以看出，“王平懂管理”这一结论是蕴涵在“管理系的学生都懂管理”这个大前提中的。因此，演绎推理就是从已知的大前提中推导出适应于小前提的结论，即从已知的一般性知识中抽取所包含的特殊性知识。由此可见，只要大前提和小前提是正确的，则由它们推出的结论也必然是正确的。

（2）归纳推理。归纳推理是从一类事物的大量特殊事例出发，去推出该类事物的一般性结论。它是一种由个别到一般的推理方法。归纳推理的基本思想是：先从已知事实中猜测出一个结论，然后对这个结论的正确性加以证明确认。数学归纳法就是归纳推理的一种典型例子。对于归纳推理，如果按照所选事例的广泛性可分为完全归纳推理和不完全归纳推理；如果按照推理所使用的方法可分为枚举归纳推理和类比归纳推理等。

完全归纳推理是指在进行归纳时需要考察相应事物的全部对象，并根据这些对象是否都具有某种属性，来推出该类事物是否具有此属性。例如，某公司购进一批计算机，如果对每台机器都进行了质量检验，并且都合格，则可得出结论：这批计算机的质量是合格的。

不完全归纳推理是指在进行归纳时只考察了相应事物的部分对象，就得出了关于该事物的结论。例如，某公司购进一批计算机，如果只是随机地抽查了其中的部分机器，便可根据这些被抽查机器的质量来推出整批机器的质量。

枚举归纳推理是指在进行归纳时，如果已知某类事物的有限可数个具体事物都具有某种属性，则可推出该类事物都具有此种属性。设 $a_1,a_2,\cdots,a_n$，是某类事物 A 中的具体事物，若已知 $a_1,a_2,\cdots,a_n$ 都具有属性 B，并没有发现反例，那么当 n 足够大时，就可得出“A 中的所有事物都具有属性 B”这一结论。

例如，设有如下事例：

王小强是管理系学生，他懂管理；

高美丽是管理系学生，他懂管理；

李光明是管理系学生，他懂管理；

……

当这些具体事例足够多时，就可归纳出一个一般性的知识：

“凡是管理系的学生，就一定懂管理”

类比归纳推理是指在两个或两类事物有许多属性都相同或相似的基础上，推出它们在其他属性上也相同或相似的一种归纳推理。

设 A、B 分别是两类事物的集合：

$A=\{a_1, a_2, \cdots\}$

$B=\{b_1, b_2, \cdots\}$

并设 a_1 与 b_1 总是成对出现，且当 a_1，有属性 P 时，b_1 就有属性 Q 与之对应，即

$P(a_1)\rightarrow Q(b_1) \qquad i=1, 2, \cdots$

则当 A 与 B 中有新的元素对出现时，若已知 a' 有属性 P，b' 有属性 Q，即

$P(a')\rightarrow Q(b')$

类比归纳推理的基础是相似原理，其可靠程度取决于两个或两类事物的相似程度，以及这两个或两类事物的相同属性与推出的那个属性之间的相关程度。

（3）演绎推理与归纳推理的区别。演绎推理与归纳推理是两种完全不同的推理。演绎推理是在已知领域内的一般性知识的前提下，通过演绎求解一个具体问题或者证明一个给定的结论。这个结论实际上早已蕴涵在一般性知识的前提中，演绎推理只不过是将其揭示出来，因此它不能产生新知识。在归纳推理中，所推出的结论是没有包含在前提内容中的。这种由个别事物或现象推出一般性知识的过程，是增殖新知识的过程。

2．按所用知识的确定性分类

按所用知识的确定性，推理可分为确定性推理和不确定性推理。

所谓确定性推理，是指推理所使用的知识和推出的结论都是可以精确表示的，其真值要么为真，要么为假，不会有第三种情况出现。

所谓不确定性推理，是指推理时所用的知识不都是确定的，推出的结论也不完全是确定的，其真值会位于真与假之间。由于现实世界中的大多数事物都具有一定程度的不确定性，并且这些事物是很难用精确的数学模型来进行表示与处理的，因此不确定性推理也就成了智能信息处理的一个重要研究课题。

3．按推理过程的单调性分类

按照推理过程的单调性，或者说按照推理过程所得到的结论是否越来越接近目标，推理可分为单调推理与非单调推理。

所谓单调推理是指在推理过程中，每当使用新的知识后，所得到的结论会越来越接近于目标，而不会出现反复情况，即不会由于新知识的加入否定了前面推出的结论，从而使推理过程又退回到先前的某一步。

所谓非单调推理是指在推理过程中，当某些新知识加入后，会否定原来推出的结论，使推理过程退回到先前的某一步。非单调推理往往是在知识不完全的情况下发生的。在这种情况下，为使推理能够进行下去，就需要先进行某些假设，并在此假设的基础上进行推理。但是，当后来由于新的知识加入，发现原来的假设不正确时，就需要撤销原来的假设及由此假设为基础推出的一切结论，再运用新知识重新进行推理。

3.1.3　推理的控制策略及其分类

推理过程不仅依赖于所用的推理方法，也依赖于推理的控制策略。推理的控制策略是指如何使用领域知识使推理过程尽快达到目标的策略。由于智能系统的推理过程一般表现为一种搜索过程，因此，推理的控制策略又可分为推理策略和搜索策略。其中，推理策略主要解决推理方向、冲突消解等问题，如推理方向控制策略、求解策略、限制策略、冲突消解策略等；搜索策略主要解决推理线路、推理效果、推理效率等问题。

推理方向用来确定推理的控制方式，即推理过程是从初始证据开始到目标，还是从目标开始到初始证据。按照对推理方向的控制，推理可分为正向推理、逆向推理和混合推理等。无论哪一种推理方式，系统都需要有一个存放知识的知识库，一个存放初始证据及中间结果的综合数据库和一个用于推理的推理机。求解策略是指仅求一个解，还是求所有解或最优解等。限制策略是指对推理的深度、宽度、时间、空间等进行的限制。冲突消解策略是指当推理过程有多条知识可用时，如何从这些多条可用知识中选出一条最佳知识用于推理的策略。常用的冲突消解策略有领域知识优先和新鲜知识优先等。所谓领域知识优先，是指把领域问题的特点作为选择知识的依据。新鲜知识优先，把知识前提条件中事实的新鲜性作为选择知识的依据。例如，综合数据中后生成的事实比先生成的事实具有更大的新鲜性。

3.1.4　正向推理

正向推理是一种从已知事实出发、正向使用推理规则的推理方式，也称为数据驱动推理或前向链推理。其基本思想是：用户需要事先提供一组初始证据，并将其放入综合数据库。推理开始后，推理机根据综合数据库中的已有事实，到知识库中寻找当前可用知识，形成一个当前可用知识集，然后按照冲突消解策略，从该知识集中选择一条知识进行推理，并将新推出的事实加入综合数据库，作为后面继续推理时可用的已知事实，如此重复这一过程，直到求出所需要的解或者知识库中再无可用知识为止。

正向推理过程可用如下算法描述：

Step1　把用户提供的初始证据放入综合数据库。

Step2　检查综合数据库中是否包含了问题的解，若已包含，则求解结束，并成功退出；否则，执行下一步。

Step3　检查知识库中是否有可用知识，若有，形成当前可用知识集，执行下一步；否则，转 Step5。

Step4　按照某种冲突消解策略，从当前可用知识集中选出一条知识进行推理，并将推出的新事实加入综合数据库中，然后转 Step2。

Step5　询问用户是否可以进一步补充新的事实，若可补充，则将补充的新事实加入综合数据库中，然后转 Step3；否则表示无解，失败退出。

以上算法的流程图如图 3-2 所示。

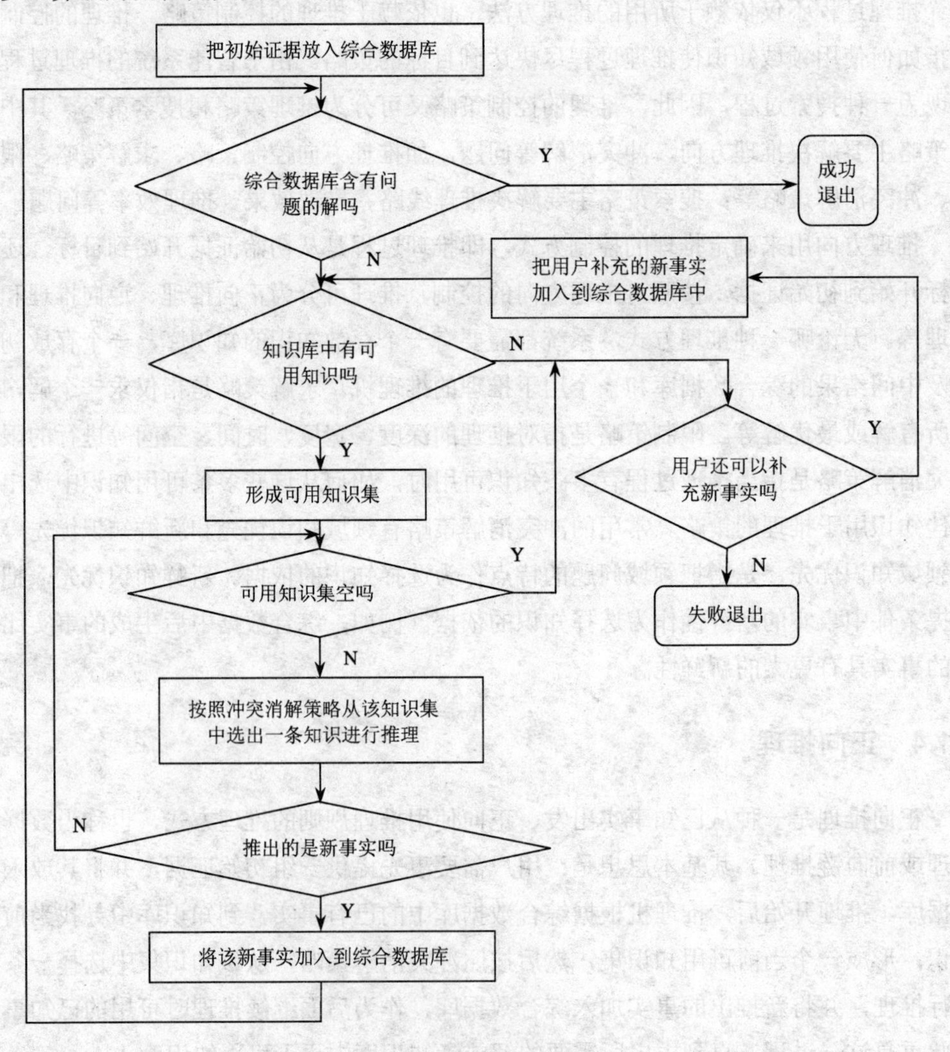

图 3-2　正向推理的流程图

正向推理的优点是比较直观，由数据驱动，从一组事实出发推导结论，算法简单，容易实现，适合于诊断、设计、预测、监控等领域的问题求解。其主要缺点是盲目搜索，推理无明确的目标，求解问题时可能会执行许多与解无关的操作，每当数据库内容更新后都要遍历整个知识库，导致推理效率较低。

3.1.5　逆向推理

逆向推理是一种以某个假设目标作为出发点的推理方法，也称为目标驱动推理或逆向链推理。其基本思想是：首先根据问题求解的要求，将要求证的目标（称为假设）构成一个假设集，然后从假设集中取出一个假设对其进行验证，检查该假设是否在综合数据库中，是否为用户认可的事实，当该假设在数据库中时，该假设成立，此时若假设集为空，则成功退出；若假设不在综合数据库中，但可被用户证实为原始证据时，将该假设放入综合数据库，此时若假设集为空，则成功退出；若假设可由知识库中的一个或多个知识导出，则将知识库中所有可以导出该假设的知识构成一个可用知识集，并根据冲突消解策略，从可用知识集中取出一个知识，将其前提中的所有子条件都作为新的假设放入假设集。重复上述过程，直到假设集为空时成功退出，或假设集非空但可用知识集为空时失败退出为止。

逆向推理过程可用如下算法描述：

Step1　将问题的初始证据和要求证的目标（称为假设）分别放入综合数据库和假设集。

Step2　从假设集中选出一个假设,检查该假设是否在综合数据库中。若在，则该假设成立，此时，若假设集为空，则成功退出；否则，仍执行 Step2。若该假设不在数据库中，则执行下一步。

Step3　检查该假设是否可由知识库的某个知识导出。若不能由某个知识导出，则询问用户该假设是否为可由用户证实的原始事实。若是，该假设成立，并将其放入综合数据库，再重新寻找新的假设；若不是，则转 Step5。若能由某个知识导出，则执行下一步。

Step4　将知识库中可以导出该假设的所有知识构成一个可用知识集。

Step5　检查可用知识集是否为空，若空，失败退出；否则，执行下一步。

Step6　按冲突消解策略从可用知识集中取出一个知识，继续执行下一步。

Step7　将该知识的前提中的每个子条件都作为新的假设放入假设集，转 Step2。

以上算法的流程图如图 3-3 所示。

逆向推理由目标驱动，从假设出发验证结论。主要优点是搜索的目的性强，不必寻找和使用那些与假设目标无关的信息和知识，推理过程的目标明确，也有利于向用户提供解释，在诊断性专家系统中较为有效。其主要缺点是当用户对解的情况认识不清时，由系统自主选择假设目标的盲目性比较大，若选择不好，可能需要多次提出假设，会影响系统效率。逆向推理主要用于结论单一或者目标结论要求证实的系统，如选择、分类、故障诊断等问题的求解。

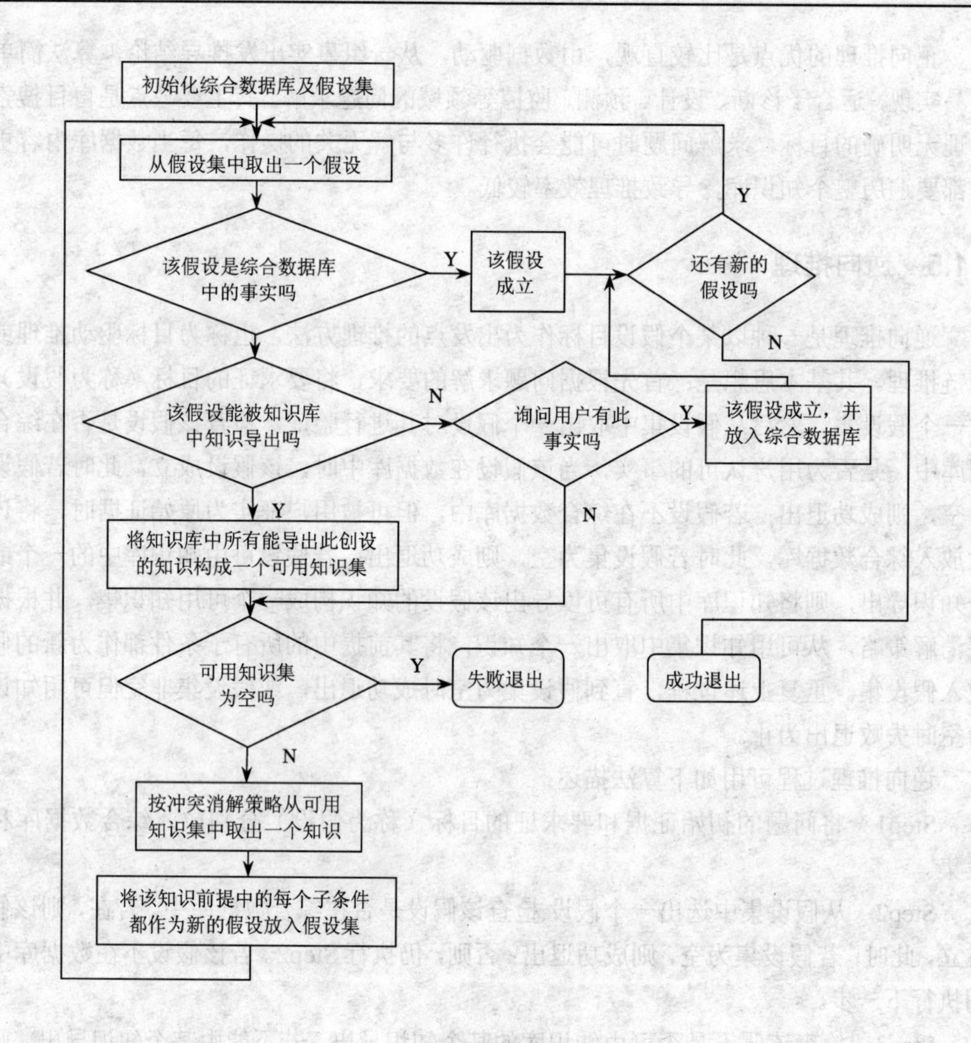

图 3-3　逆向推理的流程图

3.1.6　混合推理

由以上讨论可知，正向推理和逆向推理都有各自的优缺点。当问题较复杂时，单独使用其中的哪一种，都会影响到推理效率。为了更好地发挥这两种算法各自的长处，避免各自的短处，互相取长补短，可以将它们结合起来使用。这种把正向推理和逆向推理结合起来所进行的推理称为混合推理。美国斯坦福研究院人工智能中心研制的基于规则的专家系统 KAS 就是采用混合推理的典型例子。

混合推理可有多种具体的实现方法。例如，可以采用先正向推理，后逆向推理的方法；也可以采用先逆向推理，后正向推理的方法；还可以采用随机选择正向和逆向推理的方法。由于这些方法仅是正向推理和逆向推理的某种结合，因此对这三种情况不再进行讨论。

3.2　推理的逻辑基础

在上节中，我们讨论了知识表示的逻辑基础，已经具备了谓词逻辑的一些简单概念。本节主要讨论推理所需要的一些逻辑基础。

3.2.1　谓词公式的解释

在命题逻辑中，命题公式的一个解释就是对该命题公式中各个命题变元的一次真值指派。有了命题公式的解释，就可以根据这个解释求出该命题公式的真值。但谓词逻辑则不同，由于谓词公式中可能包含有个体常量、个体变元或函数，因此不能像命题公式那样直接通过真值指派给出解释，必须先考虑个体常量和函数在个体域上的取值，然后才能根据常量与函数的具体取值为谓词分别指派真值。下面给出谓词公式的解释的定义。

定义 3.1　设 D 是谓词公式 P 的非空个体域，若对 P 中的个体常量、函数和谓词按如下规定赋值：

（1）为每个个体常量指派 D 中的一个元素；

（2）为每个 n 元函数指派一个从 D'' 到 D 的映射，其中

$D'' =\{(x_1,x_2,\cdots,x_n)|\ x_1,x_2,\cdots,x_n \in \mathrm{D}\}$

（3）为每个 n 元谓词指派一个从 D'' 到$\{F，T\}$的映射。

则称这些指派为 P 在 D 上的一个解释。

3.2.2　谓词公式的永真性与可满足性

为了以后推理的需要，下面先定义谓词公式的永真性、永假性、可满足性与不可满足性。

定义 3.2　如果谓词公式 P 对非空个体域 D 上的任一解释都取得真值 T，则称 P 在 D 上是永真的；如果 P 在任何非空个体域上均是永真的，则称 P 永真。

由此定义可以看出，要判定一个谓词公式为永真，必须对每个非空个体域上的每个解释逐一进行判断。当解释的个数有限时，尽管工作量大，公式的永真性毕竟还可以判定，但当解释个数无限时，其永真性就很难判定了。

定义 3.3　对于谓词公式 P 如果至少存在 D 上的一个解释，使公式 P 在此解释下的真值为 T，则称公式 P 在 D 上是可满足的。

谓词公式的可满足性也称为相容性。

定义 3.4　如果谓词公式 P 对非空个体域 D 上的任一解释都取真值 F，则称 P 在 D 上是永假的；如果 P 在任何非空个体域上均是永假的，则称 P 永假。

谓词公式的永假性又称不可满足性或不相容性。

3.2.3 谓词公式的等价性与永真蕴涵性

谓词公式的等价性和永真蕴涵性可分别用相应的等价式和永真蕴涵式来表示，这些等价式和永真蕴涵式都是演绎推理的主要依据，因此也称它们为推理规则。

1．等价式

谓词公式的等价式可定义如下：

定义 3.5　设 P 与 Q 是 D 上的两个谓词公式，若对 D 上的任意解释，P 与 Q 都有相同的真值，则称 P 与 Q 在 D 上是等价的。如果 D 是任意非空个体域，则称 P 与 Q 是等价的，记做 $P \Leftrightarrow Q$。

常用的等价式如下：

（1）双重否定率

$$\neg\neg P \Leftrightarrow P$$

（2）交换率

$$P \vee Q \Leftrightarrow Q \vee P, P \wedge Q \Leftrightarrow Q \wedge P$$

（3）结合率

$$(P \vee Q) \vee R \Leftrightarrow P \vee (Q \vee R)$$

$$(P \wedge Q) \wedge \mathrm{R} \Leftrightarrow P \wedge (Q \wedge R)$$

（4）分配率

$$P \vee (Q \wedge R) \Leftrightarrow (P \vee Q) \wedge (P \vee R)$$

$$P \wedge (Q \vee R) \Leftrightarrow (P \wedge Q) \vee (P \wedge R)$$

（5）摩根定律

$$\neg(P \vee Q) \Leftrightarrow \neg P \wedge \neg Q$$

$$\neg(P \wedge Q) \Leftrightarrow \neg P \vee \neg Q$$

（6）吸收率

$$P \vee (P \wedge Q) \Leftrightarrow P, P \wedge (P \vee Q) \Leftrightarrow P$$

（7）补余率

$$P \vee \neg P \Leftrightarrow T, P \wedge \neg P \Leftrightarrow F$$

（8）连词化归率

$$P \rightarrow Q \Leftrightarrow \neg P \vee Q$$

$$P \leftrightarrow Q \Leftrightarrow (P \rightarrow Q) \wedge (Q \rightarrow P)$$

$$P \leftrightarrow Q \Leftrightarrow (P \wedge Q) \vee (\neg Q \wedge \neg P)$$

（9）量词转换率

$$\neg(\exists x)P(x) \Leftrightarrow (\forall x)(\neg P(x))$$

$$\neg(\forall x)P(x) \Leftrightarrow (\exists x)(\neg P(x))$$

（10）量词分配率

$$(\forall x)(P(x) \wedge Q(x)) \Leftrightarrow (\forall x)P(x) \wedge (\forall x)Q(x)$$
$$(\exists x)(P(x) \vee Q(x)) \Leftrightarrow (\exists x)P(x) \wedge (\exists x)Q(x)$$

2．永真蕴涵式

谓词公式的永真蕴涵式可定义如下：

定义 3.6　对谓词公式 P 和 Q，如果 $P \rightarrow Q$ 永真，则称 P 永真蕴涵 Q，且称 Q 为 P 的逻辑结论，P 为 Q 的前提，记做 $P \Rightarrow Q$。

常用的永真蕴涵式如下：

（1）化简式

$$P \wedge Q \Rightarrow P, P \wedge Q \Rightarrow Q$$

（2）附加式

$$P \Rightarrow P \vee Q, Q \Rightarrow P \vee Q$$

（3）析取三段论

$$\neg P, P \vee Q \Rightarrow Q$$

（4）假言推理

$$P, P \rightarrow Q \Rightarrow Q$$

（5）拒取式

$$\neg Q, P \rightarrow Q \Rightarrow \neg P$$

（6）假言三段论

$$P \rightarrow Q, Q \rightarrow R \Rightarrow P \rightarrow R$$

（7）二难推理

$$P \vee Q, P \rightarrow R, Q \rightarrow R \Rightarrow R$$

（8）全称固化

$$(\forall x)P(x) \Rightarrow P(y)$$

式中，y 为个体域中的任一个体，利用此永真蕴涵式可消去谓词公式中的全称量词。

（9）存在固化

$$(\exists x)P(x) \Rightarrow P(y)$$

式中，y 为个体域中某一个可以使 $P(y)$为真的个体，利用此永真蕴涵式可消去谓词公式中的存在量词。

3.2.4　谓词公式的范式

范式是公式的标准形式，公式往往需要变换为同它等价的范式，以便对它们进行一般性的处理。在谓词逻辑中，根据量词在公式中出现的情况，可将谓词公式的范式分为两种。

1．前束范式

定义 3.7 设 F 为一谓词公式，如果其中的所有量词均非否定地出现在公式的最前面，而它们的辖域为整个公式，则称 F 为前束范式。一般地，前束范式可写成

$$(Q_1 x_1)\cdots(Q_n x_n)M(x_1,x_2,\cdots,x_n)$$

式中，$Q_i(=1,2,\cdots,n)$为前缀，它是一个由全称量词或存在量词组成的量词串；$M(x_1,x_2,\cdots,x_n)$为母式，它是一个不含任何量词的谓词公式。

例如，$(\forall x)(\forall y)(\exists z)(P(x)\wedge Q(y,z)\vee R(x,z))$是前束范式。

任一含有量词的谓词公式均可化为与其对应的前束范式，其化简方法将在后面子句集的化简中讨论。

2．Skolem 范式

定义 3.8 如果前束范式中所有的存在量词都在全称量词之前，则称这种形式的谓词公式为 Skolem 范式。

任一含有量词的谓词公式均可化为与其对应的 Skolem 范式，其化简方法也将在后面子句集的化简中讨论。

3.2.5 置换与合一

在不同谓词公式中，往往会出现谓词名相同但其个体不同的情况，此时推理过程是不能直接进行匹配的，需要先进行置换。例如，可根据全称固化推理和假言推理由谓词公式 $W_1(A)$和$(\forall x)(W_1(x)\rightarrow W_2(x))$推出 $W_2(A)$。对谓词 $W_1(A)$可看做是由全称固化推理（即$(\forall x)(W_1(x)\Rightarrow W_1(A))$推出的，其中 A 是任一个体常量。要使用假言推理，首先需要找到项 A 对变元 x 的置换，使 $W_1(A)$与 $W_1(x)$一致。这种寻找项对变元的置换，使谓词一致的过程叫做合一的过程。下面讨论置换与合一的有关概念与方法。

1．置换（substitution）

置换可以简单地理解为是在一个谓词公式中用置换项去替换变元。其形式定义如下：

定义 3.9 置换是形如

$$\{t_1/x_1,t_2/x_2,\cdots,t_n/x_n\}$$

的有限集合。其中，$t_1,t_2,\cdots,t_n$ 是项；$x_1,x_2,\cdots,x_n$ 是互不相同的变元；t_i/x_i 表示用 t_i 置换 x_i，并且要求 t_i 与 x_i，不能相同，x_i 不能循环地出现在另一个 t_i 中。

例如

$$\{a/x,c/y,f(b)/z\}$$

是一个置换。但是

$$\{g(y)/x,f(x)/y\}$$

不是一个置换，原因是它在 x 与 y 之间出现了循环置换现象。置换的目的本来是要将某

些变元用另外的变元、常量或函数取代，使其不在公式中出现。但在$\{g(y)/x,f(x)/y\}$中。它用 $g(y)$置换 x，用 $f(g(y))$置换 y，既没有消去 x，也没有消去 y。若改为

$$\{g(a)/x,f(x)/y\}$$

就可以了。它将把公式中的 x 用 $g(a)$来置换，y 用 $f(g(a))$来置换，从而消去了 x 和 y。

通常，置换是用希腊字母 θ、σ、α、λ 等来表示的。

定义 3.10　设 $\theta=\{t_1/x_1,t_2/x_2,\cdots,t_n/x_n\}$是一个置换，$F$ 是一个谓词公式，把公式 F 中出现的所有 x_i 换成 $t_i(i=1,2,\cdots,n)$，得到一个新的公式 G，称 G 为 F 在置换 θ 下的例示，记做 $G=F\theta$。

一个谓词公式的任何例示都是该公式的逻辑结论。

定义 3.11　设：

$$\theta=\{t_1/x_2,t_2/x_2,\cdots,t_n/x_n\}$$
$$\lambda=\{u_1/y_1,u_2/y_2,\cdots,u_m/y_m\}$$

是两个置换。则 θ 与 λ 的合成也是一个置换，记做 $\theta\cdot\lambda$。它是从集合

$$\{t_1\lambda/x_1,t_2\lambda/x_2,\cdots,t_n\lambda/x_n,u_1/y_1,u_2/y_2,\cdots,u_m/y_m\}$$

中删去以下两种元素：

（1）当 $t_i\lambda=x$ 时，删去 $t_i\lambda/x$，$(i=1,2,\cdots,n)$；

（2）当 $y_i\in\{x_1,x_2,\cdots,x_n\}$时，删去 u_j/y_j，$(j=1,2,\cdots,m)$。

最后剩下的元素所构成的集合。

2．合一（unifier）

合一可以简单地理解为是寻找项对变量的置换，使两个谓词公式一致。其形式定义如下：

定义 3.12　设有公式集 $F=\{F_1,F_2,\cdots,F_n\}$，若存在一个置换 θ，可使 $F_1\theta=F_2\theta=\cdots=F_n\theta$，则称 θ 是 F 的一个合一，称 $F_1,F_2,\cdots,F_n$ 是可合一的。

例如，设有公式集 $F=\{P(x,y,f(y)),P(a,g(x),z)\}$，则

$$\lambda=\{a/x,g(a)/y,f(g(a))/z\}$$

是它的一个合一。

一般来说，一个公式集的合一不是唯一的。

定义 3.13　设 σ 是公式集 F 的一个合一，如果对 F 的任一个合一 θ 都存在一个置换 λ，使得 $\theta=\sigma\cdot\lambda$，则称 σ 是一个最一般合一（most general unifier，MGU）。

一个公式集的最一般合一是唯一的。若用最一般合一去置换那些可合一的谓词公式，可使它们变成完全一致的谓词公式。

3.3 主观 Bayes 方法

主观Bayes方法是由杜达(R.O.Duda)等人于1976年提出的一种不确定性推理模型。运用 Bayes 公式进行不确定性推理必然受到 Bayes 公式运用条件的限制。为此，杜达等人在对 Bayes 公式做了适当改进后，提出了主观 Bayes 方法，并成功地应用于他自己开发的地矿勘探专家系统 PROSPECTOR 中。

3.3.1 知识不确定性的表示

在主观 Bayes 方法中，知识是用产生式表示的，其形式为

$$\text{IF}\quad E\quad \text{THEN}\quad (\text{LS},\text{LN})\quad H$$

其中，(LS,LN)为该知识的知识强度，LS 和 LN 的表示形式分别为

$$\text{LS}=\frac{P(E\mid H)}{P(E\mid \neg H)}$$

$$\text{LN}=\frac{P(\neg E\mid H)}{P(\neg E\mid \neg H)}=\frac{1-P(E\mid H)}{1-P(E\mid \neg H)}$$

LS 和 LN 的取值范围均为［0,+∞］。

3.3.2 证据不确定性的表示

在主观 Bayes 方法中，证据 E 的不确定性是用其概率或几率来表示的。概率与几率之间的关系为

$$O(E)=\frac{P(E)}{1-P(E)}=\begin{cases}0 & \text{当}E\text{为假时}\\ \infty & \text{当}E\text{为真时}\\ (0,+\infty) & \text{当}E\text{非真也非假时}\end{cases}$$

上式给出的仅是证据 E 的先验概率与其先验几率之间的关系，但在有些情况下，除了需要考虑证据 E 的先验概率与先验几率外，往往还需要考虑在当前观察下证据 E 的后验概率或后验几率。以概率情况为例，对初始证据 E，用户可以根据当前观察 S 将其先验概率 $P(E)$更改为后验概率 $P(E|S)$，即相当于给出证据 E 的动态强度。不过，由于概率的确定比较困难，因而在许多实际系统中往往采用某种变换方式。例如，在 PRO SPECTOR 系统中，为方便用户，引入了可信度 $C(E|S)$的概念，把区间[0, 1]之间的概率转换为−5～5 之间的 11 个整数。

3.3.3 组合证据不确定性的计算

无论组合证据有多么复杂，其基本组合形式只有合取与析取两种。当组合证据是多个单一证据的合取时，即

$$E=E_1 \text{ AND } E_2 \text{ AND } \cdots \text{ AND } E_n$$

如果已知在当前观察 S 下，每个单一证据 E_1，有概率 $P(E_1|S),P(E_2|S),\cdots,P(E_n|S)$，则

$$P(E|S)=\min\{P(E_1|S),P(E_2|S),\cdots,P(E_n|S)\}$$

当组合证据是多个单一证据的析取时，即

$$E=E_1 \text{ OR } E_2 \text{ OR } \cdots \text{ OR } E_n$$

如果已知在当前观察 S 下，每个单一证据 E_1，有概率 $P(E_1|S)$，$P(E_2|S)$，…，$P(E_n|S)$，则

$$P(E|S)=\max\{P(E_1|S),P(E_2|S),\cdots,P(E_n|S)\}$$

3.3.4 不确定性的更新

主观 Bayes 方法推理的任务就是根据证据 E 的概率 $P(E)$ 及LS和LN的值，把 H 的先验概率 $P(H)$或先验几率 $O(H)$更新为后验概率或后验几率。由于一条知识所对应的证据可能肯定为真，也可能肯定为假，还可能既非为真又非为假，因此，在把 H 的先验概率或先验几率更新为后验概率或后验几率时，需要根据证据的不同情况去计算其后验概率或后验几率．下面就来分别讨论这些不同情况。

1. 证据肯定为真

下面进一步讨论LS和LN的含义。由Bayes公式可知

$$P(H|E)=\frac{P(E|H)\times P(H)}{P(E)}$$

$$P(\neg H|E)=\frac{P(E|\neg H)\times P(\neg H)}{P(E)}$$

将两式相除，得

$$\frac{P(H|E)}{P(\neg H|E)}=\frac{P(E|H)}{P(E|\neg H)}\times\frac{P(H)}{P(\neg H)} \tag{3.1}$$

为讨论方便起见，下面引入几率函数

$$O(X)=\frac{P(X)}{1-P(X)} \quad \text{或} \quad O(X)=\frac{P(X)}{P(\neg X)} \tag{3.2}$$

可见，X 的几率等于 X 出现的概率与 X 不出现的概率之比。显然，随着 $P(X)$的增大，$O(X)$也在增大。并且

$P(X)=0$ 时　有 $O(X)=0$

$P(X)=1$ 时　有 $O(X)=+\infty$

这样，就可以把取值为［0,1］的 $P(X)$ 放大到取值为$(0,+\infty)$的 $O(X)$。

把式（3.2）中几率和概率的关系代入式（3.1）有

$$O(H|E)=\frac{P(E\mid H)}{P(E\mid \neg H)}\times O(H)$$

再把 LS 代入此式，可得

$$O(H|E)=\mathrm{LS}\times O(H) \tag{3.3}$$

同理可得到关于 LN 的公式

$$O(H|\neg E)=\mathrm{LN}\times O(H) \tag{3.4}$$

式（3.3）和式（3.4）就是修改的 Bayes 公式。从这两个公式可以看出：当 E 为真时，可以利用 LS 将 H 的先验几率 $O(H)$更新为其后验几率 O（$H|E$）；当 E 为假时，可以利用 LN 将 H 的先验几率 $O(H)$更新为其后验几率 O（$H|\neg E$）。

当证据 E 肯定为真时，$P(E)=P(E|S)=1$ 。将 H 的先验几率更新为后验几率的公式，即

$$O(H|E)=\mathrm{LS}\times O(H)$$

如果是把 H 的先验概率更新为其后验概率，则上式（3.2）关于几率和概率的对应关系代入式（3.3），得

$$P(H|E)=\frac{\mathrm{LS}\times P(H)}{(\mathrm{LS}-1)\times P(H)+1} \tag{3.5}$$

这是把先验概率 $P(H)$更新为后验概率 $P(H|E)$的计算公式。

2. 证据肯定为假

当证据 E 肯定为假时，$P(E)=P(E|S)=0$，$P(\neg E)=1$。将 H 的先验几率更新为后验几率的公式为式（3.4），即

$$P(H|\neg E)=\frac{\mathrm{LN}\times P(H)}{(\mathrm{LN}-1)\times P(H)+1} \tag{3.6}$$

这是把先验概率 $P(H)$更新为后验概率 P（$H|\neg E$）的计算公式。

3. 证据既非为真又非为假

当证据既非为真又非为假时，不能再用上面的方法计算 H 的后验概率，而需要使用杜达等人 1976 年给出的如下公式

$$P(H|S)=P(H|E)\times P(E|S)+P(H|\neg E)\times P(\neg E|S) \tag{3.7}$$

下面分四种情况来讨论这个公式。

（1）$P(E|S)=1$

当 $P(E|S)=1$ 时，$P(\neg E|S)=0$。由式（3.7）和式（3.5）可得

$$P(H\mid S)=P(H\mid E)=\frac{\mathrm{LS}\times P(H)}{(\mathrm{LS}-1)\times P(H+1)}$$

这实际上就是证据肯定存在的情况。

（2）$P(E|S)=0$

当 $P(E|S)=0$ 时，$P(\neg E|S)=1$。由式（3.7）和式（3.6）可得

$$P(H \mid S)=P(H \mid \neg E)=\frac{\mathrm{LN} \times P(H)}{(\mathrm{LN}-1) \times P(H)+1}$$

这实际上是证据肯定不存在的情况。

（3）$P(E|S)=P(\mathrm{E})$

当 $P(E|S)=P(E)$时，表示 E 与 S 无关。由式（3.7）和全概率公式可得

$$\begin{aligned}P(H|S)&=P(H|E)\times P(E|S)+P(H|\neg E)\times P(\neg E|S)\\&=P(H|E)\times P(E)+P(H|\neg E)\times P(\neg E)\\&=P(H)\end{aligned}$$

通过上述分析，我们已经得到了 $P(E|S)$上的三个特殊值：0、$P(E)$及 1，并分别取得了对应值 $P(H|\neg E)$，$P(H)$及 $P(H|E)$，这样就构成了三个特殊点，如图 3-4 所示。

（4）$P(E|S)$为其他值

当 $P(E|S)$为其他值时，$P(H|S)$的值可通过上述三个特殊点的分段线性插值函数求得。

函数的解析表达式为

$$P(H \mid S)=\begin{cases}P(H \mid \neg E)+\dfrac{P(H)-P(H \mid \neg E)}{PE} \times P(E \mid S) & 若 0 \leqslant P(E \mid S)<P(E) \\ P(H)+\dfrac{P(H \mid E)-P(H)}{1-P(E)} \times[P(E \mid S)-P(E)] & 若 P(E) \leqslant P(E \mid S) \leqslant 1\end{cases} \tag{3.8}$$

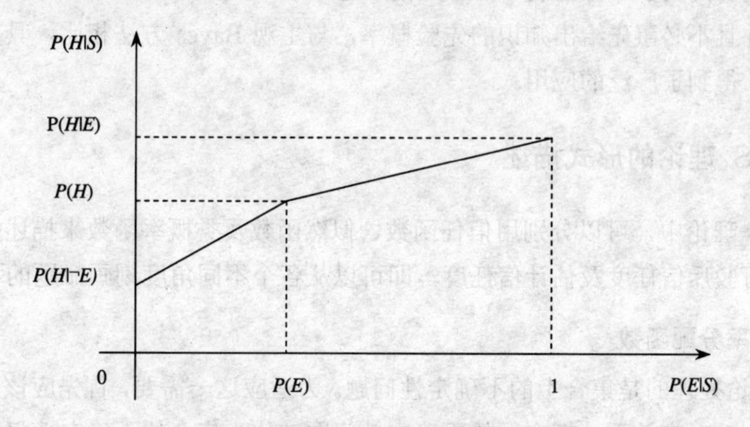

图 3-4　分段线性插值函数

3.3.5　结论不确定性的合成

假设有 n 条知识都支持同一结论 H，并且这些知识的前提条件分别是 n 个相互独立的证据 $E_1,E_2,\cdots,E_n$，而每个证据所对应的观察又分别是 $S_1,S_2,\cdots,S_n$。在这些观察下，求

H 的后验概率的方法是：首先对每条知识分别求出 H 的后验几率 $O(H|S_i)$，然后利用这些后验几率并按下述公式求出所有观察下 H 的后验几率

$$O(H|S_1,S_2,\cdots,S_n)=\frac{O(H\mid S_1)}{O(H)}\times\frac{O(H\mid S_2)}{O(H)}\times\cdots\times\frac{O(H\mid S_n)}{O(H)}\times O(H) \tag{3.9}$$

主观 Bayes 方法的主要优点：

（1）理论模型精确，灵敏度高，不仅考虑了证据间的关系，而且考虑了证据存在与否对假设的影响。

（2）知识的静态强度 LS 和 LN 由领域专家根据实践经验给出，避免了大量的数据统计工作。

（3）概念方法既用 LS 指出了证据 E 对结论 H 的支持程度，又用 LN 指出了 E 对 H 的必要性程度，提高了推理的准确性程度。

主观 Bayes 方法的主要缺点：

（1）所需要的主观概率太多，专家不易给出。

（2）Bayes 定理中关于事件间独立性的要求使得主观 Bayes 方法的应用受到了限制。

3.4　证据理论

证据理论（the dempster/shafer theory of evidence）是由德普斯特（A.P.DemPster）首先提出，并由沙佛（G. Shafer）进一步发展起来的用于处理不确定性的一种理论，也称为 DS 理论，它将概率论中的单点赋值扩展为集合赋值，弱化了相应的公理系统，即满足比概率更弱的要求，可看成一种广义概率论。DS 理论可以处理由“不知道”引起的不确定性，并且不必事先给出知识的先验概率，与主观 Bayes 方法相比，具有较大的灵活性。因此，得到了广泛的应用。

3.4.1　DS 理论的形式描述

在 DS 理论中，可以分别用信任函数、似然函数及类概率函数来描述知识的精确信任度、不可驳斥信任度及估计信任度，即可以从各个不同角度刻画命题的不确定性。

1．概率分配函数

DS 理论处理的是集合上的不确定性问题。为适应这一需要，首先应该建立命题与集合之间的一一对应关系，把命题的不确定性问题转化为集合的不确定性问题。

设 Ω 为变量 x 的所有可能取值的有限集合（亦称为样本空间），且 Ω 中的每个元素都相互独立，则由 Ω 的所有子集构成的幂集记为 2^{Ω}。当 Ω 中的元素个数为 N 时，则其幂集 2^{Ω}的元素个数为 2^N，且其中的每一个元素都对应于一个关于 x 取值情况的命题。

定义 3.14　设函数 $m:2^{\Omega}\rightarrow[0,1]$，且满足

$$m(\varnothing)=0$$

$$\sum_{A\subseteq\Omega} m(A)=1$$

则称 m 是 2^{Ω}上的概率分配函数，$m(A)$称为 A 的基本概率数。其中，$\varnothing$表示空集，空集也可表示为{}。

对概率分配函数须说明以下两点：

(1)概率分配函数的作用是把 Ω 的任意一个子集都映射为[0,1]上的一个数 $m(A)$。当 $A\subset\Omega$，且 A 由单个元素组成时，$m(A)$表示对 A 的精确信任度；当 $A\in\Omega$，$A\neq\Omega$，且 A 由多个元素组成时，$m(A)$也表示对 A 的精确信任度，但却不知道这部分信任度该分给 A 中哪些元素；当 $A=\Omega$ 时，则 $m(A)$也表示不知道该如何分配。

(2) 概率分配函数不是概率。

2. 信任函数

定义 3.15 信任函数（belief function） Bel : $2^n\rightarrow[0,1]$ 为

$$\text{Bel}(A)=\sum_{B\subseteq A} m(B) \quad \text{对所有的 } A\subseteq\Omega$$

式中，2^{Ω}是 Ω 的幂集。

Bel 函数又称为下限函数，Bel(A)表示对 A 的总的信任度。

3. 似然函数

定义 3.16 似然函数（plausibility function）P1 : $2^{\Omega}\rightarrow[0,1]$为

$$\text{Pl}(A)=1-\text{Bel}(\neg A) \quad \text{对所有的 } A\subseteq\Omega$$

式中，$\neg A=\Omega-A$ 。

似然函数又称为不可驳斥函数或上限函数。由于 Bel(A)表示对 A 为真的信任度，Bel（$\neg A$）表示对$\neg A$ 的信任度，即 A 为假的信任度，因此，Pl(A)表示对 A 为非假的信任度。

4. 信任函数与似然函数的关系

信任函数和似然函数之间存在如下关系：

$$\text{Pl}(A)\geqslant \text{Bel}(A)$$

证明：

因 $\text{Bel}(\neg A)+\text{Bel}(A)=\sum_{B\subset A} m(B)+\sum_{C\subseteq\neg A} m(C)\leqslant\sum_{E\subset\Omega} m(E)=1$

又因 $\text{Pl}(A)-\text{Bel}(A)=1-\text{Bel}(\neg A)-\text{Bel}(A)$

$$=1-(\text{Bel}(\neg A)+\text{Bel}(A))\geqslant 0$$

故 $\text{Pl}(A)\geqslant\text{Bel}(A)$

由于 Bel(A)和 Pl(A)分别表示 A 为真的信任度和 A 为非假的信任度，因此，可分别称

Bel(*A*)和 Pl(*A*)为对 *A* 信任程度的下限和上限，记为

$$A[\mathrm{Bel}(A),\ \mathrm{Pl}(A)]$$

5．概率分配函数的正交和

定义 3.17 设 m_1 和 m_2 是两个不同的概率分配函数，则其正交和 $m=m_1 \oplus m_2$ 满足

$$m(\varnothing)=0$$

$$m(A)=K^{-1}\times \sum_{(\cap)--A} m_1(x)\times m_2(y)$$

式中：

$$K=1-\sum_{(\cap)\neq\varnothing} m_1(x)\times m_2(y)=\sum_{(\cap)\neq\varnothing} m_1(x)\times m_2(y)$$

如果 $K\neq 0$，则正交和 m 也是一个概率分配函数；如果 $K=0$，则不存在正交和 m，称 m_1 与 m_2 矛盾。下面通过例子说明正交和的求法。

对于多个概率分配函数，如果它们是可以组合的，则也可以通过正交和运算将它们组合成一个概率分配函数，其组合方法可定义如下：

定义 3.18 设 $m_1,m_2,\cdots,m_n$ 是 n 个概率分配函数，则其正交和 $m=m_1\oplus\ m_2\oplus\cdots m_n$ 为

$$m_1(\varnothing)=0$$

$$m(A)=K^{1}\times \sum_{\cap\neq\varnothing} \prod_{1\leqslant 1\leqslant n} m_1(A_1)$$

式中：

$$K=\sum_{\cap A\neq\varnothing} \prod_{1\leqslant 1\leqslant n} m_1(A_1)$$

3.4.2 证据理论的推理模型

在上述 DS 理论中，信任函数 Bel (*A*)和似然函数 Pl (*A*)分别表示命题 *A* 的信任度的下限和上限。同样，也可用它来表述知识强度的下限和上限。这样，就可在此表示的基础上建立相应的不确定性推理模型。

另一方面，从信任函数和似然函数的定义可以看出，它们都是建立在概率分配函数的基础上的。那么，当概率分配函数的定义不同时，将会得到不同的推理模型。下面，我们将给出一个特殊的概率分配函数，并在该函数的基础上建立一个具体的不确定性推理模型。

1．一个特殊的概率分配函数

设 $\Omega=\{s_1, s_2,\cdots,s_n\}$，$m$ 为定义在 2^{Ω}上的概率分配函数，且 m 满足

（1）$m(\{s_1\})\geqslant 0$ 对任何 $s_1\in\Omega$

（2）$\sum_{i=1}^{m} m(\{s_1\})\leqslant 1$

（3）$m(\Omega)=1-\sum_{i=1}^{m}m(\{s_1\})$

（4）当 $A\subset\Omega$ 且 $|A|>1$ 或 $|A|=0$ 时，m（A）=0，其中 $|A|$ 表示命题 A 所对应的集合中的元素个数。

这里定义的是一个特殊的概率分配函数，只有当子集中的元素个数为 1 时，其概率分配数才有可能大于 0；当于集中有多个或 0 个元素（即空集），且不等于全集时，其概率分配数均为 0；全集 Ω 的概率分配数按第（3）式计算。

下面讨论满足上述特殊概率分配函数的信任函数、似然函数以及它们的正交和。

定义 3.19　对任何命题 $A\subseteq\Omega$，其信任函数为

$$\mathrm{Bel}(A)=\sum_{S_1\in A}m(\{s_1\})$$

$$\mathrm{Bel}(\Omega)=\sum_{B\subseteq\Omega}m(B)=\sum_{-1}^{n}m\left(\{s_1\}\right)+m(\Omega)=1$$

定义 3.20　对任何命题 $\mathrm{A}\subseteq\Omega$，其似然函数为

$$\mathrm{P1}(A)=1-\mathrm{Bel}(-A)=1-\sum_{s_1\in -A}m\left(\{s_1\}\right)=1-[\sum_{-1}^{n}m\left(\{s_1\}\right)-\sum_{S_1\in -A}m\left(\{s_1\}\right)$$

$$=1-[1-\mathrm{m}(\Omega)\ -\mathrm{Bel}(A)]$$

$$=m(\Omega)+\mathrm{Bel}(A)$$

$$\mathrm{P1}(\Omega)=1-\mathrm{Bel}(-\Omega)=1-\mathrm{Bel}(\varnothing)=1$$

从上面的定义可以看出，对任何命题 $A\subseteq\Omega$ 和 $B\subseteq\Omega$ 均有

$$\mathrm{P1}(A)\ -\mathrm{Bel}(A)=\mathrm{P1}(B)-\mathrm{Bel}(B)=m(\Omega)$$

它表示对 A（或者 B）不知道的程度。

定义 3.21　设 m_1 和 m_2 是 2^{Ω} 上的基本概率分配函数，它们的正交和定义为

$$M(\{s_i\})=K^{-1}\times[m_1(s_1)\times m_2(s_1)+m_1(s_1)\times m_2(\Omega)+m_1(\Omega)\times m_2(s_1)]$$

式中：

$$K=m_1(\Omega)\times m_2(\Omega)+\sum_{i=1}^{n}m_2(s_1)\times m_2(s_1)+m_1(s_1)\times m_2(\Omega)+m_1(\Omega)\times m_2(s_1)$$

2．类概率函数

利用信任函数 Bel(A)和似然函数 P1(A)，可以定义 A 的类概率函数，并把它作为 A 的非精确性度量。

定义 3.22　设 Ω 为有限域，对任何命题 $A\subseteq\Omega$，命题 A 的类概率函数为

$$f(A)=\mathrm{Bel}(A)+\frac{|A|}{|\Omega|}\times[\mathrm{P1}(A)-\mathrm{Bel}(A)]$$

式中，$|A|$ 和 $|\Omega|$ 分别是 A 及 Ω 中元素的个数。

类概率函数 $f(A)$ 具有以下性质：

（1） $\sum_{i=1}^{n}\int(\{S\})=1$

（2）对任何 $A\subseteq\Omega$，有 $\mathrm{Bel}(A)\leqslant\int(A)f(A)\leqslant \mathrm{P1}(A)$

（3）对任何 $A\subseteq\Omega$，有 $f(-A)=1-f(A)$

根据以上性质，可很容易得到以下推论：

（1） $f(\varnothing)=0$；

（2） $f(\varnothing)=1$；

（3）对任何 $A\subseteq\Omega$，有 $0\leqslant f(A)\leqslant 1$。

3．知识不确定性的表示

在 DS 理论中，不确定性知识的表示形式为

$$\text{IF}\quad E\quad \text{THEN}\quad H=\{h_1,h_2,\cdots,h_n\}\quad \text{CF}=\{c_1,c_2,\cdots,c_n\}$$

其中，E 为前提条件，它既可以是简单条件，也可以是用合取或析取词连接起来的复合条件；H 是结论，它用样本空间中的子集表示，$h_1,h_2,\cdots,h_n$ 是该子集中的元素；CF 是可信度因子，用集合开展表示，该集合中的元素 $c_1,c_2,\cdots,c_n$ 用来表示 $h_1,h_2,\cdots,h_n$ 的可信度，c_1 与 h_1 一一对应，并且 c_1 应满足如下条件：

$$\begin{cases} c_1\geqslant 0 \\ \sum_{i=1}^{n}c_1\leqslant 1 \qquad i=1,2,\cdots,n \end{cases}$$

4．证据不确定性的表示

在 DS 理论中，将所有输入的已知数据，规则前提条件及结论部分的命题都称为证据。证据的不确定性用该证据的确定性表示。

定义 3.23　设 A 是规则条件部分的命题，E'是外部输入的证据和已证实的命题。在证据 E'的条件下，命题 A 与证据 E'的匹配程度为

$$\mathrm{MD}(A|E')=\begin{cases} 1 & \text{如果}A\text{的所有元素都出现在}E'\text{中} \\ 0 & \text{否则} \end{cases}$$

定义 3.24　条件部分命题 A 的确定性为

$$\mathrm{CER}(A)=\mathrm{MD}(A|E')\times f(A)$$

式中，$f(A)$为类概率函数。由于 $f(A)\in[0,\ 1]$，因此 $\mathrm{CER}(A)\in[0,1]$。

在实际系统中，如果是初始证据，其确定性是由用户给出的；如果是推理过程中得出的中间结论，则其确定性由推理得到。

5．组合证据不确定性的表示

规则的前提条件可以是用合取或析取词连接起来的组合证据。当组合证据是多个证据的合取时，即

$$E=E_1 \quad \text{AND} \quad E_2 \quad \text{AND} \quad \cdots \quad \text{AND} \quad E_n$$

则

$$\text{CER}(E)=\min\{\text{CER}(E_1),\text{CER}(E_2),\cdots,\text{CER}(E_n)\}$$

当组合证据是多个证据的析取时，即

$$E=E_1 \quad \text{OR} \quad E_2 \quad \text{OR} \quad \cdots \quad \text{OR} \quad E_n$$

6. 不确定性的更新

设有知识

$$\text{IF} \quad E \quad \text{THEN} \quad H=\{h_1,h_2,\cdots,h_n\} \qquad \text{CF}=\{c_1,c_2,\cdots,c_n\}$$

则求结论 H 的确定性 CER（H）的方法如下。

（1）求 H 的概率分配函数

$$M(\{h_1\},\{h_2\},\cdots,\{h_n\})=(\text{CER}(E)\times c_1,\text{CER}(E)\times c_2,\cdots,\text{CER}(E)\times c_n)$$

$$c_i \geqslant 0$$

$$M(\Omega)=1-\sum_{i=1}^{n}\text{CER}(E)\times c_i$$

如果有两条知识支持同一结论 H，即

$\text{IF} \quad E_1 \quad \text{THEN} \quad H=\{h_1,h_2,\cdots,h_n\} \quad \text{CF}_1=\{c_{11},c_{12},\cdots,c_{1n}\}$

$\text{IF} \quad E_2 \quad \text{THEN} \quad H=\{h_1,h_2,\cdots,h_n\} \quad \text{CF}_2=\{c_{21},c_{22},\cdots,c_{2n}\}$

则按正交和求 CER(H)，即先求出每一知识的概率分配函数

$$m_1=m(\{h_1\},\{h_2\},\cdots,\{h_n\})$$

$$m_2=m(\{h_1\},\{h_2\},\cdots,\{h_n\})$$

然后再用公式

$$m=m_1 \oplus m_2$$

对 m_1 和 m_2 求正交和，从而得到 H 的概率分配函数 m。

如果有多条规则支持同一结论，则用公式

$$m=m_1 \oplus m_2 \oplus \cdots \oplus m_n$$

求出 H 的概论分配函数 m。

（2）求 Bel(H)，Pl(H)及 $f(H)$

$$\text{Bel}(H)=\sum_{i-1}^{n}m(\{h_1\})$$

$$\text{Pl}(H)=1-\text{Bel}(-H)$$

$$f(H)=\text{Bel}(H)+\frac{|H|}{|\Omega|}\times[\text{Pl}(H)-\text{Bel}(H)]=\text{Bel}(H)+\frac{|H|}{|\Omega|}\times m(\Omega)$$

（3）求 CER(H)

按公式 $\text{CER}(H)=\text{MD}(H|E')\times f(H)$ 计算结论 H 的确定性。

【例】 设有如下规则

r_1: IF E_1 AND E_2 THEN $A=\{a_1, a_2\}$ CF={0.3,0.5}

r_2: IF E_3 AND (E_4 OR E_3) THEN $B=\{h_1\}$ CF={0.7}

r_3: IF A THEN $\{h_1,h_2,h_3\}$ CF={0.1,0.5,0.3}

r_4: IF B THEN $\{h_1,h_2,h_3\}$ CF={0.4,0.2,0.1}

已知用户对初始证据给出的确定性为

$\text{CER}(E_1)=0.8$　　$\text{CER}(E_2)=0.6$　　$\text{CER}(E_3)=0.9$

$\text{CER}(E_4)=0.5$　　$\text{CER}(E_5)=0.7$

并假定Ω中的元素个数$|\Omega|=10$。

求：CER(H)=?

解：由给定知识形成的推理网络如图 3-4 所示。其求解步骤如下：

① 求 CER(A)。

因 $\text{CER}(E_1 \text{ AND } E_2)= \min\{\text{CER}(E_1),\text{CER}(E_2)\}=\min\{0.8，0.6\}=0.6$

$M(\{a_1\},\{a_2\})=\{0.6\times0.3,0.6\times0.5\}=\{0.18, 0.3\}$

$$\text{Bel}(A) = m(\{a_1\}) + m(\{a_2\}) = 0.18+0.3=0.48$$

$\text{Pl}(A) =1-\text{Bel}(-A) = 1-0=1$

$$f(A)=\text{Bel}(A)+\frac{|A|}{|\Omega|}\times\left[\text{Pl}(A)-\text{Bel}(A)\right]=0.48+\frac{2}{10}\times0.52=0.584$$

故 $\text{CER}(A)=\text{MD}(A|E')\times f(A)=0.584$

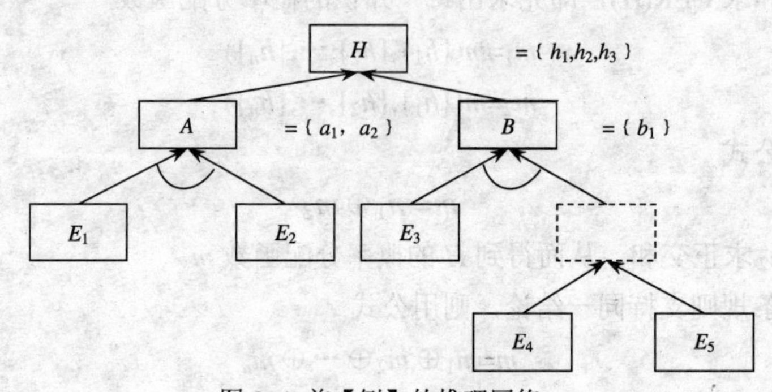

图 3-4 前【例】的推理网络

② 求 CER(B)。

因 $\text{CER}(E_3 \text{ AND } (E_4 \text{ OR } E_5)) =\min\{\text{CER}(E_3),\max\{\text{CER}(E_4),\text{CER}(E_5)\}\}$

$$=\min\{0.9,\max\{0.5,0.7\}\}$$

$$=\min\{0.9,0.7\}=0.7$$

$$\text{M}(\{b_1\})=0.7\times0.7=0.49$$

$$\text{Bel}(B)=\text{m}(\{b_1\})=0.49$$

$$\text{Pl}(B)=1-\text{Bel}(B)=1-0=1$$

$$f(B)=\text{Bel}(B)+\frac{|B|}{|\Omega|}\times(\text{Pl}(B)-\text{Bel}(B))=0.49+\frac{1}{10}\times(1-0.49)=0.541$$

故 $CER(B)=MD(B|E')\times f(B)=0.541$

③ 求 CER（H）。

由 r_3 可得

$$m_1(\{h_1\},\{h_2\},\{h_3\})=\{(CER(A)\times 0.1,CER(A)\times 0.5,CER(A)\times 0.3\}$$
$$=\{0.584\times 0.1,0.584\times 0.5,0.584\times 0.3\}$$
$$=\{0.058,0.292,0.175\}$$

$$m_1（\Omega）=1-[m_1(\{h_1\})+m_1(\{h_2\})\ m_1(\{h_3\})]=1-(0.058+0.292+0.175)$$
$$=-0.475$$

由 r_1 可得

$$m_2(\{h_1\},\{h_2\},\{h_3\})=\{CER(B)\times 0.4,CER(B)\times 0.2,CER(B)\times 0.1\}$$
$$=\{0.541\times 0.4,0.541\times 0.2,0.541\times 0.1\}$$
$$=\{0.216,0.108,0.054\}$$

$$m_2(\Omega)=1-[m_2(h_1)+m_2(\{h_2\})+m_2(\{h_3\})]=1-(0.216+0.108+0.054)$$
$$=0.622$$

求正交和 $m=m_1\oplus m_2$

$$K=m_1(\Omega)\times m_1(\Omega)+m_1(\{h_1\})\times m_2(\{h_1\})+m_1(\{h_1\})\times m_2(\Omega)+m_1(\Omega)\times m_2(\{h_1\})+$$
$$m_1(\{h_2\})\times m_2(\{h_2\})+m_1(\{h_2\})\times m_2(\Omega)+m_1(\Omega)\times \mathrm{m}_2(\{h_2\})+$$
$$m_1(\{h_3\})\times m_2(\{h_3\})+m_1(\{h_1\})\times m_2(\Omega)+m_1(\Omega)\times m_2(\{h_3\})$$
$$=0.475\times 0.622+0.058\times 0.216+0.058\times 0.622+0.475\times 0.216+$$
$$0.292\times 0.108+0.292\times 0.622+0.475\times 0.108+$$
$$0.175\times 0.054+0.175\times 0.622+0.475\times 0.054$$
$$=0.855$$

$$m(h_1)=\frac{1}{k}\times[m_1(\{h_1\})\times m_2(\{h_1\})+m_3(\{h_1\})\times m_2(\Omega)+m_1(\Omega)\times m_2(\{\mathrm{h}_3\})]$$
$$=\frac{1}{0.855}\times(0.058\times 0.216+0.058\times 0.622+0.475\times 0.216)$$
$$=0.175$$

同理可得

$$m(h_2)=\frac{1}{k}\times[m_1(\{h_2\})\times m_2(\{h_2\})+m_1(\{h_2\})\times m_2(\Omega)+m_1(\Omega)\times m_2(\{h_2\})]$$
$$=\frac{1}{0.855}\times(0.292\times 0.108+0.292\times 0.622+0.475\times 0.108)$$
$$=0.309$$

$$m(h_3)=\frac{1}{k}\times[m_1(\{h_3\})\times m_2(\{h_3\})+m_1(\{h_3\})\times m_2(\Omega)+m_1(\Omega)\times m_2(\{h_3\})]$$
$$=\frac{1}{0.855}\times(0.175\times 0.054+0.175\times 0.622+0.475\times 0.054)$$

$$=0.168$$

$$m(\Omega)=1-[m(\{h_1\})+m(\{h_2\})\ m(\{h_3\})]=1-(0.178+0.309+0.168)$$

$$=0.345$$

再根据 m 可得

$$\mathrm{Bel}(H)=m(\{h_1\})+m(\{h_2\})+m(\{h_3\})=0.178+0.309+0.168$$

$$=0.655$$

$$\mathrm{P1}(H)=M(\Omega)+\mathrm{Bel}(H)=0.345+0.655=1$$

$$f(H)=\mathrm{Bel}(H)=\frac{H}{\Omega}\times[\mathrm{P1}(H)-\mathrm{Bel}(H)]=0.655+\frac{3}{10}\times(1-0.655)$$

$$=0.759$$

$$\mathrm{CER}(H)=\mathrm{MD}(H|E')\times f(H)=0.759$$

证据理论的主要优点是能满足比概率更弱的公理系统，能处理由“不知道”所引起的不确定性，并且由于辨别框的子集可以是多个元素的集合，因而知识的结论部分不必限制在由单个元素表示的最明显的层次上，而可以是一个更一般的不明确的假设，这样更有利于领域专家在不同细节、不同层次上进行知识表示。

证据理论的主要缺点是要求 Ω 中的元素满足互斥条件，这在实际系统中不易实现，并且需要给出的概率分配数太多，计算比较复杂。

本章小结

一个智能系统不仅应该拥有知识，而且还应该运用知识进行推理和求解问题。本章主要介绍了推理的基本概念、推理的逻辑基础、主观 Bayes 方法和证据理论。

推理可以有多种不同的分类方法，可以按照推理的逻辑基础、所用知识的确定性、推理过程的单调性以及是否使用启发性信息等来划分。在命题逻辑中，命题公式的一个解释就是对该命题公式中各个命题变元的一次真值指派。有了命题公式的解释，就可以根据这个解释求出该命题公式的真值。谓词公式具有等价性、可满足性和永真蕴涵性。本章介绍了两种不确定性推理方法即主观 Bayes 方法及 DS 理论。在 DS 理论中，可以分别用信任函数、似然函数及类概率分配函数来描述知识的精确信任度、不可驳斥信任度及估计信任度，即从各个不同角度刻画命题的不确定性。

本章习题

1. 什么是谓词公式的解释？
2. 何谓正向推理？何谓逆向推理？何谓混合推理？
3. 什么是自然演绎推理？它所依据的推理规则是什么？

4. 假设张被盗，公安局派出5个人去调查。在案情分析时，侦察员A说："赵与钱中至少有一个人作案"；侦察员B说："钱与孙中至少有一个人作案"；侦察员C说："孙与李中至少有一个人作案"；侦察员D说："赵与孙中至少有一个人与此案无关"；侦察员E说："钱与李中至少有一个人作案"。如果这5个侦察员的话都是可信的，试用归结演绎推理求出谁是盗窃犯。

5. 请说明主观Bayes方法中LS与LN的含义及它们之间的关系。

第4章 专家系统

学习重点

通过本章的学习，学生可以对专家系统的基本概念和分类有一个清楚的认识。作为人工智能中最重要的一个应用领域，专家系统的结构、功能和基本原理都是学习的重点。

专家系统是一个智能计算机程序系统，其内部含有大量的某个领域专家水平的知识与经验，能够利用人类专家的知识和解决问题的方法来处理该领域的问题。也就是说，专家系统是一个具有大量的专门知识与经验的程序系统，它应用人工智能技术和计算机技术，根据某领域一个或多个专家提供的知识和经验，进行推理和判断，模拟人类专家的决策过程，以便解决那些需要人类专家处理的复杂问题。简而言之，专家系统是一种模拟人类专家解决领域问题的计算机程序系统。本章主要讨论典型专家系统的基本原理及开发步骤。

4.1　专家系统的定义、特点及其类型

本节主要就专业系统的相关知识进行介绍，读者可以在学习的过程中结合例子进行学习。

4.1.1　专家系统的定义

专家系统产生于 20 世纪 60 年代中期，被誉为“专家系统和知识工程之父”的斯坦福大学 Edward Feigenbaum 教授，对专家系统的定义为：一种智能计算机程序，它运用知识和推理来解决只有专家才能解决的问题。也就是说，专家系统是一种能模拟（emulate）专家决策能力的计算机系统。模拟的意思是做得跟专家一样或者说是对专家的“克隆”。

构造专家系统的过程通常称为知识工程。这一过程通常包括被称为知识工程师（knowledge engineer）的专家系统构造者和某一领域中一个或多个人类专家之间某种形式的合作。知识工程师从人类专家那里“抽取”他们求解问题的过程、策略和一些经验规则，并把这些知识加到专家系统中。

4.1.2　专家系统的一般特点

各种类型的专家系统都有各自的特点，从总体上看，专家系统具有以下一些共同的特点：

1．知识的汇集

一个专家系统汇集了某个领域多位专家的经验和知识及他们协作解决重大问题的能力。因此，专家系统应表现出更渊博的知识、更丰富的经验和更强的工作能力，而且能够高效率、准确、迅速和不知疲倦地工作。

2．启发性推理

专家系统运用专家的经验和知识进行启发式推理，对问题做出判断和决策。

3．推理和解释的透明性

用户无须了解推理过程，就能从专家系统获得问题的结论，而且推理过程对用户是

透明的。专家系统的解释器可以回答用户关于“系统是怎样得出这一结论”和“为什么会提出这样的问题”之类的询问，专家系统如何实现这些问题的解释对用户也是透明的。

4．知识更新

专家系统能够不断地获取知识，增加新的知识，修改原有知识。机器学习就是系统积累知识以改善其性能的重要方法。

4.1.3　专家系统的类型

专家系统的类型可以按多种方式分类，如图 4-1 所示。

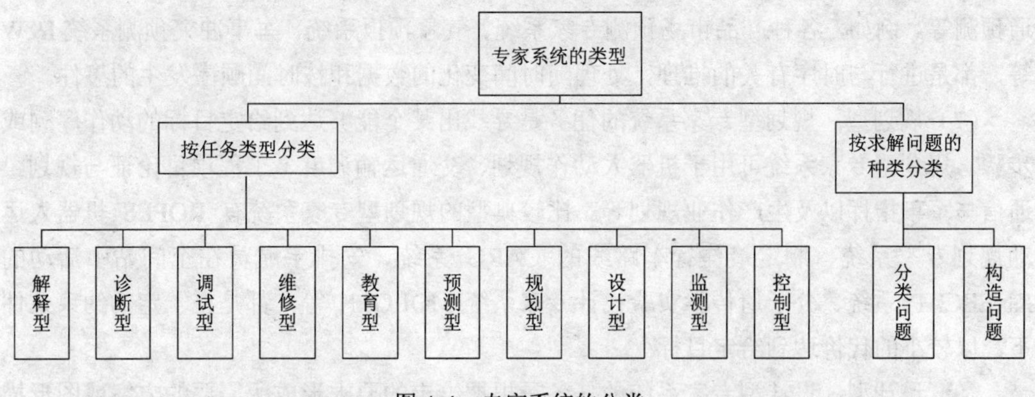

图 4-1　专家系统的分类

1．按任务类型分类

1983 年，Hayes-Roth 等人根据专家系统处理问题的类型，把专家系统分为以下 10 种类型。

（1）解释型。解释型专家系统的任务是通过对已知信息和数据的分析，解释这些信息和数据的实际含义。典型的解释型专家系统有信号理解和化学结构解释等专家系统。例如，由质谱仪数据解释化合物分子结构的 DENDRAL 系统、语言理解系统 HEARSAY，由声纳信号识别舰船的 HASP/SLAP 系统等。以上问题都是对于给定数据，找出与之相一致的、符合客观规律的解释。

（2）诊断型。诊断型专家系统的任务是根据输入信息找出处理对象中存在的故障，主要有医疗、机械和电子等领域中的各种诊断专家系统。例如，血液凝结疾病诊断系统 CLOT、计算机硬件故障诊断系统 DART、化学处理工厂故障诊断系统 FALCON 等，都是通过处理对象内部各部件的功能及其相互之间的关系，来检测和查找可能的故障。

（3）调试型。调试型专家系统的任务是给出已确认故障的排除方案，主要有电子设备和机械设备的计算机辅助调试专家系统。例如，VAX/VMS 计算机系统的辅助调试系统 TIMM/TUNER、石油钻探机械故障的诊断与排除系统 Drilling Advisor 等，都是根据处理对象和故障的特点，从多种纠错方案中选择最佳方案。

（4）维修型。维修型专家系统的任务是制定并实施纠正某类故障的规划。例如，计算机网络的维护专家系统、电话电缆维护专家系统 ACE、诊断和排除内燃机故障的 DELTA 系统等，都是根据对象系统的故障和纠错方法的特点，制定出合理的故障维修规划。

（5）教育型。教育型专家系统的任务是根据学生的学习特点，把需要学习的知识以适当的教学方法和教案组织起来，用于对学生进行教学和辅导、诊断和处理学生学习过程中的错误。例如，GUIDON 和 STEAMER 等专家系统、可进行逻辑学与集合论教学的 EXCHECK 教学系统以及一些计算机辅助教学（CAI）系统和聋哑人语言训练系统等。

（6）预测型。预测型专家系统的任务是根据处理对象过去和现在的情况分析及推测未来的演变和发展。典型的应用有天气预报、财政预测、经济发展预测、人口预测、交通预测等。例如，各种产品市场预测专家系统、气象预报系统、军事冲突预测系统 I&W 等，都是进行与时序有关的推理，处理随时间变化的数据和按时间顺序发生的事件。

（7）规划型。规划型专家系统的任务是寻找出某个能够达到给定目标的动作序列或步骤。规划型专家系统可用于机器人动作规划、交通运输调度、工程项目论证与规划、通信与军事指挥以及生产作业规划等。比较典型的规划型专家系统有 ROPES 机器人运动规划专家系统、制定最佳行车路线的 CARG 系统、安排宇航员在空间站中活动的 KNEECAP 系统、分子遗传学实验设计专家系统 MOLGEN 等，都是在一定的约束条件下，以较小的代价达到给定目标。

（8）设计型。设计型专家系统的任务是根据给定的要求形成所需要的方案或图形描述。典型的应用有电路设计和机械设计，例如，VAX 计算机的总体结构和配置系统 XCON 、超大规模集成电路辅助设计系统 KBVLSI、自动程序设计系统等，都是在给定要求的限制下，提供最佳或较佳的设计方案。另外，花布图案设计和花布印染专家系统、各种机械零件设计及加工工艺设计专家系统等，都属于设计型专家系统。

（9）监测型。监测型专家系统主要用于完成实时监测任务，对系统、对象或过程的行为进行不间断监测，把监测到的行为与其应当具有的行为进行比较，以发现异常情况，发出警报。典型的应用有空中交通管制监测和核电站安全监测等。例如，航空母舰周围空中交通管制系统 AIRPLAN、核反应堆事故诊断与处理系统 REACTOR、高危病人监护系统 VM 等，都是随时收集有关处理对象的各种数据，并把这些数据与预期的数据进行比较，一旦发现异常就立即发出报警信号。这类系统通常是诊断型、预测型和调试型的合成。

（10）控制型。控制型专家系统的任务是自适应地管理一个受控对象或客体的全部行为，使之满足预期要求，通常用于实时控制型任务。典型的应用有战场辅助作战指挥系统、汽车变速箱控制系统、生产过程控制和空中交通管制等。例如，维持钻机最佳钻探流特征的 MUD 系统、MVS 操作系统的监督控制系统 YES/MVS 等。这类系统通常是监测型和维修型的合成。

实际上，上述几种任务类型之间往往互相关联，有些专家系统通常要求完成具有几种类型的任务。例如，MYCIN 就是一个诊断型和调试型的专家系统。

2. 按求解问题的种类分类

按求解问题的种类分类，可分为分类问题与构造问题的专家系统。

1985 年，Clancy 指出，无论专家系统完成什么类型的任务，就领域问题的基本操作来说，专家系统求解的问题可分为分类问题和构造问题两类。求解分类问题的专家系统称为分析型专家系统，广泛用于解释、诊断和调试等类型的任务；求解构造问题的专家系统称为设计型专家系统，广泛用于规划、设计等类型的任务。

（1）分类问题与分析型专家系统。至今为止，大部分专家系统都是分析型专家系统，求解的问题都是分类问题。对分类问题求解的基本操作称为解释操作。当给出输入数据和相应的输出数据时，要求给出对象系统是否异常及异常的原因。解释操作主要是识别操作，即识别出是哪个对象系统的输入/输出。识别操作又可进一步分解为判别对象系统是否异常的监督操作和确定异常原因的诊断操作。当给出输入数据和具体的对象系统时，要求解释什么样的输出是所期望的，解释操作就是预测操作。当给出具体的对象系统及其输出时，求解的问题就是决定所需要的输入，解释操作就是控制操作。

分类问题的一个重要特征是求解的结论都限定在一个预先规定的假设集之中。因此，分析型专家系统进行问题求解的基本特点是：根据获得的各种证据，从预先规定的假设集中选择一个或多个可能的假设作为分类问题的解。因而，分析型专家系统的知识库由数据（证据）集、假设（解）集和将数据与假设联系起来的启发式知识三部分组成，它们的可能组合构成状态空间或问题空间，搜索求解通常就在这一限定空间中进行。

分析型专家系统的主要推理方法是启发式推理分类方法。首先把原始数据或证据经过数据抽象变成形式化的抽象数据，然后经过对抽象数据与抽象解之间的启发式匹配找出可匹配的抽象解集，最后经过解的求精从解集中识别出具体解。

MYCIN 和 PROSPECTOR 都是典型的分析型专家系统。

（2）构造问题与设计型专家系统。构造问题是在事先给定的设计要求和约束条件下，考虑各种部件的可能组合或各种可能的动作序列，最终求得满足要求的系统设计方案或行动规划。因此，设计型专家系统的解元是各种部件或动作，解是满足一定约束条件的部件组合或动作序列。它的基本操作是合成所需对象系统的构造操作。

由于可能的各种部件组合或动作序列的数目往往十分庞大，事先无法准备好所有候选的可能的解，因此，设计型专家系统比分析型专家系统一般要复杂得多。常用的解决方法是把构造问题分解为多个阶段的分类问题，或者强化问题的约束条件来限定搜索求解的空间规模。

R1/XCON 是一个典型的构造问题专家系统，它是美国 DEC 公司根据用户订货单配置 VAX 计算机系统时采用的专家系统。配置计算机系统是按用户要求将中央处理器、存储器、各种接插件及控制部件连接到输入/输出总线，并合理地布置在底板上，放入合适的机柜中。R1/XCON 首先检查订货单是否安全；然后应用关于部件之间相互关系的知识建立符合要求的计算机配置，决定各部件的空间位置；最后输出的是符合订货单要求的一组表示各部件之间空间位置关系和连接关系的图表。根据这些图表就可以实际装配出满足用户订货单要求的 VAX 计算机系统。

4.2 专家系统的结构、功能及其基本原理

专家系统的结构、功能及基本原理历来是学习的重点。这里用图示的方式进行讲解，帮助学生学习。

4.2.1 专家系统的结构及其基本功能

专家系统的结构是指专家系统各组成部分的构造方法和组织形式。选择什么结构最为合适，要根据系统的应用环境和所执行任务的特点来确定。系统结构选择恰当与否，直接关系到专家系统的适用性和效率。

专家系统的一般结构图如图 4-2 所示。

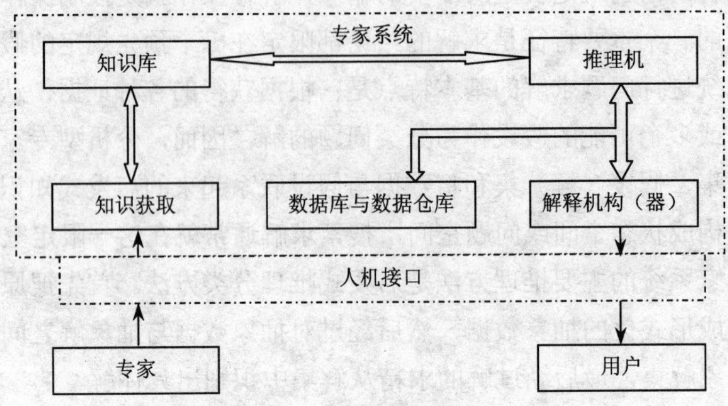

图 4-2 专家系统的结构

1. 知识库

知识库（knowledge base）以某种存储结构存储领域专家的知识，包括事实和可行的操作与规则等。为了建立知识库，首先要解决知识获取与知识表示的问题。知识获取是指知识工程师如何从领域专家那里获得将要纳入知识库的知识。知识表示要解决的问题是如何使用计算机能够理解的形式来表示和存储知识的问题。

2. 数据库与数据仓库

数据库与数据仓库用于存储求解问题的初始数据和推理过程中得到的中间数据。

3. 推理机

推理机（reasoning machine）根据全局数据库的当前内容，从知识库中选择可匹配的规则，并通过执行规则来修改数据库中的内容，再通过不断地推理导出问题的结论。推理机中包含如何从知识库中选择规则的策略和当有多个可用规则时如何消解规则冲突的策略。

4．解释器

解释器（expositor）用于向用户解释专家系统的行为，包括解释“系统是怎样得出这一结论的”、“系统为什么要提出这样的问题来询问用户”等用户需要解释的问题。

5．人机接口

人机接口（interface）是系统与用户进行对话的界面。用户通过人机接口输入必要的数据、提出问题和获得推理结果及系统做出的解释；系统通过人机接口要求用户回答系统的询问，回答用户的问题和解释。

由于每个专家系统所需要完成的任务不同，因此其系统结构也不尽相同。知识库和推理机是专家系统中最基本的模块。知识表示的方法不同，知识库的结构也就不同。推理机是对知识库中的知识进行操作的，推理机程序与知识表示的方法及知识库结构是紧密相关的，不同的知识表示有不同的推理机。

4.2.2　专家系统的基本原理

专家系统利用大量专业知识以解决只有专家才能解决的问题。专家是一个在特定领域里具有专门知识的人。亦即，专家具有不为大多数人所知道或所利用的专门技能，专家能够解决大多数人所不能解决或不能高效解决的问题。“专家系统”一词适应于任何应用专家系统技术的系统。专家系统技术包括专门的专家系统语言、程序和为了辅助专家系统开发和执行而设计的硬件。理想专家系统的结构如图 4-3 所示。

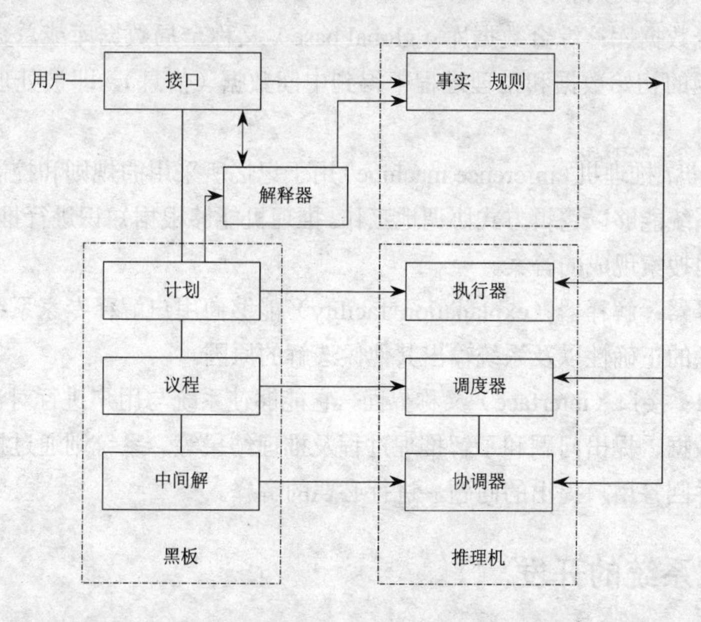

图 4-3　理想专家系统的结构

接口是人与系统进行信息交流的媒介，它为用户提供了直观方便的交互作用手段。

一方面，接口识别与解释用户向系统提供命令、问题和数据等信息，并把这些信息转化为系统的内部表示形式。另一方面，接口也将系统向用户提出的问题、得出的结果和做出的解释以用户易于理解的形式提供给用户。

黑板是用来记录系统推理过程中用到的控制信息、中间假设和中间结果的数据库。它包括计划、议程和中间解三部分。计划记录了当前问题总的处理计划、目标、问题的当前状态和问题背景。议程记录了一些待执行的动作，这些动作大多是由黑板中已有结果与知识库中的规则作用而得到的。

知识库包括已知的同当前问题有关的数据信息和进行推理时要用的一般知识和领域知识。这些知识大多以规则、网络和过程等表示。

调度器按照系统建造者所给的控制知识（通常使用优先权办法），从议程中选择一个项目作为系统下一步要执行的动作。执行器应用知识库中的知识及黑板中记录的信息，执行调度器所选定的动作。协调器的主要作用就是当得到新数据或新假设时，对已得到的结果进行修正，以保持结果的前后一致性。

解释器的功能是向用户解释系统的行为，包括解释结论的正确性及系统输出其他候选解的原因。为完成这一功能，通常需要利用黑板中记录的中间结果、中间假设和知识库中的知识。

那么，专家系统的要素应有如下几方面：

（1）知识库：知识库（knowledge base）用于存储某领域专家系统的专家知识，包括事实、可行操作与规则等。

（2）综合数据库：综合数据库（global base）又称全局数据库或总数据库，用于存储领域或问题的初始数据和推理过程中得到中间数据（信息），即被处理对象的一些当前事实。

（3）推理机：推理机（inference machine）用于记忆所采用的规则和控制策略的程序，使整个专家系统能够以逻辑方式协调地工作。推理机能够根据知识进行推理和导出结论，而不是简单地搜索现成的答案。

（4）解释器：解释器（explanation facility）能够向用户解释专家系统的行为，包括解释推理结论的正确性以及系统输出其他候选解的原因。

（5）接口：接口（interface）又称界面，它能够使系统与用户进行对话，使用户能够输入必要的数据、提出问题和了解推理过程及推理结果等。系统则通过接口，要求用户回答提问，并回答用户提出的问题，进行必要的解释。

4.3　专家系统的开发

专家系统在开发前，需要对开发过程、步骤、语言以及工具进行详细分析。

4.3.1　专家系统的开发过程

1．开发阶段

专家系统的开发是一个从简单任务到复杂任务逐步完善的过程，一旦建造者获得足够的知识去建立一个简单的系统，那么他们就能构造该系统并通过使用反馈来不断改进和细化其工作。虽然很难准确地指出建造专家系统的具体细节，但是我们可以大概描绘系统开发的各个阶段以及每个阶段应完成的工作。一般而言，开发一个专家系统要经过以下五个阶段：

（1）演示原型开发阶段。大多数专家系统一开始是一个演示原型系统，即一个小型能处理指定的实际问题的一部分的示范程序，主要为证明其方法是可行的，系统开发过程是可实施的。基于规则的示范原型一般包括 50～100 条规则，足够完成一个或两个测试例子，开发时间一般是 1～2 个月。

（2）研究原型开发阶段。这是个中等规模的程序，对一些测试例子能表现出较可靠的性能和特征，但由于测试不充分，系统可能比较容易出错误。当所给问题接近于所能处理问题和不能处理的问题边界时，系统可能完全失败。基于规则的研究原型一般包含 200～500 条规则，对许多测试例子能较好地完成，开发时间为 12～18 个月。

（3）现场原型开发阶段。这类系统是在用户环境下通过大量测试完成修正的中型或大型程序，它们的可靠性较高，人机接口友好，能满足终端用户的需求，基于规则的现场原型一般包括 500～1 000 条规则，多数测试情况完成良好，开发时间为 18～30 个月。

（4）产品原型开发阶段。这类系统是经过广泛现场测试的大型程序，这些程序可能已经进行优化，可以提高运行速度和减少计算机存储空间，部分系统已用一些更高效的语言重新实现过。基于规则的产品原型一般包括 500～1 500 条规则，可靠性、高质量和高性能的决策，开发时间为 30～48 个月。

（5）成熟商品系统。商品系统已投入日常运行或已投入市场。他们一般都是在产品模型的基础上，从提高系统的可用性、可靠性和降低成本的角度进行多次改进而形成的，是综合行业标准的产品模型。目前，仅有少数的专家系统已经达到商品化。

2．开发过程

专家系统是一种基于知识的、面向领域的、具有专家级问题求解能力的复杂软件系统，不同系统的开发过程又有着各自不同的特殊性和侧重点。但一般来说，专家系统的开发过程一方面要遵循软件工程的基本原则和开发步骤的要求，另一方面又有其独特性。我们仅就“纯专家系统”而言，其一般开发过程如图 4-4 所示。

（1）选题与明确任务。选择合适的应用问题是专家系统能否立项和能否开发成功的关键问题之一。首先要通过广泛地调查研究和征求意见，列出一切有应用专家系统需求的应用领域和问题，并根据需求的迫切性、市场的广阔性等对所选择的问题进行筛选，把那些具有市场前景的、迫切需要的项目选择出来。接着就要对候选问题进行分析，从技术可行性、经济可行性和操作可行性等方面确定最终入选的问题。

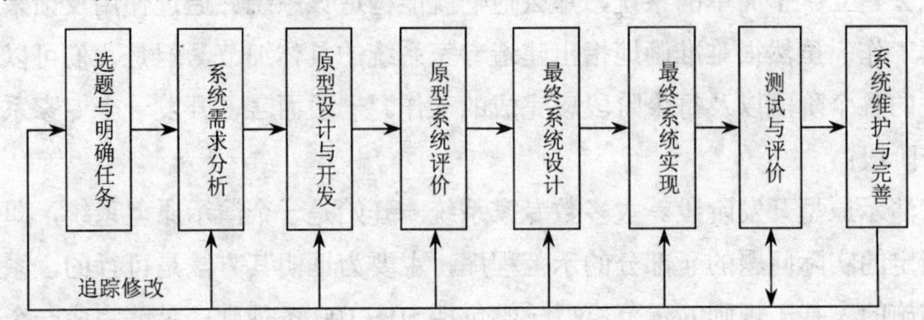

图 4-4　专家系统开发的一般过程

明确任务就是要确定问题的主要特点，包括问题本身的类型和范围、开发过程的参与者、建造专家系统的目标、条件、环境、与问题有关的领域知识、系统功能、性能指标、人机接口形式、求解方式、知识获取力式；研究问题的难度和开发工作的进度；估算系统开发所需资源（如硬件及软件资源、经费和时间等）。

（2）系统需求分析。需求分析就是系统开发人员对用户的需求进行详尽的调查和仔细的分析，需求分析的好坏直接影响着系统开发的成败。需求规格说明书是这一步的重要结果，也是下一步工作开始的依据，其内容一般包括：目标与任务描述、数据与知识报述、功能描述、性能报述、质量保证、时间与进度要求等。

目标与任务描述在应用领域选择与可行性分析阶段确定的关于专家系统的目标；数据与知识描述用来表达专家系统所涉及的数据、知识以及它们的获取方法、表示方法；功能描述是对专家系统功能要求的说明，用形式化或非形式化的方法表示；性能描述则是对专家系统性能要求的说明，包括系统的安全限制、处理速度、问题解答的表示形式等；质量保证阐述在系统交付使用前所需要进行的功能测试和性能测试，并且规定系统源程序和开发文档应该遵守的各种规范；时间与进度要求直接关系到系统开发的计划、人员的组织与安排等。

（3）原型设计与开发。专家系统一般属于大型的软件系统，采用原型法建造专家系统是一种明智的选择，它不要求用户提出完整的需求以后再进行设计和编程，可有效提高开发速度，并且开发出的软件易于被用户接受。其基本思想是在开发最终系统之前，先应用面向对象或其他的程序设计技术搭建出一个简单的示范系统，通过用户或领域专家的试用启发用户进一步需求，以便系统开发人员充分了解用户的需求，通过多次反复修改直至原型系统最终满足用户的要求后，并发人员根据原型系统开发的经验，开发正式的系统。它可以使开发人员充分理解用户的需求，提高软件的开发效率。

构造专家系统原型的主要步骤包括：初步知识获取；基本问题求解方法的确定推理方式的确定；知识获取、表示方法的确定；工具选择；原型系统开发。

（4）原型系统评价。在原型系统开发成功之后，要面向用户、知识工程师和领域专家进行原型系统的运行演示，由用户、领域专家、知识工程师和系统编程人员共同对系统进行评价，对系统的主要功能、知识推理功能等需求、规格、说明书中的主要指标进行测试。根据测试结果，对系统的功能、知识库、推理机等主要部分的不足进行调整。

（5）最终系统设计。此阶段的主要目标是：加深对系统的进一步理解；制定好开发规划；确定实施策略；对所有为系统开发提出过建议的人阐明对问题的理解程度；为项目管理提供直观的检测点，使用户能够参与系统的开发与测试；合理组织人员，协调项目的进展。该阶段的主要任务包括：问题的详细定义；确定项目规划；对系统各个方面进行设计，如基本知识描述系统体系结构、工具选择、知识表示方式、推理方式、对话模型等；制定测试规划；制定产品规划；提出实施规划等。本阶段的最终结果是系统设计说明书。

(6)最终系统实现。本阶段依照最终系统设计说明书对专家系统通过编程进行实现，所要完成的主要工作包括：原型系统修改；系统实现；系统集成与验证。选择适当的语言环境和软件开发工具也是非常关键的一步，它将对开发效率有重要的影响。

（7）系统测试与评价。专家系统原型软件必须反复进行测试、评价，发现并改正其中的错误，才能使之实用。因而有必要通过运行大量的实例来检测系统的性能以及系统的实现方案是否合适。一旦发现系统得出错误的结果，就需要追查导致系统出错的原因。测试和评价的结果可能迫使开发者重新回到前面的各个开发阶段，重新形式化概念，重新提炼推理规则以及修改控制流。

对系统的测试和评价主要看它解决问题是否达到专家水平；知识表示模式的选取是否恰当；知识库中的知识和推理规则的正确性、完整性、一致性如何；知识库维护是否容易；所采用的推理方法和技术是否正确；推导出的结论是否可信；用户是否满意；人机接口使用是否方便、实用和友好；系统的成本与效益情况是否满足要求；测试的问题是否覆盖整个领域；系统速度是否能使用户满意等。

（8）系统维护与完善。这是专家系统开发过程的最后一个阶段，也是系统交付使用后的一个阶段，这一阶段十分重要。在这一阶段中，系统人员要倾听用户的反映，对系统中的一些不足进行完善。此阶段的主要工作是：完善推理机，扩充知识库、解释功能和知识获取功能，增强系统的问题求解能力，扩大系统应用领域；不断增加系统功能；不断修改系统，使其能够适应外部环境的变化。

4.3.2 专家系统开发语言和工具

1．用于开发专家系统的程序设计语言

由于专家系统具有十分广泛的应用领域，而每个系统一般只具有某个领域专家的知识，如果在建造每个具体的专家系统时，一切从头开始，必然会降低工作效率。人们已经研制出一些比较通用的工具，作为设计和开发专家系统的辅助教学环境，以求提高专家系统的开发效率、质量和自动化水平。

专家系统开发工具是在20世纪70年代中期开始发展的，它比一般的计算机高级语言FORTRAN、Pascal、C、LISP、PROLOG、CLPS等具有更强的功能。也就是说，它是一种功能更强的程序设计语言。但是一些平台的开发还少不了现有的语言工具。例如，Visual C++、Java、Delphi、Powerbuilder等。

到目前为止，专家系统语言没有定论，但是按功能类型可将它分为不同的开发工具。

2．专家系统开发工具

为了加速专家系统的建造，缩短研制周期，提高开发效率，人们研制出一些比较通用的工具，作为设计和开发专家系统的辅助手段和环境，以求提高专家系统的开发效率、质量和自动化水平。这种开发工具或环境，就称为专家系统开发工具，它比一般的计算机高级语言具有更强的功能。也就是说，专家开发工具是一种更高级的、专门为开发专家系统设计的语言及其环境。现有的专家系统工具，主要分为语言型工具、骨架型工具、通用型工具。

（1）语言型开发工具。程序设计语言是开发专家系统的最常用的基本工具，包括通用程序设计语言和人工智能语言。用于专家系统开发的通用程序设计语言的主要代表有C++、C、Pascal、ADA等；人工智能语言的主要代表有SMALLTALK、LISP和PROLOG。其中，SMALLTALK是面向对象型的语言，LISP为函数型语言，而PROLOG则是逻辑型语言。

LISP（list processing language）是一种表处理语言，由麦卡锡及其研究小组于1960年研究开发成功，它的出现对推动人工智能的研究与发展起到了巨大的作用。在专家系统发展的早期，有许多著名的专家系统都是用这种语言开发出来的，例如医疗专家系统MYCIN和地质勘探专家系统PROSPECTOR等。

PROLOG（programming in logic）语言是一种逻辑编程语言，由科瓦尔斯基（R. Kowalski）首先提出，并于1972年由科麦瑞尔（A. Comerauer）及其研究小组研制成功。由于它具有简洁的文法以及一阶逻辑的推理能力，因而被广泛地应用于人工智能研究领域。

SMALLTALK语言是施乐（Xerox）公司于1980年推出的一种面向对象的程序设计

语言，并在以后的 30 多年中取得了巨大的发展。与此同时，各种不同风格、不同用途的面向对象语言相继问世。如 AT&T 公司贝尔实验室在 1985 年研制开发的 C++语言；荷兰阿姆斯特丹大学开发的 POOL；施乐公司开发的 LOOPS 及 CommonLOOPS 等。

C++语言既是一种通用程序设计语言，又是一种很好的人工智能语言，它以其强大的功能和面向对象特征，在人工智能中得到了广泛的应用。尤其是 VisualC++的发展，为专家系统对可视化界面的设计、多媒体信息的处理、基于网络的分布式运行等提供了良好的语言环境。另外，在基于网络的分布协同式专家系统开发方面，近几年比较流行的 Java 语言也是不错的开发工具。

利用程序设计语言进行专家系统的开发，其优点是开发者能够根据具体问题的特点灵活设计所需要的知识表示模式和推理机制，程序质量较高，针对性较强。缺点是编程工作量大，逻辑设计比较烦琐，开发周期长，开发成本比较高。

（2）骨架型开发工具。专家系统一般都包括推理机和知识库两部分，规则集存于知识库内。在一个理想的专家系统中，推理机完全独立于求解问题领域。系统功能上的完善或改变，只依赖于规则集的完善或改变。由此，借用以前开发好的专家系统，将描述领域知识的规则从原系统中“挖掉”，只保留其独立于问题领域知识的推理机部分，这样形成的工具称为骨架型工具，如 MYCIN、KAS（knowledge acquisition system）以及 EXPERT 等。这类工具因其控制策略是预先给定的，使用起来很方便，用户只需将具体领域的知识明确地表示成为一些规则就可以了。这样，就可以把主要精力放在具体概念和规则的整理上，而不是像使用传统的程序设计语言建立专家系统那样，将大部分时间花费在开发系统的过程结构上，从而大大提高了专家系统的开发效率。这类工具往往交互性很好，用户可以方便地与之对话，并能提供很强的对结果进行解释的功能。

因其程序的主要骨架是固定的，除了规则以外用户不可改变任何东西，因而骨架型工具存在以下几个问题：

① 原有骨架可能不适合于所求解的问题。

② 原有的规则语言，可能不能完全表示所求解领域的知识。

③ 推理机中的控制结构可能不符合专家新的求解问题的方法。

④ 求解问题的专门领域知识可能不可识别地隐藏在原有系统中。

下面对一些典型的骨架型专家系统开发工具进行简单的介绍。

EMYCIN 是一个典型的骨架型工具，它是由著名的用于对细菌感染病进行诊断的 MYCIN 系统发展而来的，因而它所适应的对象是那些需要提供基本情况数据，并能提供解释和分析的咨询系统，尤其适合于诊断这一类演绎问题。这类问题有一个共同特点，即具有大量的不可靠的输入数据，并且其可能的解空间是事先可列举出来的。

KAS 是美国加州斯坦福研究院开发成功的一个专家系统开发工具。它源于著名的探矿专家系统 PROSPECTOR，是 PROSPECTOR 的知识获取系统，在把 PROSPECTOR 系统中的具体知识“挖去”之后发展成建造专家系统的骨架型工具。KAS 的知识表示主要采用的是产生式规则、语义网络和概念层次三种形式；推理机制采用的是正向和反向相结合的混合推理机制，在推理过程中推理方向是不断改变的。目前，利用 KAS 骨架型工具开发的一些专家系统有用于帮助化学工程师选择化工生产过程中物理参数的专家系统 CONPHYDE，以及根据飞行物特征和实时的气候环境条件识别飞机型号的专家系统。

EXPERT 是美国拉特格斯大学的威斯和库里科斯基等人在已开发成功的一些专家系统（如著名的青光眼诊断专家系统 CASNET、血液凝结病诊断系统 CLOT）的基础上，挖去其中知识后得到的一个专家系统框架。EXPERT 的知识主要由假设、事实和推理规则三部分组成。目前，利用骨架型专家系统开发工具 EXPERT 开发的专家系统已有很多，比较典型的有用于辅助分析检测并记录的专家系统 ELAS 和用于血清蛋白电泳分析的专家系统 SPE 等。

（3）通用型开发工具。通用型专家系统开发工具，是专门用于构造和调试专家系统的通用程序设计语言。它是完全重新设计的一类专家系统开发工具，不依赖于任何已有专家系统，不针对任何具体领域，能够处理不同领域和不同类型的问题。它比骨架系统提供了更多的数据存取和查找的控制，具有更大的灵活性和通用性，但比较难以使用。这种类型工具的典型代表是 OPS 系列通用开发工具，OPS 是美国的麦克达莫特（J. McDermott）和纽厄尔（A Newell）等人于 1975 年利用 LISP 语言研制开发的。自问世以来，已有 OPS1、OPS2、OPS3、OPS4、OPS5、0PS5+、OPS5e、OPS7 及 OPS83 等多种版本相继诞生。这些版本之间的差异较大，最有代表性的版本是 OPS5，这里对它做一简单介绍。

OPS5 是一个由产生式规则库、综合数据库及推理机三部分组成的通用型专家系统开发工具。它的产生式规则库是一个无序规则的集合。规则库中的每条规则由规则名、条件及结论三部分组成，一般形式为：

(P<规则名><条件> ⟶ <结论>)

这里，<条件>可以是由多个条件元构成的序列，结论则可以是由多个基本动作构成的序列。

OPS5 有 12 个基本动作，分别是：make、remove、modify、openfile、closefile、default、write、bind、cbind、call、halt、build。这 12 个基本动作，能完成 7 大类功能：修改数据库的内容、对文件进行操作、输出信息、为变量赋值、调用用户子程序、停止激活规则、为规则库中增加规则。

OPS5 的推理机制是前向推理，它按照“匹配—冲突消解—执行”的模式周期性地工作，直至求出问题的解或者设有规则的条件可被满足为止。OPS5 的综合数据库用于存储当前求解问题的已知事实和求解过程中所得到的中间结果等。数据库中的每个元素都带有一个时间标志，用于指出相应元素被创建或最后一次被修改的时间，推理中用它作为冲突消解的依据。OPS5 的解释机制可以提供方便的交互式程序设计环境，用户可以跟踪、中断、检查、修改系统的状态，并能在运行过程中调试程序。

目前，世界上已有多个用 OPS5 通用型开发工具开发的专家系统。例如，用于帮助空军指挥员在航空母舰上指挥飞机起降的专家系统 AIRPLAN。

3. 专家系统开发环境

随着专家系统技术的普及与发展，人们对开发工具的要求也越来越高。好的专家系统开发工具应向用户提供多方面的支持，包括从系统分析、知识获取、程序设计到系统调试与维护的一条龙服务。于是，专家系统开发环境便应运而生。

专家系统开发环境就是集成化的专家系统开发工具包，是一种为高效率开发专家系统而设计和实现的大型智能计算机软件系统，其开发环境一般由调试辅助工具、输入/输出设备、解释设施和知识编辑器四个典型部件组成，主要提供以下功能：

（1）多种知识表示：至少提供不少于两种的知识表示方法，如逻辑、框架、对象、过程等。

（2）多种不精确推理模型：即提供多种不精确推理模型供用户选用，最好还留有用户自定义接口。

（3）多种知识获取手段：除了必需的知识编辑工具外，还应具备通过数据挖掘、机器学习等方法自动获取知识的能力，以及知识求精手段。

（4）友好用户界面：包括开发界面和专家系统产品的用户界面，应该是多媒体的，并且有自然语言接口。

（5）多种辅助工具：包括数据库访问、电子表格、作图等工具。

（6）广泛的适应性：能满足多种应用领域的特殊需求，具有很好的通用性。

在专家系统开发环境的研究方面，有以下两个明显趋势和实现途径：一是综合与集成，即采用多范例程序设计、多种知识表示、多种推理和控制策略、多种组合工具，向系统的综合集成方向发展；二是通用和开放，即采用面向对象程序设计方法，将知识和数据都作为对象融为一体，构成面向对象的知识库/数据库开发环境，实际上是“人工智能+面向对象+数据库”的综合集成。

在国外已知的专家系统开发工具中，比较接近环境的有 KEE、GURU、AGE、ART、KnowledgeCreft 和 ProKappa 等。其中，KEE（knowledge engineering environment）是由美国加州 Intellicorp 公司推出的一个集成化的专家系统开发环境，它结合面向对象程序设计和 LISP 语言的优点，把基于框架的知识表示、基于规则的推理、逻辑表示、数据驱动的推理和面向对象的程序设计等结合在一起，可满足各个领域开发专家系统的需求。GURU 是由微数据公司 MDBS 于 1985 年用 C 语言研制的一个功能很强的混合型专家系统开发环境，它包含关系数据库系统、标准的 SQL（结构化查询语言）、远程通信、多功能程序设计等多种功能。

4.4　专家系统的发展趋势及应用

自从世界上第一个专家系统 DENDRAL 问世以来，专家系统已经经过了 40 多年的发展历程，下面将进行详细介绍。

4.4.1　专家系统的发展趋势

从技术角度看，基于知识库和规则库的传统专家系统已趋于成熟，但随着其应用领域的不断扩大和计算机技术的飞速发展，人们对它的要求也越来越高，专家系统在解决实际问题中的许多薄弱环节也逐渐暴露出来。例如，有效的知识获取问题、知识的深层化问题、不确定性推理问题、系统的优化和发展问题、人机界面问题、同其他应用系统的融合与接口问题等，都还未得到满意解决。所有这些缺点都决定了必须对专家系统技术做进一步的研究，引入更多的新思想、新技术，建造功能更加强大、不同于目前专家系统的新一代专家系统。

1. 新型专家系统特征分析

（1）并行分布式处理。新一代专家系统的一个特征是能在多处理器的硬件环境中，采用各种并行算法实现并行推理与计算。系统中的多处理器应该能够同步地并行工作，但更重要的是它还应能做异步并行处理，可以根据数据驱动或目标驱动的方式实现分布在各处理器上的专家系统的各部分间的通信和同步。专家系统的分布处理特征要求专家系统做到功能合理、均衡分布，以及知识和数据的适当分布，从而提高系统的处理效率和可靠性等。

（2）多专家系统协同工作。为拓宽专家系统解决问题的领域或者使一些相关联的领域能用一个系统来解题，协同式专家系统的概念应运而生，其着眼点是通过各子系统的合作扩大整体专家系统的解题能力。在这种系统中，有多个专家系统协同合作，多专家系统的协同合作自然也可在分布的环境中工作，但其着眼点主要在于通过多个子专家系统协同工作，以扩大整体专家系统的解题能力，而不像分布处理特征那样主要是为了提高系统的处理效率。

（3）自学习能力。新型专家系统应提供高级、高效的知识获取与学习功能。应提供合用的知识获取工具，应该能够根据知识库中已有的知识和用户对系统提问的动态应答，进行推理以获得新知识，从而不断扩充知识库，即所谓的自学习机制。

（4）高级语言和知识语言描述。为了建立专家系统，知识工程师只需用一种高级专家系统描述语言对系统进行功能、性能以及接口描述，并用知识表示语言描述领域知识，专家系统生成系统就能自动或半自动地生成所要的专家系统，这属于自动程序设计的范畴。

（5）新的推理机制。在新型专家系统中，除现有的专家系统推理策略之外，还应有归纳推理（包括类比、联想等推理）、各种非标准逻辑推理（例如非单调逻辑推理、加权逻辑推理等）以及各种基于不完全、不确定知识的推理等，在推理机制上应有新的突破。

（6）具有自纠错合资完善能力。为了排错首先必须有识别错误的能力，为了完善首先必须有鉴别优劣的标准，新一代专家系统应具有自我纠错的能力，并自我修正，实现自我完善。

（7）先进的智能人机接口。理解自然语言，实现语声、文字、图形和图像的直接输入输出是当今人们对新型专家系统的重要期望。这一方面需要硬件的有力支持，另一方面应该看到，先进的软件技术将为智能接口的实现提供强有力的支持。

2．分布式专家系统

分布式专家系统具有分布处理的特征，即把知识库分布到一个计算机网络的不同结点上，或者把推理机制分布到计算机网络的不同结点上，或者两者同时分布，当要求解一个问题时，将该问题分解为若干个子问题，合理地分布到各个处理机上去求解。其目的在于能够使一个多处理机的专家系统中的多个处理机并行工作，从而在总体上提高系统的处理效率。它可以工作在紧耦合的多处理器系统环境中，也可工作在松耦合的计算机网络环境里，所以其总体结构在很大程度上依赖于其所在的硬件环境。为设计一个分布式专家系统，一般需要解决以下几个问题：

（1）功能分布。功能分布是指把持求解的问题分解为若干个子问题，并均衡地交给系统中各个处理结点去分别完成。功能分解本身就是一个很复杂的算法，一个比较好的功能分布将使各个处理结点能够并行工作，大大提高系统的工作效率。每个处理结点完成的子任务合在一起，就是一个完整的大任务。功能分解“粒度”的粗细要视具体情况而定，分布系统中结点的多少以及各结点上处理能力的大小是确定分解粒度的两个重要因素。

（2）知识分布。知识分布的目的是要根据任务分布的情况，把处理相关任务所需的有关知识合理划分后，分配到各个处理结点上，供推理求解问题使用。一方面，要尽量减少知识的冗余，以避免可能引起的知识的不一致性；另一方面，又需要一定的冗余以求得处理上的方便和系统的可靠性。

（3）接口设计。系统各个部分之间要相互独立，通过接口相互连接进行通信与联系，保证它们推理求解的同步。

（4）系统结构。这项工作一方面依赖于应用的环境与性质，另一方面依赖于其所处的硬件环境。如果领域问题本身具有层次性，如企业的分层决策管理问题，则系统就可以采取树形的层次结构；如果多处理结点系统是一个星形网络结构，则中心处理结点与外围处理结点的关系可以不是上下层次关系，而把中心处理结点设计为一个公用知识库，供周围各处理结点进行通信和交换数据；如果系统的各处理机分布在一个局域网络内，其各处理结点上用户之间独立性较大且使用权相当，则系统结构以采用总线结构或环形结构。各结点之间可以通过互传消息的方式讨论问题或请求协助，最终的裁决权仍在各结点。

（5）驱动方式。一旦确定系统的结构以后，系统中各模块应该以什么方式来驱动的问题就需要加以认真研究。系统各模块之间的驱动方式有控制驱动、数据驱动、需求驱动和事件驱动。控制驱动是指当前工作模块如果需要另外一个模块运行时，可直接将控制转到该模块，或将它作为一个过程直接进行调用；数据驱动是指当一个模块的输入数据齐备后，该模块就自动启动运行；需求驱动则是指从最顶层的目标开始逐层驱动下层的子目标；而事件驱动是指当且仅当一个模块的相应事件集合中的所有事件都已经发生时，才驱动该模块开始运行。

3．协同式专家系统

当前存在的大部分专家系统，在规定的专业领域内它是一个“专家”，但一旦越出特定的领域，系统就可能无法发挥良好的作用。所以，单个专家系统的应用局限性很大，很难获得满意的应用。协同式专家系统是克服一般专家系统的局限性的一个重要途径。协同式专家系统能综合若干个相近领域的或一个领域的多个方面的分专家系统相互协同工作，共同解决一个更广泛的问题。各个分专家系统发挥其自身的特长，解决一个方面的问题。这样，协同式专家系统就具有更强大的功能和更高的准确性。

协同式专家系统亦可称为“专家系统群”，表示能综合若干个相近领域或一个领域的多个方面的子专家系统互相协作共同解决一个更广领域问题的专家系统。例如，一种疑难病症需要多个专科医生的共同会诊，一个复杂系统（如核反应堆和大型战舰等）的设计需要多种专家和工程师的合作等。在现实世界中，对这种协同式专家系统的需求比较广泛。这种系统有时与分布式专家系统有些共性，但是，这种系统更强调子系统之间的协同合作。所以，协同式专家系统不像分布式专家系统，它并不一定要求有多个处理机的硬件环境，而且一般都是在同一个处理机上实现各个子专家系统的。为了设计与建立一个协同式专家系统，一般需要解决下述几个问题：

（1）任务的分解。根据领域知识，将确定的总任务合理地分解成几个分任务（各分任务之间允许有一定的重叠），分别由几个分专家系统来完成，由分专家系统对每个分任务进行处理。这一步依赖于领域问题，一般主要应由领域专家来讨论决定。

（2）公共知识的提取。把解决各分任务所需知识的公共部分分离出来形成一个公共知识库，供各子专家系统共享。对解决各分任务专用的知识则分别存放在各子专家系统的专用知识库中。这样可避免知识的冗余，节省存储空间，也便于维护和修改。

（3）通信方式。目前，不少作者主张采用“黑板”作为各分系统进行讨论的“园地”。这里所谓的“黑板”其实就是一个设在内存中可供各子系统随机存取的存储区。为了保证在多用户环境下黑板中的数据或信息的一致性，需要采用管理数据库的一些手段来管理和使用它，因此“黑板”有时也称为“中间数据库”。有了黑板以后，一方面，各子系统可以随时从黑板上了解其他子系统对某问题的意见，获取它所需要的各种信息；另一方面，各子系统也可以随时将自己的意见发表在“黑板”上，供其他专家系统参考，从而达到互相交流情况和讨论问题的目的。

（4）裁决问题。所谓裁决问题，是指由多个分专家系统来决定某个问题求解的方法和策略，这个问题的解决办法往往十分依赖于问题本身的性质。例如：

① 若问题是一个评分问题，则可采用加权平均法、取中数法或最大密度法决定对系统的评分。

② 若问题是一个是非选择题，则可采用表决法或称少数服从多数法，即以多数分专家系统的意见作为最终的裁决。或者采用加权平均法，即不同的分系统根据其对解决该问题的权威程度给予不同的权值。

③ 若各分专家系统所解决的任务是互补的，则正好可以互相补充各自的不足，互相配合起来解决问题。

（5）驱动方式。在分布式专家系统中介绍的几种驱动方式对协同式专家系统仍然是可用的。

4．其他新兴专家系统

深层知识专家系统，即不仅具有专家经验性表层知识，而且具有深层次的专业知识。这样，系统的智能就更强大，也更接近于专家水平。例如，一个核反应故障诊断专家系统，如果不仅有专家的丰富的经验知识，而且也有设备本身的原理性知识，那么，对于故障判断的准确性将会进一步提高，其中的关键之一就是如何把专家知识与领域知识有机融合起来。

多媒体专家系统就是把多媒体技术引入人机界面，使其具有多媒体信息处理功能，并改善人机交互方式，进一步增强专家系统的拟人性效果。将网络与多媒体相结合，则是专家系统的一种理想应用模式，这样的网上多媒体效果将使专家系统的实用性大大提高。类似的还有基于 Internet 的专家系统，其结构可采取浏览器/服务器模式，用浏览器（如 Web 浏览器）作为人机接口，而知识库、推理机和解释模块等则安装在服务器上。

事务处理专家系统是融入专家模块的各种计算机应用系统，如财务智能分析系统、库存控制决策支持系统、CAD 系统等。这种思想及其应用系统，打破了将专家系统孤立于主流的应用系统之外的局面，而将两者有机地融合起来。事实上，专家系统只是一种高性能的计算机应用系统，这种系统要求把基于知识的推理与通常的各种数据处理过程有机地结合在一起。

另外，还有模糊专家系统和神经网络专家系统等。前者的主要特点是通过模糊推理解决问题，善于解决那些含有模糊性数据、信息或知识的复杂问题，但也可以通过把精确数据或信息模糊化，然后通过模糊推理进行处理的复杂问题。而后者充分利用神经网络的自学习、自适应、分析存储、联想记忆、并行处理以及健壮性和容错性强等一系列特点，用神经网络来实现专家系统的功能模块。

还有一些其他新型专家系统这里不再一一介绍。需要说明的是，目前新技术的交叉和融合程度越来越高，应用越来越广，比如基于 Web 的专家系统，它是利用传统的专家系统利用 Web 浏览器实现人机交互的专家系统，系统中的专家、知识工程师和普通用户都可通过浏览器访问专家系统。

4.4.2 专家系统的应用

专家系统的应用主要表现在如下几个方面：

（1）预测专家系统：对给定情况推出可能的结果。

（2）诊断专家系统：从所观测到的不正常行为找出潜在原因。

（3）设计专家系统：根据各目标间的相互关系构成方案，并证明方案和要求相一致。

（4）规划专家系统：利用对象的行为特征模型来推论对象的行为动作。

（5）监控专家系统：通过对系统行为的观测，指出规划行为中的不足之处。

（6）调试专家系统：依靠规划设计和预测的能力，产生处理某个诊断问题的能力。

（7）维修专家系统：执行一个规划，完成某个诊断问题的治疗方案。

（8）控制专家系统：反复解释当前情况，预测未来，诊断问题产生的原因，做出处理计划，监督系统运行。

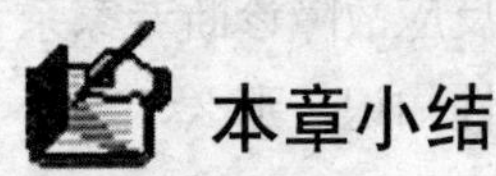

本章小结

专家系统不同于一般的数据库系统和知识库系统；与常规程序、软件相比，专家系统更专业、更特殊。本章从专家系统的定义、特点、类型入手，介绍了专家系统的结构、功能及基本原理，并对专家系统的开发过程（开发步骤、开发语言以及开发工具）进行讲述。最后，对专家系统的发展趋势进行介绍，有兴趣的读者可以选择一个方面进行深入学习。通过本章学习，可以对专家系统有一个基本认识，为后续的学习和研究奠定基础。

本章习题

1. 何谓专家系统？按照专家系统处理的问题类型，专家系统可分为哪几种类型？
2. 画出专家系统一般的结构图，说明各组成部分的主要功能。
3. 根据专家系统的开发过程，说明开发过程各阶段应完成的主要工作内容。
4. 简述专家系统的开发工具主要有哪些。
5. 简述 LISP 语言的基本特点。

第5章 知识管理系统

学习重点

知识管理系统是在以流程为基础的协同工作平台之上，创造性地实现流程、知识和决策的融合。通过本章学习，学生应能从理论角度和技术角度构建知识管理系统模型，并理解知识管理与商务智能的关系。

知识管理是适应知识经济时代的需求而产生的，是管理学科的思想和理念向纵深发展的结果，它是随着人们对资源认识的不断深化和企业管理能力的不断提高而发展起来的。知识管理是以知识为中心的管理，旨在通过知识共享，获取和利用知识提高企业的竞争能力和反应能力，以迎接经济全球化竞争的挑战。

5.1 知识管理系统概述

目前人们对什么是知识管理系统，还没有一个确定的概念，本章结合了多个方面的观点和知识，对知识管理系统的概念进行分析性阐述，并对系统的功能框架和目标进行介绍。

5.1.1 知识管理系统的概念

知识管理系统（knowledge management system，KMS），到目前为止并没有一个统一的定义，在这里从狭义和广义的角度对它进行了解。狭义的 KMS 是指支持组织对知识链各个环节进行有效管理的软件系统，是组织进行知识管理的工具，亦是组织进行知识沉淀和处理的平台，可以看作是广义 KMS 的技术子系统。广义的 KMS 是组织模型的抽象，是组织在知识管理方面的视图，是一个社会技术系统，是从组织整体来考虑对知识管理的支持，由知识管理主体、客体（知识）、知识过程、软件工具（狭义的 KMS）和组织内环境（组织结构、组织文化、人力资源和激励机制等）等组成的有机系统。

狭义的 KMS 强调了知识管理的实现工具，而广义的 KMS 突出了知识管理的整体性。两者之间的关系如同大脑和人一样，前者是后者中最为关键的组成要素，如果将其从广义系统中分离，它将无法正常运转，广义的系统也就没有了存在的意义；后者通过前者去共享知识、创造知识。可见，KMS 是一个完整的体系，系统中各个要素之间具有不可割裂的联系，缺少任何一个要素都很难保证构建出来的系统与知识管理其他要素之间能较好地协调，更不能保证 KMS 能够有效地管理和创造知识，所以从广义角度定义的 KMS 才是完整全面的和有实际意义的。

5.1.2 知识管理系统的构建目标与实现途径

为了能够更好地认知知识管理系统，首先需要对知识和知识管理进行了解。所谓知识，是一切人类总结归纳，并认为正确真实，可以指导解决实践问题的观点、经验、程序等信息。所谓知识管理（knowledge management，KM），是指在组织中建构一个量化与质化的知识系统，让组织中的资讯与知识，透过获得、创造、分享、整合、记录、存取、更新、创新等过程，不断地回馈到知识系统内，形成永不间断的累积个人与组织的知识成为组织智慧的循环，在企业组织中成为管理与应用的智慧资本，有助于企业做出正确的决策，以响应市场的变迁。

1．知识管理作用机制

首先，通过作用机制来对知识管理进行了解，知识管理的作用机制体现为：

（1）集成信息，有效降低成本。在某种程度上，企业的信息搜集速度和信息处理水平、信息转化为知识的能力和员工利用信息进行知识内化的能力，决定着企业能否在快速变化的市场上抓住机遇。一般来讲，企业获得信息的方式有三种：搜索、浏览和接收。“搜索”是指使用者在知道目标信息一部分特征的条件下，使用工具查找信息的方式，如使用互联网引擎查找信息就属于“搜索”。使用搜索方式获取信息的弊病在于，随着信息的增多，搜索结果的无效性会增加。也就是说，如果搜索引擎返回 10 000 条没有逻辑结构的搜索结果，那么，这些结果对于想查找一两条确定信息的人来说，是没有意义的。“浏览”是使用者在软件系统的指引下，逐步缩小目标空间的信息获取方式，如通过分类目录逐步寻找目标信息的方式，就是“浏览”。以浏览方式获取的弊病在于，当用户不知道目标的准确分类时，在海量信息中查找将十分困难。“接收”是使用者被动获取信息的方式，如许多网络公司通过邮件列表系统，向客户群发电子邮件，使之及时了解网站最近更新方式就属于“接收”。从用户的角度看，由于这种信息获取方式是被动的，只有对需求有准确的了解的条件下，才能使用户取得有用的信息。

企业要对获取的知识进行集成和分析整理，才能发挥知识的作用，这对企业的信息集成路径建设提出了相当高的要求。美国德州仪器公司在实际运作中，发现主要问题是决策部门之间衔接不够顺畅，利用知识管理，就节省了信息交流时间、加快了企业对客户需求的反应速度。该公司以分步骤的方式，将信息在不同的经营部门之间传递，包括：① 让所有部门能了解其他部门的经验教训；② 集中精力关注一个经营过程，将该项目的信息通报所有的部门；③ 在部门之间建立合作网络，促使部门之间的信息交流，从而避免重复劳动，降低了经营成本。

（2）创建知识地图，提供高效工具。知识地图的创建，提供了帮助人们寻找知识的工具。在信息过量的时代，企业会同样面临过量的问题，即使为使用者提供高效率的搜索引擎，也不能保证使用者摆脱寻找过程中的混乱状态，因此需要有一个指引使用者的工具。企业的知识地图，就可以帮助员工在短时间内找到所需的知识资源。

但是，如果要求知识地图能够指出企业所有的知识所在，这将是徒劳无功的。因此，知识地图设计的关键是要指出对企业的业务流程有关键作用的知识。从知识地图的形态来看，可以是多种多样的，但是有一点是相同的，即无论知识地图的最终指向是人、地点或时间，它都必须指出在何处让你们能够找到所需的关键知识。知识地图另一种使用方法是描述企业的流程，按业务流程将知识以图表的方式展现出来。同样表现知识流的知识地图没有必要将流程中所有出现的知识都整合进来，只需要将关键的知识整合进来便可达到提高生产效率的作用。事实上一些软件工具在建立知识地图方面相当有效，如KnowledgeX 公司提供的工具可以建立一个包含相互联系的合同、文档、事件等元素所构成的知识地图。这个地图允许用户浏览知识地图上的各个结点和结点的指向，同时发表评论，对地图进行更新，不断地改变地图中各个元素之间的联系，使知识地图逐步趋向完善。

（3）挖掘人才，发挥专业优势。人是知识传递媒介和知识创造的中心，知识管理也是一个帮助员工进行学习管理、发挥专业优势的过程。此时的关键：第一是如何充分发掘存在于员工头脑中的知识，变成集体智慧，从而提高企业的快速反应能力和应变能力；第二是如何通过系统的分类、整理变成强大的知识库，并通过检索成为企业人员内化信息的基地；第三是如何保证组织学习，通过个人思维的碰撞，得到集体共同经验，发挥团队力量应付各种局面，从而提高企业的反应速度。

随着信息技术的飞速发展，很多原来由人来做的工作现在都成了计算机的专利，但计算机作为一种机器，所能代替的只能是简单劳动，是繁杂的重复运算，而人的最重要的能力是创新和应变能力，这是机器永远无法取代的。对于开展知识管理的企业而言，企业这枚果实中优秀的人才永远是核，担负着企业的文化和生命的传递作用。

为保证人才在企业中真正发挥作用，应从四个方面入手：人才的挖掘，人才间的正确组合，企业组织结构，以及人才的培养和激励机制。实施知识管理的企业应为人才的脱颖而出创造优良的条件，一方面，应创造适合人才发展的企业文化，为人才提供生存和发展的企业环境：另一方面，应实施人才工程，培育企业发展所需要的各种人才。

（4）优化组织，提高整体效率。组织是知识发挥作用的机制，不仅影响知识传播，对于企业而言还决定了信息传递的速度。如果一个企业的组织制度不利于知识的传播，那么，无论有多么强的技术手段，员工都不会有强烈的交流欲望和学习动机。没有良好的组织结构，就谈不上企业对市场的反应和利润的创造。组织结构是企业知识创新、知识共享的基石，而组织学习更是学习管理的重要目标之一。

组织设计包含的两个层面通常用管理幅度和管理层次来表示。传统上，由于信息传递手段的落后和信息处理能力的低下，企业核心管理者没有办法处理众多的信息，所以要采用必要的分层结构，设立中层管理者，处理企业具体事务。这种结构是和非信息时代相对较低的信息密集度相适应的，由于信息的剧增，加上企业可以利用的信息渠道的产生，使企业不但可以面对外部信息，通过一定的信息处理机制解决视听盲点，还能够在企业内部形成有效的沟通合作。这样企业中命令的上传下达通路大大缩短，使平面化企业成为可能。所以，设计扁平型、平面化的组织模式，形成有效的沟通，成为知识管理发挥作用的重要保障。值得注意的是，扁平型组织要建立在员工的专家技能之上，在高度专业化的基础之上互相合作，共同解决项目所面临的各种问题。

2. 知识的两种类型及四种转化模式

根据知识能否清晰地表述和有效地转移，可把知识分为显性知识和隐性知识两类。其中，显性知识是指那些能够明确表达出来的知识，其表达方式可以是书面陈述、数字表达、列举、手册、报告等；隐性知识则是指工作诀窍、经验、视点、形象、观点和价值观等意会知识。为使隐性知识能被容易地获取、传播、重用，需要将隐性知识转化为显性知识。通常，隐性知识与显性知识间存在着四种不同的转化模式。

（1）从隐性知识到隐性知识的转化。这种转化称为知识的社会化过程，即共同分享各人的经历、经验、技能、诀窍等，转而创造新的隐性知识的过程。该过程实现了隐性知识在人们间的转移和重用。

（2）从隐性知识到显性知识的转化。这种转化称为知识的外化过程，即把隐性知识表达成显性知识的过程。它强调如何将经验、诀窍进行总结、编码，以文字、图形等形式表现出来，使隐性知识得以保存、传播、重用。

（3）从显性知识到显性知识的转化。这种转化称为知识的综合过程，即把外化产生的概念转变为一个知识系统，把不同的显性知识结合起来，利用现代信息技术和数字技术，对信息和知识重新整理、编码、分类、排序等，并将其存放于知识库中，或从数据库中抽取知识，或对知识进行集成，在此基础上实现知识重用，达到知识创新的目的。

（4）从显性知识到隐性知识的转化。这种转化称为知识的内化过程，即将外化、综合等过程获得的显性知识，通过学习、培训等被个人掌握，内化成个人的隐性知识，形成一种共享的心智模式和技术诀窍，并通过人的创新活动来实现知识的重用。知识的这四种转化过程是相互依存、相互联系的。

正是这四种知识转化模式在相互连续、螺旋上升、逐渐扩大的过程中，社会才不断地创造出新的知识，显性知识才得到不断积累，知识库的储量才不断增加。它们的关系如图 5-1 所示。

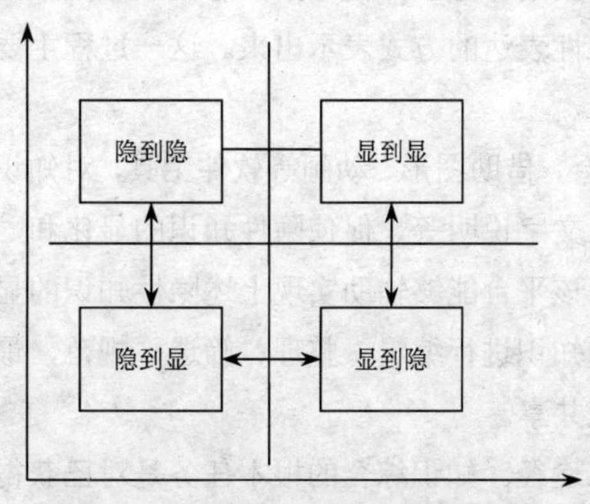

图 5-1　知识类型四种转化模式关系图

3. 系统的构建目标

由于知识管理活动是围绕着知识转化的四种模式进行的，因而知识管理系统的构建目标应是为实现知识的四种转化提供技术支撑。下面分别介绍四种转化的技术途径：

（1）知识社会化的技术途径。知识社会化的目标任务是实现隐性知识的转移。隐性知识的转移，最有效的方式就是传授知识的人与接受知识的人进行面对面的交流。然而，这种传统式的知识传播方式实施起来相当困难且效率很低，为了使专家的经验、诀窍等隐性知识能很快被其他员工掌握，需要建立一种机构。作为知识管理系统，可以从如下几个方面提供技术支持：

① 建立知识专家地图。知识专家地图用来存放什么人拥有什么知识以及如何找到拥有知识的专家等信息。在知识管理系统中，该部分内容应属于知识库的范畴。知识库中应提供内、外部专家的姓名、专长、做过什么项目、如何联系等信息，员工可通过企业内部网络按技能、经验、项目等属性查找专家，以便直接或通过网络向专家请教，分享其知识。

② 建立方便、高效的知识交流平台。传统的面对面交流或言传身教固然高效，但要受距离、时间、环境等局限。信息网络技术的发展给员工通过网络与专家交流、获取专家知识提供了有力的技术支持。知识管理系统的任务之一就是要建立良好的人机界面，减少交流障碍。基于 Internet/Intranet 的浏览器技术及视频会议技术，是实现这一交流平台的理想选择。

（2）知识外化的技术途径。知识外化是把隐性知识表达成显性知识的概念的过程，是四种知识转化模式中极其关键的环节，它需要发挥人的洞察力、想象力和推理能力。人们常常用比喻、比较、演绎、推理等多种方法和工具，将隐性知识提取并表达出来。实现知识化的途径分两步进行：

① 通过知识主管、知识专家及一些想象力丰富、表达能力强的知识工作人员，采取相互交流、启发、比喻、归纳等方法，把专家的隐性知识挖掘出来，并尽可能以记录、图形、表格等各种能够显性表达的方式表示出来。这一过程主要是人的思维、想象、推理过程。

② 通过知识填充平台，借助图形、动画等软件工具，对知识专家的隐性知识进行表述、模拟、仿真，并配以文字说明等，促使隐性知识的显化和贮存。为此，知识管理系统应建立知识填充平台，该平台能够辅助实现上述隐性知识的显化过程。另外，知识填充平台还应能对所填充的知识进行编辑、整理、筛选、规范，最终将容易存取的知识存入知识库中，以实现知识共享。

（3）知识综合的技术途径。知识综合的根本任务是对已获得的显性知识进行加工、整理，包括对知识进行采集、编码、排序、分类，重新划分知识单元等过程。在知识综合过程中，主要有知识发现、知识处理、知识保护等三个环节：

① 知识发现。可分为两个方面：一是根据用户的特定需求，从企业内部知识库、Internet 等海量信息资源中搜索到已明确表示的显性知识；二是利用智能技术、知识挖掘算法等，从已有的显性知识库中提炼、挖掘出新的知识，并存贮到知识库中。知识管理系统应提供强有力的搜索引擎，来实现这一知识获取过程。

② 知识处理。它是实现显性知识管理的核心任务，也是实现知识搜索、共享的根本保证。具体包括对获取的显性知识条理化、结构化，并按领域、岗位、局部、全局、例常和例外等，对知识进行分类、编码，以形成计算机容易存取的模式存放于知识库中。由于知识本身的复杂性，获取的知识可能以数字、文字、图像、音讯等各种形式表述，因此在计算机中无法用统一的信息存贮模式，这就需要对各种显性表述的知识重新进行整理、编码，并转化成一般员工容易理解的表述形式进行分类存贮，同时建立相关知识条目的逻辑链接关系，以实现知识的快速搜索和存取。

③ 知识保护。它是企业知识管理中不可忽视的环节，企业在追求知识编码和共享的同时，必须注意对知识的保护，以防止知识泄露给竞争对手，造成不必要的损失。在知识管理系统中，可以通过设置知识访问权限、数据加密等手段，对各层次知识进行保护。

（4）知识内化的技术途径。知识内化过程实质上是一个学习的过程，表现为员工如何把搜索到的专家知识及领域知识通过学习、掌握，转化为自身的隐性知识。具体来说，从以下两方面进行：

① 建立网上培训系统。网上培训系统集成了企业所有的培训课程，包括员工工作流程中的一些基本技巧、方法等知识，同时应以计算机辅助教学课件的形式给员工提供良好的学习接口，促使员工对所需知识的理解和掌握。网上培训系统还应能对员工的知识掌握情况进行评测，并结合企业激励机制，促使员工自觉地上网搜索、学习相关知识，达到知识内化的目的。

② 实施知识推送技术。知识推送的目的是将员工需要的知识主动推送到员工面前。可采用广播频道、基于知识库的知识推送或电子邮件等形式，将一些重要的知识及用户感兴趣的知识，主动显现在用户面前，以促使员工对知识的学习。

5.1.3　知识管理系统的功能架构与实现框架

1．功能架构

知识管理系统是基于 Internet/Intranet 上的技术框架，集成了各环节的实现手段，最终形成了一个功能完善的知识管理系统。其功能框架如图 5-2 所示。

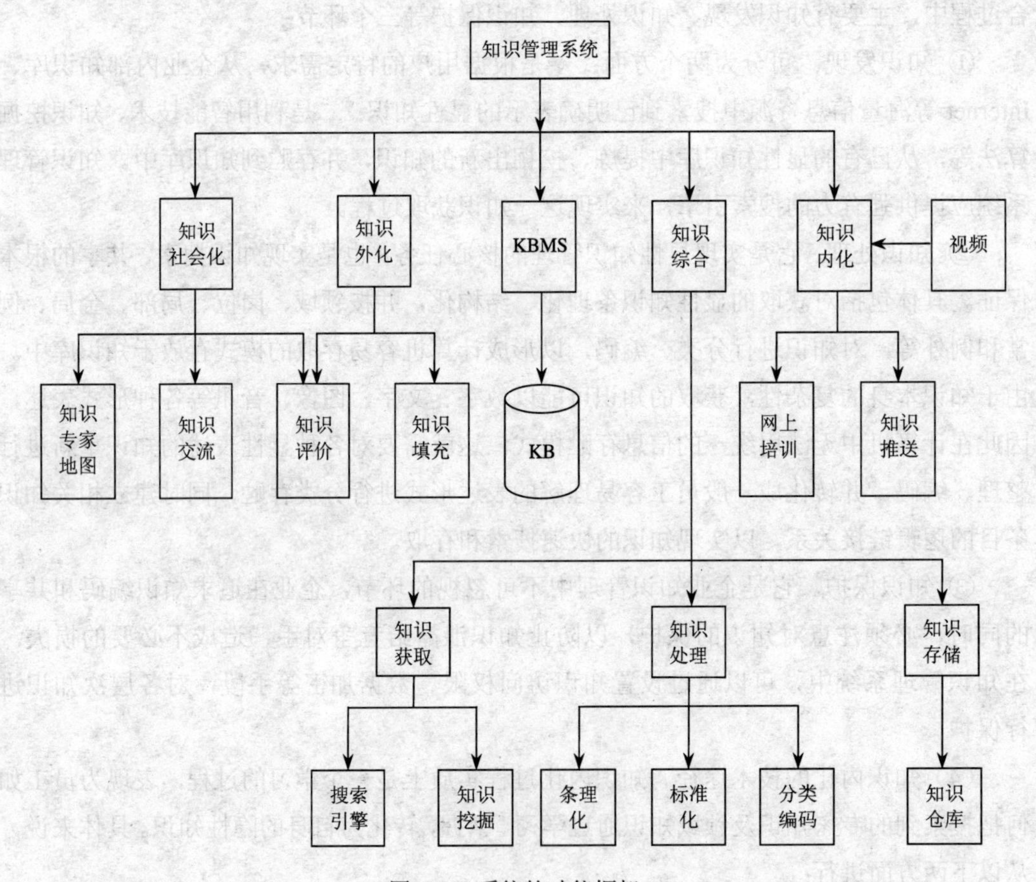

图 5-2　系统的功能框架

2. 实现框架

知识管理系统是基于网络、数据库上的一个复杂应用系统，其实现可采用三层客户机/服务器结构，如图 5-3 所示。其中，客户端是用户使用知识管理系统的接口，用于知识交流与共享、知识填充和网上培训，同时客户端也对不同用户进行分级保护，以防非法入侵系统，达到知识保护的目的。服务层体现了知识管理系统的核心功能，支持从知识信息库中搜索、获取知识，对客户端填充的知识进行分类整理，同时基于视频会议协调，监督工作的进展。该层的一个特色是具有智能性，它集成了遗传算法、神经网络、模糊搜索等人工智能工具和群决策支持系统，支持员工的知识工作，提供决策支持。传输层是通过网络协议等实现搭桥功能。存储层完成数据存储模式的转换和知识信息的存储功能，其中知识信息库抽象层为向上的应用层提供了访问各种数据库和知识库的统一接口，隐藏了不同数据库系统和知识库系统间的差异，透明地实现分布式跨平台计算。

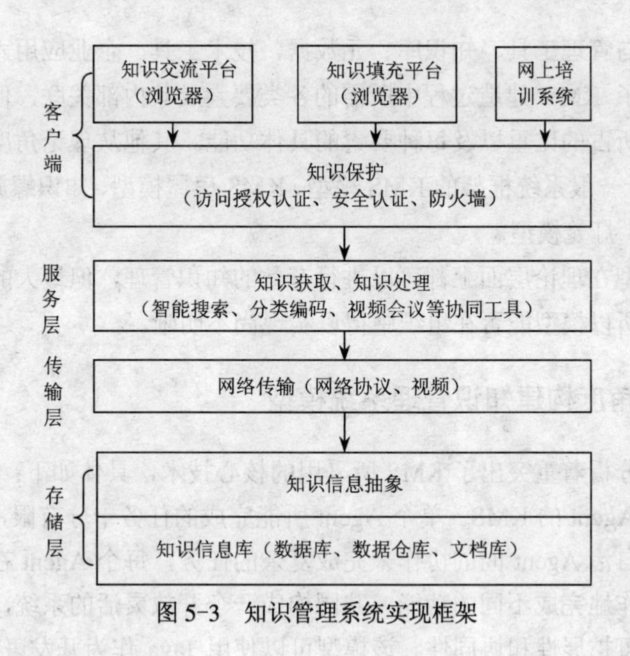

图 5-3　知识管理系统实现框架

5.2　知识管理系统模型

目前国内外学者已提出多种 KMS 模型，有些强调用理论来描述 KMS 进行知识管理的过程及相应的功能，而另一些突出了模型中的技术支持。

5.2.1　从理论角度构建知识管理系统模型

从理论角度构建的 KMS 侧重点不尽一致，主要体现在以下四个方面：

（1）基于知识分享与合作创新的 KMS。这一模型突出了知识分享在系统中的核心作用，包括系统管理、规划系统、执行系统、协作系统、绩效系统、邮件系统、问题研讨发布、虚拟会场以及整合系统，各系统之间是相互依存、相互协助的，都是为了保障知识在组织中的充分共享。

（2）基于知识链的 KMS。这一模型从知识利用及创造过程的角度建模，方便考察 KMS 对每个阶段知识的影响，并突出了知识是如何从获取到创造的。如 Rugglces 建立了一种从知识获取、知识编码和存储、知识传递、知识利用、新知识创造的模型。

（3）基于特性的 KMS。从组织领域来说，KMS 包括知识战略、业务流程与知识流程的结合、知识管理的组织和制度以及组织文化；从系统的角度看，KMS 包括组织内部过程与外界环境的交互和评估体系。基于 KMS 特性的模型充分反映 KMS 的特点，从不同角度体现了 KMS 的特点，描绘了一个完整的知识管理框架，有利于深刻认识知识管理的本质，寻找知识管理的一般规律和工程方法，从而提升 KMS 的效率和有效性。

（4）基于构成要素的 KMS。这一模型强调了 KMS 建造过程中所需要素，主要包括知识、技术基础、组织基础、人力资源、文化五部分。B. J. Bownmn 提出模型由内、外部信息、资源库与管理工具、知识库、元数据、技术工具、企业应用六大要素组成。这类观点虽然显示了 KMS 建造过程中所需的各类要素及其内部关联，但没有详细说明每种要素在模型中所占的比重以及每种要素的具体功能。其他从理论角度构建的模型还包括层次模型、基于一般系统框架的 KMS 模型、KMS 房屋模型、知识螺旋创造模型（SECI 模型）以及 KMS 灯笼模型。

以上这些模型在理论层面上都可以进行有效的知识管理，但最大的缺陷就是缺乏具体的技术支持，所以模型能否在组织中得以实现尚不明晰。

5.2.2　从技术角度构建知识管理系统模型

技术角度的分析着重突出了 KMS 所采用的核心技术，具体如下：

（1）基于多 Agent 的 KMS。单个 Agent 所能完成的任务十分有限，多 Agent 系统模型就是通过多个自治 Agent 间的协作来完成复杂的任务，每个 Agent 在模型中担任不同的角色，互相协作地完成不同的功能，共同构成一个开放灵活的系统，具有良好的并行性、可维护性、可扩展性和协同性。该模型可以使用 Java 作为开发语言，JATLite 为开发工具包。

（2）基于 XML 的 KMS。李克旻提出的基于 XML 的模型就具有良好统一的文档格式、更细化的信息搜索，而且支持知识在 Web 上发布与共享、内容与表现相分离，并且具有很好的兼容性能够支持远程异构系统之间的知识传输。

（3）基于 Web 存储系统的 KMS。该模型的核心是知识库，包括 Web 存储系统、LotusNote 以及关系数据库系统，通过其超强的信息存储功能借助功能同样强大的知识门户能帮助组织建立全方位的信息沟通渠道，实现实时信息共享与知识交流。

（4）基于数据挖掘的 KMS。基于数据挖掘的模型由用户界面、知识库管理、模型库管理和数据管理四部分构成。模型库管理处于模型的中心地位，其中数据挖掘模型管理子系统负责提供和维护数据挖掘过程中所需的各种工具，能快速地从外部挖掘有价值的知识，而用户界面、数据管理以及知识库管理负责将创造出来或获取的知识及时地传递给组织的其他部门。

其他从技术角度构建的模型包括基于信息集成的协同交互式 KMS 模型以及基于 Web2.0 的 KMS 模型。基于技术层面构建的模型虽然突出了 KMS 的可行性但没有与具体的理论框架相结合，缺乏一定的理论基础，而且大多模型都以单个技术作为支撑，可能导致设计出的系统功能不完善。

所以，要想构建一个功能完善的知识管理系统，须把理论角度与技术角度结合起来，相互补充，相互完善。

5.3　知识管理系统在企业中的应用

本节就知识管理系统在企业中的实际应用举例并分析。

5.3.1　知识管理系统在企业中的作用

知识管理系统在企业的作用主要表现在以下三个方面：

（1）从实体组织转变为虚拟组织。虚拟企业是若干企业为共同获得某个市场机遇而组成的动态联盟，已成为知识经济时代的新型组织代表，能够使企业更好地利用有限资源。例如天津大学管理学院的齐二石等设计了包括表示层、应用层、功能层、数据层四个层次的虚拟 KMS，具体包括支持企业内、外部信息及知识获取的通道、存储知识的公共知识库、支持成员企业进行知识分享应用及创新的各类工具。

（2）从单一到与其他信息管理工具的相互融合。外部复杂的竞争环境不但要求企业利用 KMS 增强其快速反应能力，还应该运用竞争情报系统（CIS）、企业信息入口网站（EIP）等其他信息管理工具强化信息资源的开发利用。例如，对 KMS 与 CIS 进行整合，KMS 为 CIS 提供知识共享的平台，CIS 为 KMS 提供所需要的情报知识，两者相辅相成，互相影响。EIP 是利用网络技术将不同来源的信息整合在一个接口上，让员工和合作伙伴能通过这个单一入口搜寻、获取、分析、运用及分享信息，EIP 和 KMS 的结合可充分挖掘和利用信息。

（3）从宏观层面到微观层面，以解决不同行业间存在的普遍差异性。近年来 KMS 在农业、制造业、证券业、风险投行业以及 IT 业等行业中的应用被广泛研究，KMS 在这些行业的具体应用能够优化产业结构，促进产业升级并维持产业的持续创新力。

5.3.2　知识管理系统在生产企业中应用

知识管理系统在生产企业中的应用通过四个阶段体现出来，如图 5-4 所示。

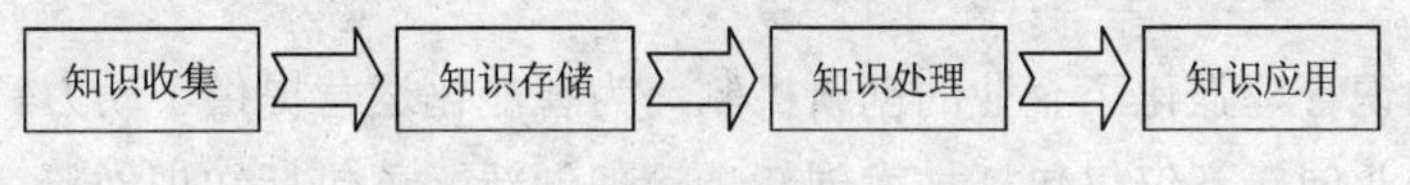

图 5-4　生产企业中应用的四个阶段

（1）知识收集阶段。该阶段一方面是通过定制平台的用户界面，接受设计人员的查询请求；并通过 CAD/CAM/CAE 接口，获取与产品模型和结构有关的知识；另一方面是收集顾客自己独特的产品需求知识，包括对定制产品的外观、颜色、性能、价格等一些独特性方面的知识。

（2）知识存储阶段。通过上面知识收集的过程，将产品配置设计知识、变型设计知识及顾客提出的特殊需求知识集中存储，为下一步的知识分析做好准备。

（3）知识处理阶段。将存储在数据仓库中的关于产品配置方面的知识以及顾客需求方面的知识与数据集市进行数据处理和交换，再利用数据分析技术如 OLAP 分析和数据挖掘技术（data mining）对其进行分析，确定顾客需要什么样的产品基本配置以及顾客对产品独特性方面的需求。

（4）知识应用阶段。这个阶段是产品—顾客知识管理系统的最后一个阶段。通过上面的知识收集、存储、处理阶段，我们可以把握顾客对产品的独特性方面的需求，并把它与企业的生产线结合起来，生产出符合顾客需求的大规模定制产品。

5.3.3 知识管理系统实现企业智能运营

知识管理实现企业智能运营，是通过企业知识的搜集、整理以及系统化，经知识共享和扩展，进一步提高企业决策的科学性和运营的自动化。总体看来，企业智能运营往往伴随着知识管理的进行，后者决定了企业智能运营实现的效果和水平。

为什么知识管理有助于提升企业智能运营水平呢?原因在于企业运营过程本身就是一个信息流动的过程。知识管理一方面为企业提供了内部运营的基本信息，另一方面可以不断促进企业内部知识的形成和更新，在知识机制的作用下，企业可以有效应用知识，建立科学的决策和评价体系，并进一步提高业务的自动化处理水平。

首先，知识管理带来企业评价体系的改变，为实现智能化运营奠定了基础。传统企业是建立在资本、技术和劳动的投入上，所以传统上评价员工的最佳标准就是劳动效率。而现代的知识型企业建立在信息和知识的基础上，企业最核心的资源是知识，最宝贵的财富是企业员工，最重要的竞争能力是知识创造，所以，建立以知识贡献和知识创造为中心的价值评价体系，鼓励知识奉献，包括企业价值评价，员工价值评价等，是实现智能化运营的基础。

其次，知识管理保证了信息化和科学化决策，为实现智能化运营创造了条件。知识管理的实施可以有效地提高企业决策的科学性、准确性和及时性，这一思想蕴涵在企业智能运营的整个环节中，就是利用智囊系统和知识系统，满足企业管理和运营中各类决策的需要。

再次，知识管理强化了企业的创新机制，为智能化运营提供了动力。创新是知识管理的灵魂，企业创新不仅仅包括技术创新、管理创新，还包括知识创新、环境创新等。经营环境的创新，与知识的创新密不可分。只有通过知识管理，培育企业的人才和工作机制，创造适应市场和客户需求的反应能力，提高企业技术研发能力和管理变革能力，才能维持和激发企业的创新件，为企业智能化运营提供动力。

最后，知识管理促进了企业业务的自动化处理，为实现智能化运营提供了保障。由于人才素质的提高、信息化建设的加快和业务流程的优化，企业的业务自动化处理水平在实施知识管理后将获得质的飞跃，使企业的管理者和业务人员都得以从繁杂的事务处理中解放出来，为企业的智能化运营创造了条件。

总之，企业智能运营是一个综合的过程，它是企业知识管理的具体化。企业通过实施知识管理，借助信息通道连接了知识仓库、企业主体（领导者、员工、专家）、企业客户和外部环境，形成了一个彼此交融、相互联系、密集型知识流的网络，为智能化运营提供了最完整的实践模型。

5.4 知识管理与商务智能的关系

知识管理和商务智能同属先进的管理信息系统，都具备处理信息和知识支持企业决策的能力。他们既有共同点，又有很多不同之处。

5.4.1 知识管理和商务智能的区别

知识管理与商务智能的不同点具体通过发展历程、运作过程、关注重点、核心技术和对象的加工深度这几个方面体现出来，见表 5-1。

表 5-1　知识管理和商务智能的区别

区别	商务智能	知识管理
发展历程	是从事务处理系统、经理信息系统、管理信息系统、决策支持系统等演变来的。最初关注的是结构的、定量的信息	起源于公司图书馆、竞争智能、质量管理中的最佳实践共享、知识转移的努力中。焦点是捕捉、共享、分发非结构的文本和图形信息
运作过程	从不同的数据源收集数据，经清理、提取、转换后将数据加载入数据仓库，然后通过联机分析处理、数据挖掘等工具加上决策规划人员的行业知识，对信息进行处理，最后将知识呈现于用户面前转变为决策	包括知识集约、知识应用、知识交流和知识创新四个过程，知识创新是知识管理的目的，知识集约、知识运用和知识交流是实现知识创新所不可缺少的重要步骤
关注重点	主要处理信息资源，是以信息资源的有序化和结构化为目的的，是相对封闭和独立的过程，比较注重信息外部形态的组合和整合。处理的对象是现实世界客观属性信息	处理的是知识资本，是以知识共享和创新为主要目标的开放过程，重点解决信息超载而知识匮乏的问题。重视显性知识和隐性知识的交互作用。处理的对象是客观世界信息的个人化知识，包括存储在人脑中的隐性知识
核心技术	核心技术包括数据仓库、联机分析处理、数据挖掘和企业信息门户。重视分析数据的技术	核心技术包括文档管理技术、群件技术、文本挖掘与检索技术、企业知识门户技术等。重视管理和分发知识的技术
对象的加工深度	加工过程更多的是对信息计算、合并、汇总、连接等表层处理	加工过程较多着眼于对知识的解析、分类、合成、整理、映射等深层处理

5.4.2 知识管理和商务智能的共同点

（1）都以信息技术为基础。无论是商务智能还是知识管理，都以信息技术为基础，两者都依赖于计算机硬件、软件、数据存储和网络通信等技术。

（2）支持共同的业务过程。无论是商务智能还是知识管理，都是为企业业务活动服务的。它们基于同一个网络，为企业管理活动提供平台和环境；它们具有共同的使用者，即企业各层次的决策人员；它们所处理的业务对象也具有很大的重叠性，都是企业管理过程中的各项活动。

（3）最终的结果都是知识。知识管理中的知识明显的总是直接来自人。商务智能中的知识源自对数据的分析。例如，如果一个公司通过商务智能分析得出在假期推出产品促销可以获利，这就是一条可以捕捉、存储、分发的知识，并且可以和其他知识一样使用。从这点来说，商务智能是使数据转化成知识，然后管理知识的过程。

（4）都包含收集、组织、共享、利用阶段。商务智能的处理对象是数据和信息，知识管理的主要处理对象是知识。虽然有学者对数据、信息和知识做了严格的区分。实际上，不管是数据、信息抑或是知识，他们的处理过程都有收集、组织、共享、利用这样的阶段。

（5）都很强调人的因素。知识管理的对象是知识，也重视和人相关的文化和行为，强调人的重要性。商务智能最初的焦点是技术和数据，事实上商务智能的使用效果和人的技能有很大的关系。人借助商务智能系统，用专业的技术进行定量分析，解决商业问题。

（6）都深受企业文化影响。企业文化影响商务智能的效果和决策行为，应用商务智能技术既要充分考虑技术因素，还要注重相应企业文化及理念的培育。知识管理要求合适的企业文化环境。Arthur Anderson 咨询公司认为，组织应该鼓励并支持知识的共享，创造开明和彼此信任的气氛，协助顾客创造最大价值，让组织内的员工自我学习成长。

5.4.3　知识管理与商务智能整合

知识管理与商务智能整合主要指知识管理与商务智能的技术整合，技术整合包括两方面工作：一是信息整合，目标是为异构的多源数据提供集成、统一，形成一致的整体，由此往往可以产生分布式数据库，使各信息系统、数据仓库等系统进行协作；二是应用系统整合，主要是建立各个应用系统的接口标准和框架结构。具体包括：Web 服务；应用系统模块化；单个系统的功能范围、观念等角度的整合；标准化企业（如 ERP）和信息系统联盟（常常缺乏可见性）。

1．局部技术整合

局部技术整合是指在进行适度全局分析规划的基础上，针对特定的一项或几项可行的、有价值的技术或工具进行整合。这种整合的形式适用范围很广，并且已有不少企业组织进行了实践。这种整合的关键问题是，特定技术功能的选择与确定，然后才会是整合的具体操作。由于 KM 与 BI 在应用层面的差异，所以局部技术整合势必要以分散的点式分布存在。

举例说明，有些企业尝试着将知识管理和商务智能的显示（通常被认为是一个功能层）集成到一起。从理论上分析，我们知道 KM 和 BI 都涉及作为结果的知识的呈现问题，既然这两种结果知识都是用于用户的决策支持，那么就没有必要在两个不同的软件或工具中呈现。在进行了可行性和价值分析后，这一部分性的整合可以进行具体的设计、开发和实现。

2．全局技术整合

全局技术整合是指从企业的整个信息系统环境出发，参考知识管理和商务智能系统的各种相关因素，并分析二者具体的结构、功能和实现技术等层面上的关系，设计一个全局性的架构——结构模型和功能模型，进而运用合适的信息技术，实现规划好的全新系统。虽然这种整合方式还不成熟，但它代表着知识管理与商务智能全面整合的技术趋势，将来很可能出现针对此类整合的技术平台。

目前，较为明显的整体整合趋势是：将商务智能作为知识管理的一部分——即将 BI 作为 KM 系统的子系统。考虑到知识运转机制等因素，这种将 BI“嵌入”KM 的方式是可行的。

3．整合目标

整合目标主要有三个：

（1）决策活动更加统一化。BIKM 与决策管理是紧密联系的。科学的决策越来越依赖 BI，同时，组织的最佳实践更加依靠知识的有效管理。由于 BIKM 把足够多的 KM 内容显露给 BI，同样 BI 内容也显露给 KM，所以它支持这种联合。换句话说，决策过程（一定程度上的 KM）的交接点需要显示给 BI 实施者，以让他们不必从他们的主要任务（从数据中发现信息）中转移注意力。同样道理，BI 过程需要将自己显示给决策过程，而不是用概要结论的分析成果来颠覆决策制定者。

（2）协作更加深入。一方面，协作型组织的成熟与发展。跨部门共享的内部障碍，阻碍了一个组织内部形成高效使用流和知识流。为了解决各行业各领域的问题，“BI 工具集”应该被整合进适合的商业程序中。发展协作型组织要解决内部障碍，而内部障碍只有一种打破的条件，就是所有的成员都能在这个环境中得到些什么。BIKM 能让决策者参与到整个 BI 进程中去，并且让他们不必沉浸其中。BIKM 为 BI 实施者提供了一种框架，让他们在完成工作的同时，也为其他各相关方面显示和记录 BI 进程的所有步骤。另一方面，KM 与 BI 的沟通更多了。当 BI 工具生产出带有详尽准备的（Web-ready）报告时，KM 工具能提供一个仓库，用于在其他相关信息中组织这些报告，也用于信息方面的合作。当 BI 工具生成那些按照兴趣主题订制的分析时，KM 工具能用主题（pull）或指定观众的限定信息（push），来进行全文搜索和订阅。微软在协作技术上的最新关注点就是市场成熟度迹象。近几年，该企业不断加大对协作技术的投入。

本章小结

这一章具体地探究了知识管理系统，包括它的构建目标与实现途径，以及基于 Internet/Intranet 技术框架的知识管理系统功能架构与实现框架。还分别从理论和技术角度构建了知识管理系统模型。而后介绍了知识管理系统在企业中的应用，帮助企业实现智能运营，即通过对企业知识的搜集、整理以及系统化，经知识共享和扩展，进一步提高企业决策的科学性和运营的自动化。最后探究了知识管理与商务智能的共同点和区别，以及它们的局部与全局技术整合。

本章习题

1. 简述知识管理系统的概念、构建目标与实现途径。
2. 简述知识管理系统与商务智能的区别与共同点。
3. 如何建设和维护知识管理系统？
4. 知识管理给企业评价体系具体带来了哪些改变？
5. 请分析企业在进行知识管理时会用到哪些工具。
6. 考察一家企业的知识管理系统，分析它是如何发挥作用的。

第6章 神经网络与遗传算法

学习重点

通过本章的学习，学生应对人工神经网络有一定的认识，对其概念、特性、分类和学习方法清晰明了。对于BP神经网络和Hopfield这两种神经网络有一定的了解。

人工神经网络是一种基本的智能信息处理技术，也是一种非常重要的智能计算学习方法。人工神经网络是信息处理通过神经元之间相互作用的动态学习过程，是典型的一个非线性动力学系统。其特色在于信息的分布式存储和并行协同处理。虽然单个神经元的结构极其简单，功能有限，但大量神经元构成的网络系统所能实现的行为却是极其复杂的。本章讨论人工神经元网络基本模型及其相关算法，并给出遗传算法的相关概念。

6.1　生物神经元模型

神经生理学和神经解剖学的研究结果表明，神经元是脑组织的基本单元，是神经系统结构与功能的单位。据估计，人类大脑大约包含有 10^{11}～10^{13} 神经元，每个神经元与大约 10^3～10^5 个其他神经元相连接，构成一个极为庞大而复杂的网络，即生物神经网络。生物神经网络中各神经元之间连接的强弱，按照外部的激励信号做自适应变化，而每个神经元又随着接收到的多个激励信号的综合结果呈现出兴奋与抑制状态。大脑的学习过程就是神经元之间连接强度随外部激励信息做自适应变化的过程，大脑处理信息的结果由各神经元状态的整体效果确定。显然，神经元是人脑信息处理系统的最小单元。

一个神经元的模型示意图如图 6-1 所示。

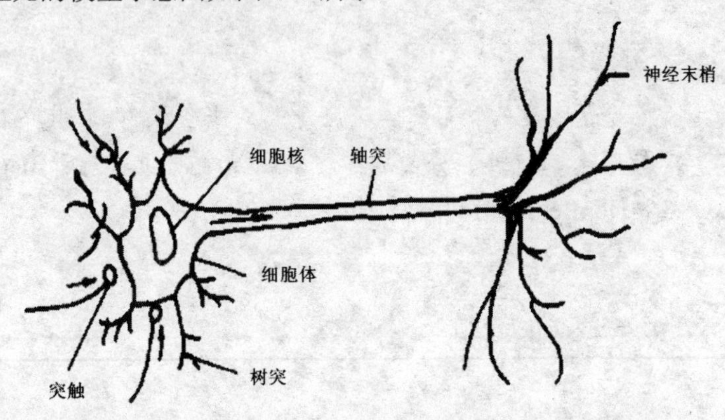

图 6-1　神经元模型示意图

由图可见，神经元由细胞体（soma）、树突（dendrite）和轴突（axon）构成。细胞体是神经元的代谢中心，它本身又由细胞核、内质网和高尔基体组成。细胞体一般生长有许多树状突起物，称之为树突，它是神经元的主要接收器。细胞体还延伸出一条管状纤维组织，称之为轴突，轴突外面包有一层较厚的绝缘组织，称之为髓鞘（梅林鞘）。髓鞘规则地分为许多短段，段与段之间的部位被称为郎飞节。轴突的作用是传导信息，通常轴突的末端分出很多末稍，它们与后一个神经元的树突构成一种称为突触的结构。前一神经元的信息经由其轴突传到末梢之后，通过突触对后面各个神经元产生影响。从生物控制论的观点看，神经元作为控制和信息处理的单元，具有以下主要功能及特点：

（1）兴奋与抑制状态。神经元具有两种常规工作状态，当传入冲动的信息使细胞膜电位升高，超过被称为动作电位的阈值（约 40 mV）时，细胞进入兴奋状态，产生神经冲动，由突触输出，称之为兴奋；否则，突触无输出，神经元的工作状态为抑制，其膜电位约为 –70mV。神经元的这两种工作状态满足“0—1”率，对应于“兴奋—抑制”状态。

（2）突触的延期或不应期。神经冲动沿神经传导的速度在 1~150 m/s 之间，在相邻的两次冲动之间需要一个时间间隔，即为不应期。

（3）学习、遗忘和疲劳。由于神经元结构的可塑性，突触的传递作用可增强、减弱和饱和，而此细胞具有相应的学习功能、遗忘或疲劳效应（饱和效应）。

随着生物控制论的发展，人们对神经元的结构和功能有了进一步的了解，神经元不仅仅是一简单的双稳态逻辑元件，而且是超级的微型生物信息处理机或控制机单元。人类大脑的各个部分是协同工作的，并没有哪一部分神经元对智能过程的整个过程有特别重要的责任，在大脑中，不仅知识的存储是分散的，其控制和决策也是分散的。

6.2　人工神经网络概述

本节就人工神经网络的发展、特性、模型、分类及学习方法进行讲解，学生在学习时，需要注意神经网络的分类和学习规则。

6.2.1　人工神经网络的发展

20 世纪 40 年代初，美国 Mc Culloch 和 Pitts 从信息处理的角度，研究神经细胞行为的数学模型表达，提出了二值神经元模型。MP 模型的提出开始了对神经网络的研究进程。1949 年心理学家 D.O.Hebb 提出著名的 Hebb 学习规则，即由神经元之间结合强度的改变来实现神经学习的方法。

20 世纪 50 年代末期，Rosenblatt 提出感知机（perceptron），首先从工程角度出发，研究了用于信息处理的神经网络模型。perceptron 虽然比较简单，却已具有神经网络的一些基本性质，如分布式存贮、并行处理、可学习性和连续计算等。这些神经网络的特性与当时流行串行的、离散的、符号处理的电子计算机及其相应的人工智能技术有本质上的不同，由此引起许多研究者的兴趣，在 60 代掀起了神经网络研究的第一次高潮。

在 20 世纪 60 年代末，美国著名人工智能专家 Minsky 和 Papert 对 Rosenblatt 的工作进行了深入研究，出版了有较大影响的 *Perceptron* 一书，指出感知机的功能和处理能力的局限性，甚至连 XOR（异或）这样的问题也不能解决，同时也指出如果在感知器中引入隐含神经元，增加神经网络的层次，可以提高神经网络的处理能力，但是却无法给出相应的网络学习算法。因此 Minsky 的结论是悲观的。

总之，认识上的局限性使对神经网络的研究进入了低潮。在这一低潮时期，仍有一些学者扎扎实实地继续着神经网络模型和学习算法的基础理论研究，提出了许多有意义的理论和方法。其中，S. Grossberg 等提出了自适应共振理论，Kohonen 提出了自组织映射，Fukushima 提出了认知机网络模型理论，AndeMn 提出了 BSB 模型，等等，为神经网络的发展奠定了理论基础。

进入 20 世纪 80 年代，基于“知识库”的专家系统的研究和运用，在许多方面取得了较大成功。但在一段时间以后，实际情况表明专家系统并不像人们所希望的那样高明，特别是在处理视觉、听觉、形象思维、联想记忆以及运动控制等方面，传统的计算机和人工智能技术面临着重重困难。模拟人脑的智能信息处理过程，如果仅靠串行逻辑和符号处理等传统的方法来解决复杂的问题，会产生计算量的组合爆炸。因此，具有并行分布处理模式的神经网络理论又重新受到人们的重视。对神经网络的研究又开始复兴，掀起了第二次研究高潮。

1982 年，美国加州理工学院物理学家 J.J.Hopfield 提出了一种新的神经网络 HNN。他引入了“能量函数”的概念，使得网络稳定性研究有了明确的判据。HNN 的电子电路物理实现为神经计算机的研究奠定了基础，并将其应用于目前电子计算机尚难解决的计算复杂度为 NP 完全型的问题，例如著名的“巡回推销员问题”（TSP），取得了很好的效果。从事并行分布处理研究的学者，如 Hinton、Sejnowsky 和 Rumelhart 等，于 1985 年对 Hopfield 模型引入随机机制，提出了 Boltzmann 机。1986 年 Rumelhart 等人在多层神经网络模型的基础上，提出了多层神经网络模型的反向传播学习算法（BP 算法），解决许多实际问题。

近些年来，许多具备不同信息处理能力的神经网络已被提出来并应用于许多信息处理领域，如模式识别、自动控制、信号处理、决策辅助、人工智能等方面。神经计算机的研究也为神经网络的理论研究提供了许多有利条件，各种神经网络模拟软件包、神经网络芯片以及电子神经计算机的出现，体现了神经网络领域的各项研究均取得了长足进展。同时，相应的神经网络学术会议和神经网络学术刊物的大量出现，给神经网络的研究者们提供了许多讨论交流的机会。

概括以上的简要介绍，可以看出，一方面，当前又处于神经网络理论的研究高潮，不仅给新一代智能计算机的研究带来巨大影响，而且将推动整个人工智能领域的发展。但另一方面，由于问题本身的复杂性，不论是神经网络原理自身，还是正在努力进行探索和研究的神经计算机，目前都还处于基础性的起步发展阶段，它的影响力和最终所能达到的目标，目前还不十分明确，还有待继续深入研究。

6.2.2　神经网络的特性

人工神经网络是基于对人脑组织结构、活动机制的初步认识提出的一种新型信息处理体系。通过模仿脑神经系统的组织结构以及某些活动机理，人工神经网络可呈现出人脑的许多特征，并具有人脑的一些基本功能。

1．神经网络的基本特点

下面从结构、性能和能力三个方面介绍神经网络的基本特点：

（1）结构特点。信息处理的并行性、信息存储的分布性。人工神经网络是由大量简单处理元件相互连接构成的高度并行的非线性系统，具有大规模并行性处理特征。结构上的并行性使神经网络的信息存储必然采用分布式方式，即信息不是存储在网络的某个局部，而是分布在网络所有的连接权中。当需要获得已存储的知识时，神经网络在输入信息激励下采用“联想”的办法进行回忆，因而具有联想记忆功能。神经网络内在的并行性与分布性表现在其信息的存储与处理都是空间上分布、时间上并行的。

（2）性能特点。高度的非线性、良好的容错性和计算的非精确性。神经元的广泛互联与并行工作必然使整个网络呈现出高度的非线性特点。而分布式存储的结构特点会使网络在两个方面表现出良好的容错性：一方面，由于信息的分布式存储，当网络中部分神经元损坏时不会对系统的整体性能造成影响，这一点就像人脑中每天都有神经细胞正常死亡而不会影响大脑的功能一样；另一方面，当输入模糊、残缺或变形的信息时，神经网络能通过联想恢复完整的记忆，从而实现对不完整输入信息的正确识别，这一特点就像人可以对不规范的手写字进行正确识别一样。神经网络能够处理连续的模拟信号以及不精确的、不完全的模糊信息，因此给出的是次优的逼近解而非精确解。

（3）能力特点。自学习、自组织与自适应性。自适应性是指一个系统能改变自身的性能以适应环境变化的能力，它是神经网络的一个重要特征。自适应性包含自学习与自组织两层含义。神经网络的自学习是指当外界环境发生变化时，经过一段时间的训练或感知，神经网络能通过自动调整网络结构参数，使得对于给定输入能产生期望的输出，训练是神经网络学习的途径，因此经常将学习与训练两个同混用。神经系统能在外部刺激下按一定规则调整神经元之间的突触连接，逐渐构建起神经网络，这一构建过程称为网络的自组织（或称重构）。神经网络的自组织能力与自适应性相关，自适应性是通过自组织实现的。

2．神经网络的基本功能

人工神经网络是借鉴于生物神经网络而发展起来的新型智能信息处理系统，由于其结构上“仿造”了人脑的生物神经系统，因而其功能上也具有了某种智能特点。下面对神经网络的基本功能进行简要介绍。

（1）联想记忆。由于神经网络具有分布存储信息和并行计算的性能，因此它具有对外界刺激信息和输入模式进行联想记忆的能力。这种能力是通过神经元之间的协同结构以及信息处理的集体行为而实现的。神经网络是通过其突触权值和连接结构来表达信息的记忆，这种分布式存储使得神经网络能存储较多的复杂模式和恢复记忆的信息。神经网络通过预先存储信息和学习机制进行自适应训练，可以从不完整的信息和噪声干扰中恢复原始的完整信息，这一能力使其在图像复原、图像和语音处理、模式识别、分类、故障检测等方面具有巨大的潜在应用价值。

（2）非线性映射。在客观世界中，许多系统的输入与输出之间存在复杂的非线性关系，对于这类系统，往往很难用传统的数理方法建立其数学模型。设计合理的神经网络通过对系统输入输出样本对其进行自动学习，能够以任意精度逼近任意复杂的非线性映射。神经网络的这一优良性能使其可以作为多维非线性函数的通用数学模型。该模型的表达是非解析的，输入输出数据之间的映射规则内神经网络在学习阶段自动抽取并分布式存储在网络的所有连接中。具有非线性映射功能的神经网络应用十分广阔，几乎涉及所有领域。

（3）分类与识别。神经网络对外界输入样本具有很强的识别与分类能力。对输入样本的分类实际上是在样本空间找出符合分类要求的分割区域，每个区域内的样本属于一类。传统分类方法只适合解决同类相聚，异类分离的识别与分类问题。但客观世界中许多事物（例如不同的图像、声音、文字等）在样本空间中的区域分割曲面是十分复杂的，相近的样本可能属于不同的类，而远离的样本可能同属一类，神经网络可以很好地解决对非线性曲面的逼近，因此比传统的分类器具有更好的分类与识别能力。

（4）优化计算。优化计算是指在已知的约束条件下，寻找一组参数组合，使由该组合确定的目标函数达到最小值。某些类型的神经网络可以把待求解问题的可变参数设计为网络的状态，将目标函数设计为网络的能量函数。神经网络经过动态演变过程达到稳定状态时对应的能量函数最小，从而其稳定状态就是问题的最优解。这种优化计算不需要对目标函数求导，其结果是网络自动给出的。

（5）知识处理。知识是人们从客观世界的大量信息以及自身的实践中总结归纳出来的经验、规则和判据。当知识能够用明确定义的概念和模型进行描述时，计算机具有极快的处理速度和很高的运算精度。而在很多情况下，知识常常无法用明确的概念和模型表达，对于这类知识处理型问题，神经网络获得知识的途径与人类似，也是从对象的输入输出信息中抽取规律而获得关于对象的知识，并将知识分布在网络的连接中予以存储。神经网络的知识抽取能力使其能够在没有任何先验知识的情况下自动从输入数据中提取特征、发现规律，并通过自组织过程构建网络，使其适合于表达所发现的规律。另一方面，人的先验知识可以大大提高神经网络的知识处理能力，两者相结合会使神经网络智能得到进一步提升。

6.2.3　人工神经元模型

为了模拟生物神经细胞，可以把一个神经细胞简化为一个人工神经元，人工神经元用一个多输入、单输出的非线性结点表示，如图 6-2 所示。

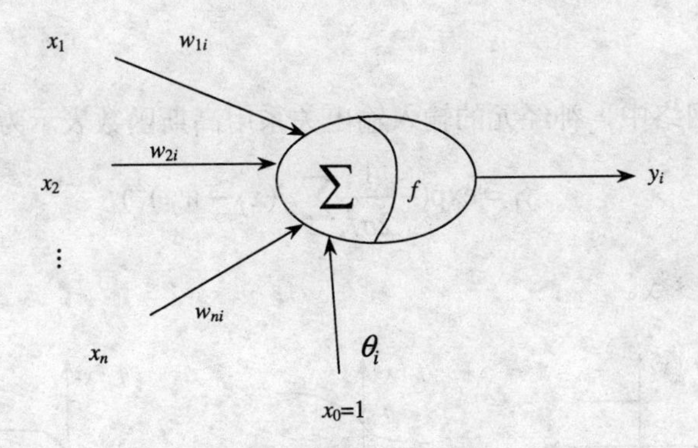

图 6-2　人工神经元

神经细胞的人工神经元的输入输出关系可描述为

$$\begin{cases} I_i = \sum_{j=1}^{n} w_{ij} x_i - \theta_i \\ y_i = f(I_i) \end{cases} \tag{6.1}$$

式中，x_j 是由细胞 j 传送到细胞 i 的输入量；w_{ji} 是从细胞 j 到细胞 i 的连接权值；θ_i 是细胞的阈值；f 是传递函数；y_i 是细胞 i 的输出量。

有时为了方便，将 I_i 表示成：

$$I_i = \sum_{j=0}^{n} w_{ji} x_j$$

式中，$w_{0i}=-\theta_i$；$x_0=1$。

传递函数 f 可为线性函数，或为具有任意阶导数的非线性函数。常见的传递函数有如下几种：

1．阶跃函数

阶跃函数的形式为

$$f(x) = \begin{cases} 1 & x \geqslant 0 \\ 0 & x < 0 \end{cases} \tag{6.2}$$

阶跃函数的图形如图 6-3（a）所示。

2．Sigmoid 型函数

Sigmoid 型函数是函数图形如 S 形状的一类可微函数。常用的 Sigmoid 型函数有：

$$f(x) = \frac{1}{1+\mathrm{e}^{-x}} \tag{6.3}$$

$$f(x) = \tan\mathrm{h}(x) = \frac{\mathrm{e}^{x} - \mathrm{e}^{-x}}{\mathrm{e}^{x} + \mathrm{e}^{-x}} \tag{6.4}$$

函数 $1/(1+\mathrm{e}^{-x})$的函数形式如图 6-3（b）所示，双曲正切函数 $\tanh(x)$的函数图形如图 6-3（c）所示。双曲正切函数 $\tanh(x)$的特点是函数图形关于坐标原点对称。

3. 高斯型函数

在径向基神经网络中，神经元的输入输出关系用高斯函数表示为

$$y_i = \exp(-\frac{1}{2\sigma_i^2}\sum{}_j (x_j - w_{ji})^2) \tag{6.5}$$

式中，σ_i^2 为标准化参数。

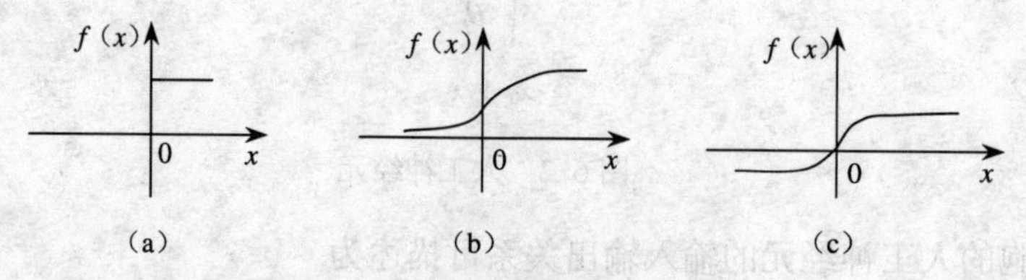

图 6-3　常用传递函数的函数图形

6.2.4　神经网络的分类

神经网络是由大量的神经元广泛连接成的网络。根据连接方式的不同，神经网络可以分为两大类：无反馈的前向神经网络和相互连接型网络（包括反馈网络），分别如图 6-4 和图 6-5 所示。前向网络分为输入层、隐含层（简称隐层也称中间层）和输出层。隐层可以有若干层，每一层的神经元只接收前一层神经元的输出。而相互连接型网络的神经元相互之间都可能有连接，因此，输入信号要在神经元之间反复往返传递，从某一初态开始，经过若干次变化，渐渐趋于某一稳定状态或进入周期振荡等其他状态。

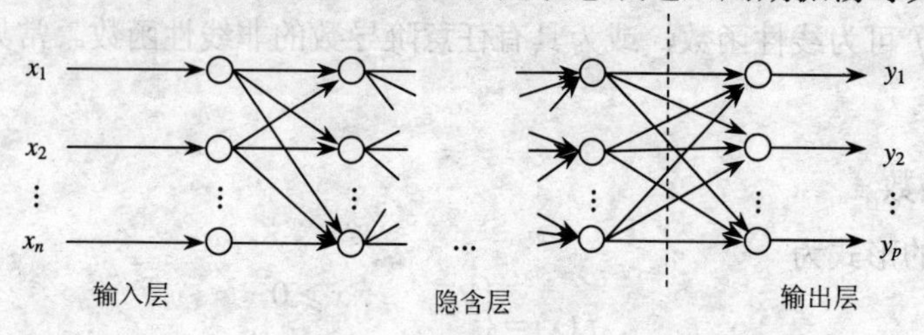

图 6-4　向前神经网路

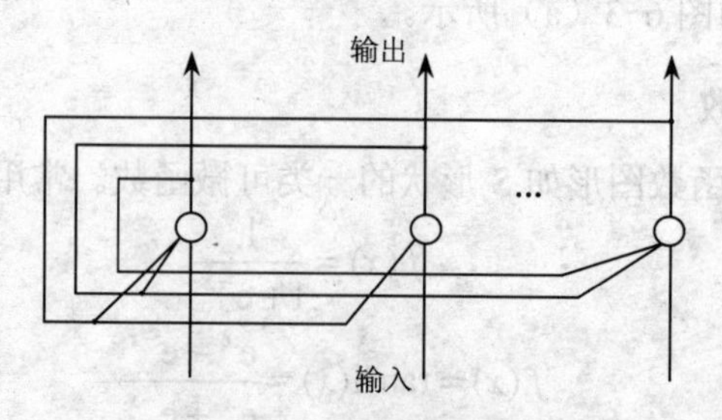

图 6-5　反馈神经网路

迄今为止，约有 40 种神经网络模型，其中具有代表性的有：BP 网络、回归 BP 网络、GMDH 网络、径向基函数 RBF、感知器、CG 网络、盒中脑（BSB）模型、Hopfield

神经网络、Boltzman machine/Cauchy machine（BCM）、counter propagation（CPN）、Madaline网络、自适应共振理论（ART，包括 ART1 和 ART2）、雪崩网络、双向联想记忆（BAM）网络、学习短阵（LRN）、神经认识机、自组织映射（SOM）、细胞神经网络（CNN）、交替投影神经网络（APNN）、小脑模型（CMAC）等。从信息传递的规律来看，这些已有的神经网络可以分成三大类，即前向神经网络（feedforward NN）、反馈型神经网络（feedback NN）和自组织神经网络（self-organizing NN，见图 6-6）。

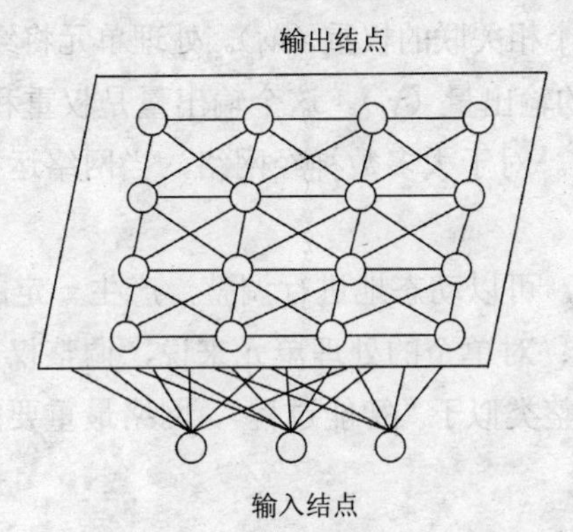

图 6-6　自组织特征映射神经网络

自组织特征映射（self-organizing feature map）神经网络又被称为 Kohonen 网络，是一种无教师学习神经网络。其输出神经元（结点）呈二维阵列分布，输出结点与其他领域或其他神经结点之间广泛相连，相互激励。它可以自动地向环境学习，主要用于话音识别、图像压缩、机器人控制、优化问题等领域。这种网络是基于生理学和脑科学研究成果提出来的。脑神经研究表明：传递感觉的神经元排列是按某种规律有序进行的。这种排列一般反映所感受的外部刺激的某些物理特征。神经网络在接受外部输入时，将会分成不同的区域，不同的区域对不同模式具有不同的响应特征，同时，这一过程是自动完成的。在自组织特征映射网络中，各神经元的连接权值具有一定的分布特性，最邻近的神经元相互激励，而较远的神经元则相互抑制。在外界刺激最强的区域形成一个气泡（bubble），又称其为墨西哥帽。在该气泡区域中，神经元权值向量会自动调节。这种网络的每个输入结点与输出之间由可变权值 $w_{ij}(k)$连接，通过竞争规律，不断调整 $w_{ij}(k)$，使得在稳定时每一领域的所有结点对某种输入具有类似的输出，并且这种聚类的概率分布与输入模式的概率分布趋于接近。

6.2.5　神经网络学习方法

1. 基本的学习机理

一个神经网络仅仅具有拓朴结构，还不能具有任何智能特性，而必须有一套完整的学习、工作规则与之配合。其实，对于大脑神经网络来说，完成不同功能的网络区域都具有各自的学习规则，这些完整和巧妙的学习规则是大脑在进化学习阶段获得的。人工神经网络的学习规则，说到底就是网络连接权的调整规则。我们可以从日常生活中一个简单的例子了解网络连接权的调整机理。例如，家长往往对按时、准确地完成家庭作业的孩子大加赞扬，甚至给一些物质奖励；而对不按时完成作业的孩子狠狠地批评。这其中包含着这样一些规则：对于正确的行为给予加强（表扬），不正确的行为给予抑制（批评）。把这一规则运用到神经网络的学习中，就成为网络的学习准则。

神经网络是由许多相互连接的处理单元组成的。每一个处理单元有许多输入量（x_i），而对每一个输入量都相应有一个相关联的权重（w_i）。处理单元将经过权重的输入量 $x_i \cdot w_i$ 相加（权重和），计算出唯一的输出量（y_i）。这个输出量是权重和的函数（f）。

我们称函数 f 为传递函数。对于大多数神经网络，当网络运行的时候，传递函数一旦选定，就保持不变。

然而，权重（w_i）是变量，可以动态地进行调整，产生一定的输出（y_i）。权重的动态修改是学习中最基本的过程：对单个的处理单元来说，调整权重很简单，但对大量组合起来的处理单元，权重的调整类似于“智能过程”，网络最重要的信息存在于调整过的权重之中。

2. 学习方式

有两种不同的学习方式或训练方式，即有监督的训练（supervised training）和没有监督的训练（unsupervised training）。很明显，有监督的学习或训练需要“教师”，教师即是训练数据本身，不但包括输入数据，还包括在一定输入条件下的输出。网络根据训练数据的输入和输出来调节本身的权重，使网络的输出符合于实际的输出。没有监督的学习过程指训练数据只有输入而没有输出，网络必须根据一定的判断标准自行调整权重。

（1）有监督的学习。在这种学习方式中，网络将应有的输入与实际输出数据进行比较。网络经过一些训练数据组的计算后，最初随机设置的权重经过网络的调整，使得输入更接近实际的输出结果。所以，学习过程的目的在于减小网络应有的输入与实际输出之间的误差。这是靠不断调整权重来实现的。

对于指导下学习的网络，网络在可以实际应用之前必须进行训练。训练的过程使用一组输入数据与相应的输出数据输进网络。网络根据这些数据来调整权重。这些数据组就成为训练数据组。在训练过程中、每输入一组输入数据，也同时告诉网络的输入应该是什么。网络经过训练之后，若认为网络的输入与应有的输出间的误差达到了允许范围，权重就不再改动了。这时的网络可以用新的数据去检验。

（2）没有监督的学习。在这种学习方式下，网络不靠外部的影响来调整权重。也就是说在网络训练过程中，只提供输入数据而无相应的输出数据。网络检查输入数据的规律或趋向，根据网络本身的功能进行调整，并不需要告诉网络这种调整是好还是坏。这种没有指导进行学习的算法，强调一组组处理单元间的协作。如果输入信息使处理单元的任何单元激活，则整个处理单元组的活性就增强。然后处理单元组将信息传送给下一层单元。

处理单元间的这种活动就形成了学习的基础。例如，处理单元可以组织来区分不同模式之间的差别，如水平或垂直边缘。

目前对有监督的训练机理还不充分了解，还是一个继续研究的课题。在现实生活中，有许多问题无法在事先有充分的例子使网络进行学习，因此没有监督学习的网络也是十分重要的。

3. 学习规则

神经网络的研究仍在继续，有些研究者将生物学习的模型作为主要研究方向，有一些在修改现有的学习规则，使其更接近自然界中的学习规律。但是在生物系统中，到底学习是如何发生的，目前知道的还不多，也不容易得到实验的证实。学习过程肯定比在此介绍的已经采用的学习规则复杂得多。

（1）Hebb 规则。这个最有名的规则是由 Donald Hebb 在 1949 年提出的。他的基本规则可以简单归纳为：如果处理单元从另一个处理单元接受到一个输入，并且如果两个单元都处于高度活动状态，这时两单元间的连接权重就要被加强。

（2）Delta 规则。Delta 规则是最常用的学习规则，其要点是改变单元间的连接权重来减小系统实际输入与应有的输出间的误差。这个规则也叫 Widrow-Hoff 学习规则，首先在 Adaline 模型中应用，也可称为最小均无差规则。

（3）梯度下降规则。这是对减小实际输入和应有输入间误差方法的数学说明。Delta 规则是梯度下降规则的一个例子。其要点为在学习过程中，保持误差曲线的梯度下降，如图 6-7 所示。误差曲线可能会出现局部的最小值。在网络学习时，应尽可能摆脱误差的局部最小值，而达到真正的误差最小值。

（4）Kohonen 学习规则。这个规则是由 Teuvo Kohonen 在研究生物系统学习的基础上提出的，只用于没有指导下训练的网络。在学习过程中单元处理竞争学习的机会是不同的。具有高的输出的单元是胜利者，有能力阻止它的竞争者并激发相邻的单元。只有胜利者才能有输出，也只有胜利者与其相邻单元可以调节权重。

在训练周期内，相邻单元的规模是可变的。一般的方法是从定义较大的相邻单元开始，在训练过程中不断减小相邻的范围。胜利单元可定义为与输入模式最为接近的单元。

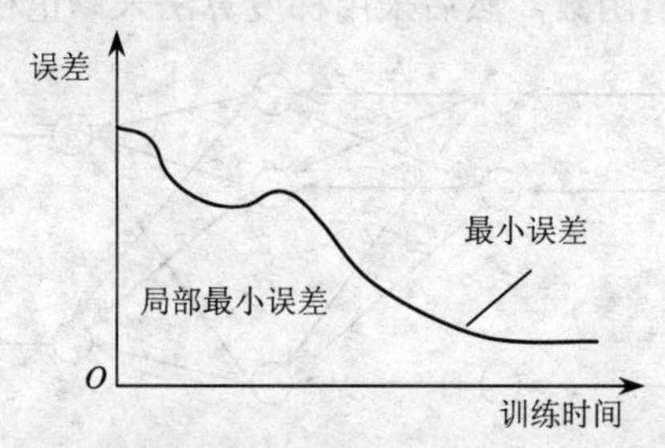

图 6-7　梯度下降规则的误差曲线

（5）后传播学习方法。误差的后传播技术一般采用 Delta 规则。此过程涉及两步，首先是正反馈，当输入数据输入网络，网络从前往后计算每个单元的输出，将每个单元的输出与应用的输出进行比较，并计算误差。第二次是向后传播，从后向前重新计算误差，并修改权重。完成这两步后，才能输入新的输入数据。

这种技术一般用在三层或四层网络。对于输出层，已知每个单元的实际输出和应有的输出，比较容易计算误差，技巧在于如何调节中间层单元的权重。

到目前为止，还没有什么证据说明生物系统是应用后传播的学习算法。这种学习方法也有严重的缺点，即后传播计算速度很慢，也可能会存在摆动，或有趋向停滞在误差的局部极小值上，系统检查当前的误差比相邻误差小，学习即会停止在这一点上，但这时并没有达到最小误差。通常需要在计算过程中采取一些措施，使权重跳过此障碍，找到实际的误差最小值。

6.3 向前神经网络模型

本节首先介绍单层计算单元的网络：感知器，对其局限性和线性可分性进行了讨论；然后讨论 BP 网络的基本概念，并对算例进行简单介绍。

6.3.1 感知器算法及其应用

感知器（perceptron）是美国心理学家 Rosenblatt 于 1957 年提出来的，它是最早期的神经网络模型，也是一种最简单的神经网络模型。

1．感知器的概念

最初的感知器由三层组成，即 S（sensorry）层、A（association）层和 R（response）层，如图 6-8 所示。S 层和 A 层之间的耦合是固定的，只有 A 层和 R 层之间的耦合程度（即权值）可通过学习改变。若在感知器的 A 层和 R 层加上一层或多层单元，则构成的多层感知器具有很强的处理功能，可用定理 6.1 来描述。

定理 假如感知器能层的结点可根据需求自由设置，那么用三层（不包括 s 层）的阈值网络可以实现任意的二值逻辑因数。

应注意，感知器学习方法在函数不是线性可分时得不出任意结果，另外也不能推广到一般前向网络中去。其主要原因是转移函数为阈值函数，为此，人们用可微函数如 Sigmoid 函数来代替阈值函数，然后采用梯度算法来修正权值。

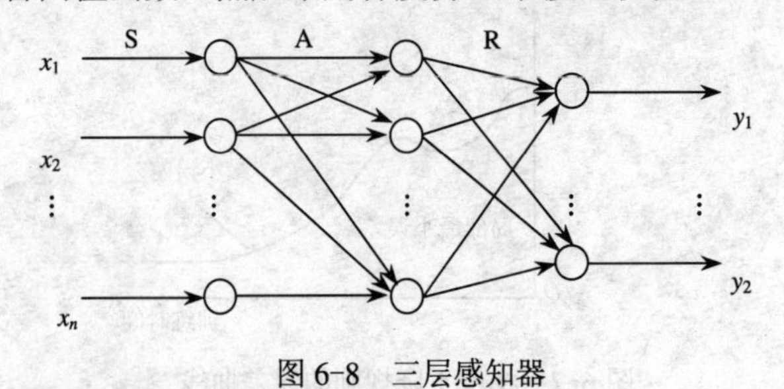

图 6-8 三层感知器

2．感知器的局限性

感知器一个非常致命的缺陷是不能解决线性不可分问题。线性不可分问题就是无法用一个平面（直线）将超空间（二位平面）中的点正确划分为两部分的问题。线性不可分问题是最简单的非线性问题。现实世界中的绝大部分问题都是非线性问题，线性问题往往是非线性问题在局部的简化而已。简单感知器不能解决线性不可分问题，这说明这个模型在现实世界中的应用极其有限。

下面来分析感知器为什么不能实现异或逻辑运算。针对两类模式分类，在图 6-9 所示的单神经元结构感知器模型中单神经元只有两个输入。

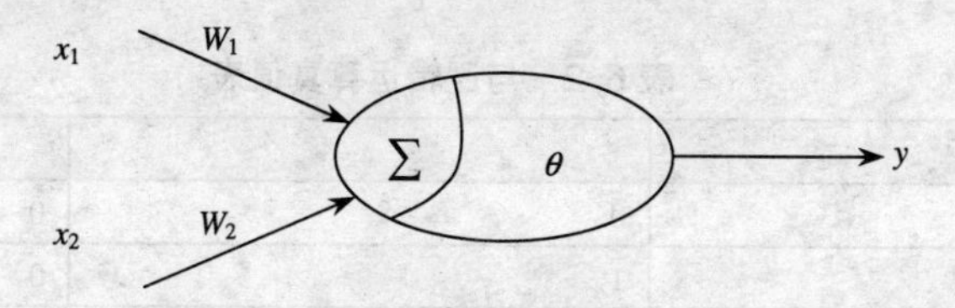

图 6-9　单神经元结构感知器模型

设 x_1 和 x_2 的状态分别为 1 或 0，寻找合适的权值 w_1、w_2 和 θ 满足下列不等式：

$$\left.\begin{aligned}&\left.\begin{aligned}&-w_1-w_2<\theta\\&\theta>0\\&-w_1+w_2\geqslant\theta\end{aligned}\right\}\Rightarrow\theta>0\\&\left.\begin{aligned}&-w_1+w_2<\theta\\&\theta\leqslant 0\\&+w_1+w_2\geqslant\theta\end{aligned}\right\}\Rightarrow\theta\leqslant 0\end{aligned}\right\}\tag{6.6}$$

显然不存在一组（w_1,w_2,θ）满足上面不等式。异或逻辑运算真值表见表 6-1。表 6-1 中的四组样本也可分为两类，把它们标在图 6-10 所示的平面坐标系中，任何一条直线也不可能把两类样本分开。若两类样本可以用直线、平面或超平面分开，则称之为线性可分。否则，称之为线性不可分。从图 6-10 可见，异或逻辑运算从几何意义上讲是线性不可分的。因此，感知器不能实现异或逻辑运算。

表 6-1　异或逻辑运算真值表

x_1	x_2	y
0	0	0
0	1	1
1	0	1
1	1	0

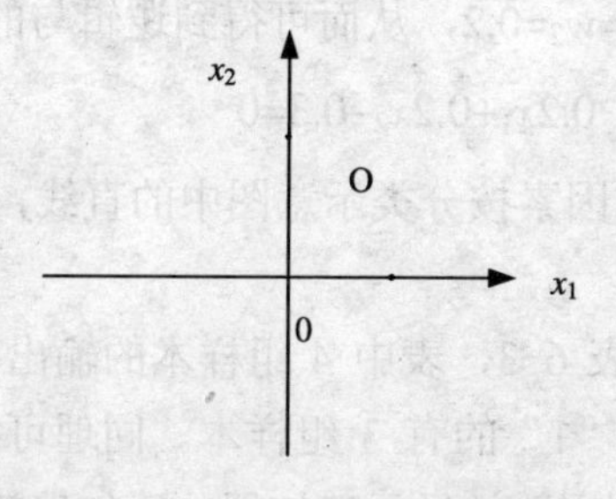

图 6-10　异或线性不可分示意图

3. 感知器的线性可分性

对于线性可分的样本，感知器可以实现对其分类。逻辑运算与和或都可以看做线性可分的分类问题，下面讨论单神经元结构感知器如何实现与逻辑运算和或逻辑运算。

与逻辑运算的真值见表 6-2。

表 6-2　与逻辑运算真值表

x_1	x_2	y
0	0	0
0	1	0
1	0	0
1	1	1

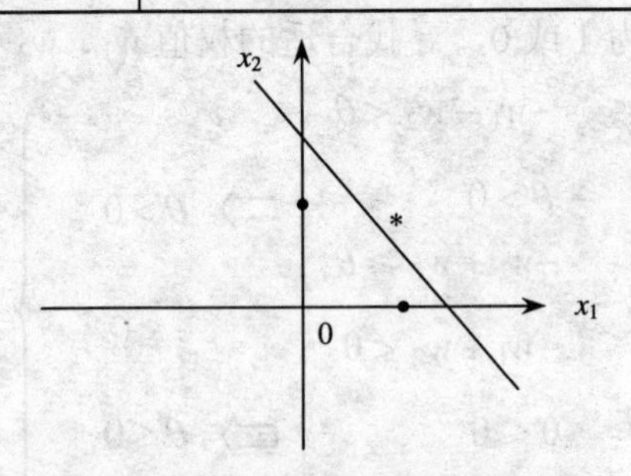

图 6-11　与运算分类示意图

从表 6-2 可看出，4 组样本的输出有两种状态，输出状态为“0”的有 3 组样本，输出状态为“1”的有 1 组样本。对应的与运算分类示意图如图 6-11 所示。图中“*”表示输出为逻辑“1”，“o”表示输出为逻辑“0”，把“*”和“o”分开的直线称为分类线。

现在采用图 6-11 所示的单神经元感知器学习规则对与逻辑运算进行训练，令阈值 $\theta=-0.3$，则单神经元感知器输入两变量 X 为

$$X=\sum_{i=1}^{2}w_i x_i+\theta=w_1x_1+w_2x_2-0.3 \tag{6.7}$$

激发函数选为阈值型函数，得到单神经元感知器的输出 y 为

$$y=f(x)=\begin{cases}1 & x>0\\0 & x\leqslant 0\end{cases} \tag{6.8}$$

训练后得到连接权值 $w_1=w_2=0.2$，从而可得到逻辑与的分类判别方程为

$$0.2x_1+0.2x_2-0.3=0 \tag{6.9}$$

该方程决定了图 6-11 与因素按分类示意图中的直线，但该直线并非唯一的，其权值可能有多组。

或逻辑运算的真值表见表 6-3，表中 4 组样本的输出有两种状态，输出状态为“0”的有 1 组样本，输出状态为“1”的有 3 组样本。同理可得到“或”运算分类示意图如图 6-12 所示。不难验证，利用单神经元感知器、感知器输入变量 X（式 6.7）及感知器

的输出 y（式 6.8）同样可以完成逻辑或分类，训练后得到连接权值 $w_1=w_2=0.4$，从而可得到逻辑或的分类判别方程，进而可以得到逻辑或的分类判别方程为

$$0.4x_1+0.4x_2-0.3=0 \tag{6.10}$$

显然，其权值也可能有多组，分类直线不唯一。

表 6-3　或逻辑运算真值表

x_1	x_2	y
0	0	0
0	1	1
1	0	1
1	1	0

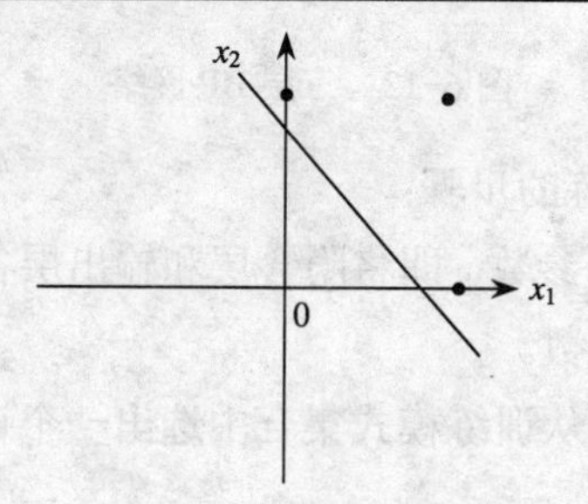

图 6-12　或运算分类示意图

6.3.2　BP 神经网络

1．基本原理及步骤

在多层感知器的基础上增加误差反向传播信号，就可以处理非线性的信息，把这种网络称之为误差反向传播的（back propagation，BP）前向网络。BP 网络可以用在系统模型辨识、预测或控制中。BP 网络又称为多层并行网，其激发函数通常选用连续可导的 Sigmoid 函数：

$$f(x)=\frac{1}{1+\exp(-x)} \tag{6.11}$$

当被辨识的模型特性或被控制的系统特性在正负区间变化时，激发函数选对称的 Sigmoid 函数，又称双曲函数：

$$f(x)=\tanh(x)=\frac{1-\exp(-x)}{1+\exp(-x)} \tag{6.12}$$

设三层 BP 网络如图 6-13 所示，输入层有 M 个结点，输出层有 L 个结点，而且隐层只有一层，具有 N 个结点。一般情况下 $N>M>L$。设输入层神经结点的输出为 $a_i(i=1,2,\cdots,M)$；隐层结点的输出为 $a_j(j=1,2,\cdots,N)$；输出层神经结点的输出为 $y_k(k=1,2,\cdots,L)$；神经网络的输出问题为 y_m；期望有网络输出向量 y_p。下面讨论一阶梯

度优化方法，即 BP 算法。

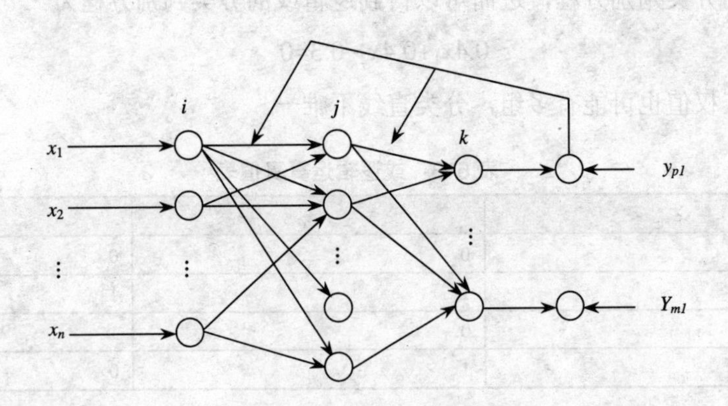

图 6-13　三层 BP 网络

下面给出 BP 反向传播训练的步骤：

Step1　初始化网络及学习参数，即将隐含层和输出层各结点的联结权值、神经元阈值赋予[−1，1]区间的一个随机数。

Step2　提供训练模式，即从训练模式集合中选出一个训练模式，将其输入模式和期望输出送入网络。

Step3　正向传播过程，即对给定的输入模式，从第一隐含层开始，计算网络的输出模式，并把得到的输出模式与期望模式比较，若有误差，则执行 Step4；否则，返回 Step2，提供下一个训练模式。

Step4　反向传播过程，即从输出层反向计算到第一隐含层，按以下方式逐层修正各单元的联结权值：

① 算同一层单元的误差δ_k。

② 按下式修正联结权值和阈值。对联结权值，修正公式为 $W_{jk}(t+1)=w_{jk}(t)+\eta\delta_k O_j$。

对阈值，可按照联结权值的学习方式进行，只是要把阈值设想为神经元的联结权值，并假定其输入信号总为单位值 1 即可。

反复执行上述修正过程，直到满足期望的输出模式为止。

Step5　返回 Step2，对训练模式集中的每一个训练模式重复 Step2 到 Step3，直到训练模式集中的每一个训练模式都满足期望输出为止。

2．BP 网络的设计应注意的问题

多层前向 BP 神经网络是目前应用最广泛的一种神经网络，在理论上具有实现任意复杂非线性映射的功能，但是由于 BP 网络是局部搜索最优算法，其需要解决的问题是全局极值，因此在进行 BP 网络设计时，一般应从网络的层数、每层的神经元个数、初始值以及学习速率等几个方面，讨论各自的选取原则，以避免局部极值，提高学习速率。

（1）网络的层数。理论已经证明，只要具有偏差和至少一个 S 型隐层加上一个线性输出层的网络，就能够逼近任意有理函数，如果增加层数可以进一步降低误差提高精度，但是同时也会使网络复杂，降低实时性，增加网络的学习时间。而误差精度的提高还可以通过增加隐层的神经元数目来获得，学习效果要比增加层数更容易调整，因此一般情况下优先考虑增加隐层神经元数目。当隐含层数难以确定时可以先选取较多的层数，待学习完成后再逐步删除一些隐层，比如删除某个隐层继续学习之后网络性能没有明显变坏则可删掉该隐层，逐个测试各隐层贡献，把不必要的隐层删掉。

（2）隐含层神经元数。网络学习精度的提高，可以通过采用一个隐含层，增加其神经元数目的方法来获得，这在结构上要比增加隐含层层数要简单得多。评价一个网络的好坏首先是精度，其次就是学习时间。隐含层神经元数目太少学习精度不高，需要学习的次数也多，而当神经元数太多结构就太复杂，会产生其他问题。因此究竟选取多少个隐层结点很难找到一个很好的解析式表示，更多的是以经验为依据，一般地讲，在能够解决问题的前提下，再增加一两个神经元能加快误差的下降速度即可。

（3）初始权值的选取。BP 网络学习时初始权值的选取是非常重要的，初始值选取过大、过小都会影响是否达到局部极小、是否能够收敛以及学习速度，由于系统是非线性的，如果初始权值过大，使得经过加权的输入值落在饱和区，其导函数 $f'(x)$过小，而 δ 正比与 $f'(x)$，当 $f'(x)\to 0$ 时，$\delta\to 0$，使得 $w\to 0$，学习过程会因此停顿下来。所以一般希望经过初始加权的输出趋向于零，这样可以保证每个神经元的权值能够在函数变化最大处进行调整，根据经验可以选取在$(-1,1)$之间的随机数，避免每一步权值的调整方向是同向的。

（4）学习速率。学习速率决定每一次循环训练中所产生的权值变化量，小的学习速率会导致训练时间长，收敛速度可能很慢，大的学习速率可能导致系统的不稳定。但是小的学习速率能保证网络的误差不脱离误差曲面的最低谷而最终趋向于最小误差，因此一般情况下倾向于选取较小的学习速率，学习速率选取的范围是 0.01～0.8。

（5）期望值和期望误差的选取。由于神经元的激励函数是 Sigmoid 函数，它的渐进值如果是$+a$ 和$-a$，那么期望值只能逼近$+a$ 和$-a$ 而不能达到$+a$ 和$-a$。应设期望值为相应的小数。比如函数的渐进值是 1 和 0，期望输出应设为 0.99 和 0.01 等小数，这样可以提高学习速率，避免学习算法不收敛。一般情况下，可以同时对两个不同期望误差的网络进行训练，最后考虑综合因素来选取其中一个网络。

（6）网络训练方式。用 BP 算法训练网络可以有两种训练方式，一种是顺序方式，也就是每输入一个样本修改一次权值；另一种方式是批处理方式，即将组成一个训练周期的全部样本一次性输入到网络后，以总的平均误差能量为修正权值的训练方式。

6.4 Hopfield 神经网络

Hopfield 网络是在 1982 年提出的得到充分研究和广泛应用的一种反馈神经网络模型之一。其学习过程实际上是一个从网络初始状态向其稳定状态过渡的过程。Hopfield 为这一类网络引入了一种稳定过程，即提出了神经网络能量函数的概念，使网络运行稳定性判断有了可靠而简便的依据。Hopfield 网络在联想存取、优化计算和专家系统等领域得到了成功应用。

它分为离散 Hopfield 网络和连续 Hopfield 网络。

1. 离散型 Hopfield 网络

离散型 Hopfield 网络只有一个神经元层次，所有结点都是一样的，它们之间都可实现互连，即一个结点既接受其他结点的输入，同时也输出给其他结点，离散型 Hopfield 网络可用作联想存储器使用。

其作用过程可写为

$$\begin{cases} v_j(t) = \sum_{i=1}^{N} w_{ji} S_j(t) - \theta_j \\ S_j(t+1) = \mathrm{sgn}\left[v_j(t)\right] \end{cases}$$

即

$$S_j(t+1) = \begin{cases} -1 & v_j(t) > 0 \\ 1 & v_j(t) < 0 \end{cases}$$

一般认为 $v_j(t) = 0$ 时神经元状态保持不变，即

$$S_j(t+1) = v_j(t)$$

N 为网络结点总数，将上式合并可写为

$$S_j(t+1) = \mathrm{sgn}\left[\sum_{i=1}^{N} W_{ji} S_t(t) - \theta_j\right] \tag{6.13}$$

式中，S_j（t）为任一时刻单元 j 的状态，取 1 或−1。整个网络的状态可用列向量 $\boldsymbol{s}$ 表示。

$$\boldsymbol{s} = [s_1, s_2, \cdots, s_N]^{\mathrm{T}}$$

一般情况下网络是对称的，即 $w_{ji} = w_{ij}$，且无自反馈，$w_{ij} = 0$，所以权值 w 可用一个 $N \times N$ 的对角线为 0 的对称矩阵表示，引入一非线性算子 Γ，则有

$$s(t+1) = \Gamma\left[v(t)\right] = \Gamma\left[W_s(t)\right] \tag{6.14}$$

式中：

$$\boldsymbol{v}(t)=[v_1(t),v_2(t),\cdots,v_n(t)]^{\mathrm{T}}$$

$$\boldsymbol{\theta}=[\theta_1,\theta_2,\cdots,\theta_n]^{\mathrm{T}}$$

$$\Gamma[\cdot]=\begin{bmatrix}\mathrm{sgn}(\cdot) & & & \\ 0 & \mathrm{sgn}(\cdot) & & \\ & & \ddots & \\ & & & \mathrm{sgn}(\cdot)\end{bmatrix}$$

当 $\boldsymbol{\theta}$=0 时，可写为简洁的形式

$$s(t+1)=\Gamma\,[W_s(t)] \tag{6.15}$$

离散型 Hopfield 网络有两种工作方式：

（1）异步（asynchronous）方式，任一时刻只有一个单元按式（6.15）改变状态，其余单元保持不变，各单元动作顺序可以随机选择，或按某种确定顺序动作。

（2）同步（synchronous）方式，某一时刻所有神经元同时改变状态。

2．连续型 Hopfield 网络

连续型 Hopfield 采用模拟电路构造反馈人工神经网络的电路模型，可模仿生物神经元及其网络的主要特性。本书不讨论连续型 Hopfield 网络的作用函数。

系统的能量计算为

$$E=-\frac{1}{2}\sum_{i=1}^{N}\sum_{j=1}^{N}w_{ij}v_iv_j-\sum_{i=1}^{N}V_iI_i+\sum_{i=1}^{N}\frac{1}{R}\int_0^{v_i}g^{-1}(v)\mathrm{d}v$$

在高增益情况下，网络建立的能量函数表达式为

$$E=-\frac{1}{2}\sum_{i=1}^{N}\sum_{j=1}^{N}w_{ij}v_iv_j-\sum_{i=1}^{N}V_iI_i$$

能量函数 E 取决于神经元数目 N，连接强度 w_{ij} 和外部输入 I_i。为了求得，可引用

$$\frac{\mathrm{d}E}{\mathrm{d}t}=\sum_i\frac{\partial E}{\partial V_i}\frac{\mathrm{d}V_1}{R'_i}$$

利用网络的对称性 $w_{ij}=w_{ji}$，可以求得

$$\frac{\partial E}{\partial V_i}=\sum_i w_{ij}v_j+\frac{u_i}{R'_i}-I_i$$

N 个神经元相互作用的动力学性质可以用微分方程表示：

$$C_i(\frac{\mathrm{d}u_i}{\mathrm{d}t})=\sum_{j=1}^{N}w_{ij}V_j-\frac{u_i}{R_i}+I_i$$

与上式比较，得到

$$\frac{\partial E}{\partial V_i}=-C_i(\frac{\mathrm{d}u_i}{\mathrm{d}t})$$

所以，有

$$\frac{\mathrm{d}E}{\mathrm{d}t}=-\sum_i\frac{\mathrm{d}V_i}{\mathrm{d}t}\cdot C_i(\frac{\mathrm{d}u_i}{\mathrm{d}t})=-\sum_i\frac{\mathrm{d}V_i}{\mathrm{d}t}\cdot\frac{\mathrm{d}u_i}{\mathrm{d}V_i}\cdot\frac{\mathrm{d}V_i}{\mathrm{d}t}$$

$$=-\sum_i C_i(\frac{\mathrm{d}V_i}{\mathrm{d}t})^2\cdot\mathrm{d}f_i^{-1}(V_i)$$

由于$C_i>0$，并且$f_i^{-1}(V_i)$函数单调增长，所以得到$\frac{\mathrm{d}E}{\mathrm{d}t}\leqslant 0$，而且当$\frac{\mathrm{d}V_i}{\mathrm{d}t}=0$时，有$\frac{\mathrm{d}E}{\mathrm{d}t}=0$。

以上结果表明，随着时间的演变，网络总是朝着能量函数E减小的方向运动，网络达到稳定状态时E取极小值。对于理想放大器可得到

$$E=-\frac{1}{2}\sum_i\sum_j w_{ij}v_iv_j-\sum_i I_iV_i$$

6.5 遗传算法

遗传算法（genetic algorithm，GA）是一种基于自然选择和基因遗传学原理的优化搜索方法。遗传算法的创立有两个目的：一是抽象和严谨地解释自然界的适应过程；二是为了将自然生物系统的重要机理运用到工程系统、计算机系统或商业系统等人工系统的设计中。目前，遗传算法正在向其他学科和领域渗透，正在形成遗传算法和神经网络或模糊控制相结合的新算法，从而构成一种新型的智能控制系统整体优化的结构形式。

1. 遗传算法的定义及特点

遗传算法是 John H. Holland 于 1962 年根据生物进化的模型提出的一种优化算法。自然选择学说是进化论的中心内容。根据进化论，生物的发展进化主要有三个原因，即遗传、变异和选择。

遗传算法基于自然选择和基因遗传学原理的搜索方法，将“优胜劣汰，适者生存”的生物进化原理引入待优化参数形成的编码串群体中，按照一定的适配值函数及一系列遗传操作对各个体进行筛选，从而使适配值高的个体被保留下来，组成新的群体；新群体包含上一代的大量信息。并且引入了新的优于上一代的个体。这样周而复始，群体中个体适应度不断提高，直至满足一定的极限条件。此时，群体中适配值最高的个体即为待优化参数的最优值。正是由于遗传算法独特的工作原理，使它能够在复杂空间进行全局优化搜索，具有较强的鲁棒性，另外，遗传算法对于搜索空间，基本上不需要什么限制性的假设（如连续、可微及单峰等）。常规的优化算法，如解析法，往往只能得到局部最优解而非全局最优解，且要求目标函数连续光滑及可微；枚举法虽然克服了这些缺点，

但计算效率太低，对于一个实际问题常常由于搜索空间太大而不能将所有的情况都搜索到；即使很著名的动态规划，也遇到“指数爆炸”问题，它对于中等规模和适度复杂性的问题也常常无能为力。遗传算法通过对参数空间编码并用随机选择作为工具来引导搜索过程朝着更高效的方向发展。同常规优化算法相比，遗传算法有以下特点：

（1）遗传算法是对参数的编码进行操作，而不对参数本身。遗传算法首先基于一个有限的字母表。把最优化问题的自然参数集编码为有限长度的字符串。

（2）遗传算法是从许多点开始并行操作的，而不局限于一点，因而可以有效地防止搜索过程收敛与局部最优解。

（3）遗传算法通过目标函数来计算适配值，而不需要其他推导和附加信息，从而对问题的依赖性较小。

（4）遗传算法的寻优规则是由概率决定的，而非确定性的。

（5）遗传算法在解空间进行高效启发式搜索，而非盲目地穷举或完全随机搜索。

（6）遗传算法对于待寻优的函数基本无限制，它既不要求函数连续，也不要求函数可导，既可以是数学解析式所表达的显函数，又可以是映射矩阵甚至是神经网络等隐函数，因而应用范围较广。

（7）遗传算法具有并行计算的特点，因而可通过大规模并行计算来提高计算速度。

（8）遗传算法更适合大规模复杂问题的优化。

（9）遗传算法计算简单，功能强。

（10）遗传算法具有极强的容错能力。

2. 遗传操作

1）遗传算法的基本术语

（1）位串：群体中的个体也叫位串。如 0110、1100，其个体的位串为 4。

（2）群体：一组位串，一组位串的个数可在 4～30 之间选择。

（3）个体：指种群中的单个元素，通常由一个描述其基本遗传结构的数据结构来表示。

（4）染色体：对个体进行编码后得到的编码串。染色体中的每一个位称为基因，染色体上若干个基因构成的有效信息称为基因组。

（5）适应度函数：

$$f(x)=\begin{cases} C_{mnx}-g(x) & g(x)<C_{mnx} \\ 0 & \text{其他情况} \end{cases} \tag{6.16}$$

（6）选择概率：

$$p=\frac{f_i}{\sum f_i} \tag{6.17}$$

概率最大的个体复制，概率最小的个体变异或被复制的替代。其余的位串交叉操作。

（7）期望复制概率：般取 $p_d = \dfrac{f_i}{\sum f_i} > (0.6 \sim 0.7)$。

（8）期望变异概率：一般取最大的变异概率 $p_d = \dfrac{f_i}{\sum f_i} < (0.2\sim0.1)$。

（9）配对：在交叉操作中的配对可随机、任意配对，或自己定义，也可采用轮盘赌的方法配对。

2）遗传算法的基本操作

Holland 的遗传算法通常称为简单遗传算法。操作简单和覆盖面广是遗传算法的两个主要特点。一般的遗传算法都包含三个基本操作：复制（reproduction operator）、交叉（crossover operator）和变异（mutation operator）。

复制、交叉、变异操作由种群的适配值或由适应度函数的概率确定。

（1）复制。复制（又称繁殖），是从一个旧种群中（old population）选择生命力强（即适配值大或选择概率大）的个体位串（或称字符串）（individual string）产生新种群的过程。或者说，复制是个体位串根据其目标函数 f（即适配值函数）复制自己的过程。

（2）交叉。简单的交叉操作分两步实现。在由等待配对的位串构成的匹配池中，第一步是将新复制产生的位串个体随机两两配对；第二步是随机地选择交叉点。对匹配的位串进行交叉繁殖，产生一对新的位串。具体过程如下：

设位串的字符长度为 l，在$[l, l-1]$的范围内，随机地选取一个整数值 k 作为交叉点。两个配对位串从位置 k 后的所有字符进行交换，从而生成两个新的位串。例如，现有两个初始配对个位串为 A_1 和 A_2（取交叉点 k=4）如下：

$$A_1=0\ 11\ 011$$

$$A_2=1\ 10\ 010$$

位串的字符长度 l=5。假定在 1 和 4 之间随机选取一个值 k（k=4，如分隔符“｜”所示），经交叉操作后产生了两个新的字符串，即

$$A'_1 = 0\ 1\ 1\ 0\ 0$$

$$A'_2 = 1\ 1\ 0\ 0\ 1$$

一般的交叉操作过程可用图 6-14 所示的方式进行（取交叉点 k =2）。

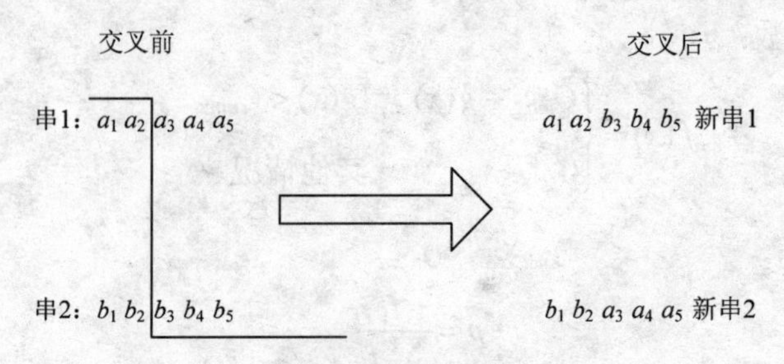

图 6-14　交叉操作

（3）变异。变异操作是从一个旧种群中选择生命力弱（选择适配值小或选择概率小）的个体位串（或称字符串）产生新种群的过程。变异操作增加了算法的局部随机搜索能力，从而可以维持种群的多样性。当个体的染色体为二进制编码表示时，该变异方法是先随机产生一个变异位，然后将该变异位置上的基因值0、1互换，产生一个新的个体。

3．遗传算法的基本步骤

（1）选择编码策略，将问题搜索空间中每个可能的点用相应的编码策略表示出来，即形成染色体。

（2）定义遗传策略，包括种群规模 N，交叉、变异方法，以及选择概率 P_r、交叉概率 P_c、变异概率 P_m 等遗传参数。

（3）令 t=0，随机选择 N 个染色体初始化种群 $P(0)$。

（4）定义适应度函数 f，要求 $f>0$。

（5）计算 $P(t)$中每个染色体的适应值。

（6）t=t+1。

（7）运用选择算子，从 $P(t-1)$中得到 $P(t)$。

（8）对 $P(t)$中的每个染色体，按概率 P_c 参与交叉。

（9）对染色体中的基因，以概率 P_m 参与变异运算。

（10）判断群体性能是否满足预先设定的终止标准，若不满足，则返回（5）。

在该算法中，编码是指把实际问题的结构变换为遗传算法的染色体结构。选择是指按照选择概率和各个个体的适应度值，从当前种群中选出若干个个体。交叉是指按照交叉概率和交叉策略把两个染色体的部分基因进行交配重组，产生出新的个体。变异是指按照变异概率和变异策略对染色体中的某些基因进行变化。例如，二进制编码方式下，变异操作只是简单地将基因的二进制数取反，即将"0"变为"1"，"1"变为"0"。其流程如图6-15所示。

遗传算法与多数常规的最优化和搜索方法的区别主要表现在以下几个方面：

（1）算法只对参数集的编码进行操作，而不是对参数本身进行操作。

（2）遗传算法是从许多初始点开始并行操作的，而不是在一个单点上进行寻优，而可以有效地防止搜索过程收敛于局部最优解。

（3）遗传算法通过目标函数来计算适配值，而不需要其他的推导和附属信息，从而对问题的依赖性较小。

（4）遗传算法使用随机转换规则而不是确定性规则来工作，即具有随机操作算子。

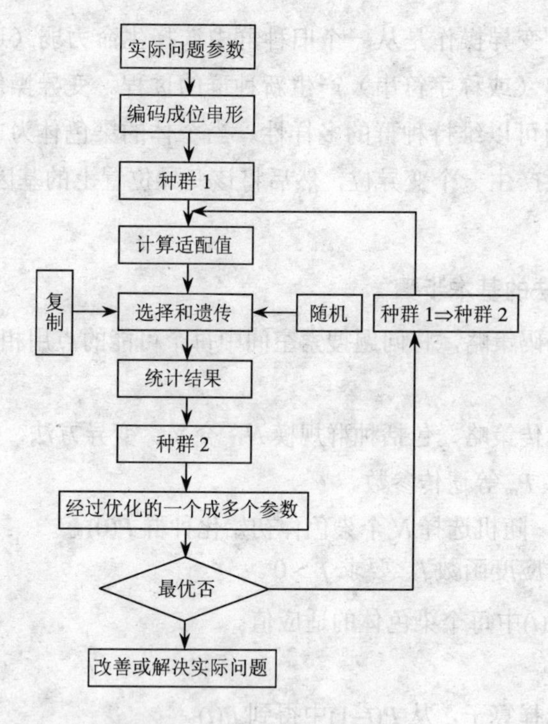

图 6-15　遗传算法工作示意图

本章小结

本章首先从生物神经元模型入手，介绍了人工神经网络的发展、特点、模型、分类及其学习方法，详细讲述了向前神经网络、Hopfield 神经网络、遗传算法的概念和适应性。通过学习本章节内容，可以对神经网络和遗传算法的概念和网络模型有所了解。为以后学习神经网络控制、辨识、预测奠定基础。

本章习题

1. 何谓人工神经网络？人工神经网络的分为几类？
2. 简述感知器的学习过程。
3. 神经网络模型分为哪几类？BP 网络属于哪一类神经网络？
4. Hopfield 神经网络分为哪两类？两者的区别是什么？
5. 什么是遗传算法？简述其基本思想和基本结构。

第7章 其他计算智能法

学习重点

本章简单介绍了目前比较流行的几种智能算法和在物联网领域的应用，供学生参考。学生在对算法有一定了解的基础上，可以根据个人兴趣选择一种算法进行深入的学习。

生物在进化过程中，形成了形形色色的觅食和生存方式，这些方式为人类解决问题带来了不少鼓舞和启发。动物个体的智能一般不具备人类所具有的综合判断能力和复杂逻辑推理能力，是通过个体或群体的简单行为而突现出来的。动物行为具有以下几个特点：① 盲目性。像传统的基于知识的智能系统往往没有直接的关系。② 自治性。动物有其特有的某些行为，在不同的时刻和不同的环境中能够自主地选取某种行为，而无须外界的控制或指导。③ 突现性。总目标的完成是在个体行为的运动过程中突现出来的。④ 并行性。每个个体的行为是实时的、并行进行的。⑤ 适应性。动物通过感觉器官来感知外界环境，并应激性地做出各种反应，从而影响环境，表现出与环境交互的能力。

本章介绍几种基于动物行为特征的智能算法，包括蚁群算法、免疫克隆算法、鱼群算法、粒子群优化算法以及它们在数据挖掘过程中的应用。

7.1 蚁群算法

蚁群算法由 Marco Dorigo 于 1992 年在他的博士论文中提出，其灵感来源于蚂蚁在寻找食物过程中发现路径的行为。社会性动物的群集活动往往能产生惊人的自组织行为，如个体行为显得简单、盲目的蚂蚁组成蚁群以后能够发现从蚁巢到食物源的最短路径。生物学家经过仔细研究发现蚂蚁之间通过一种称之为“外激素”的物质进行间接通信、相互协作来发现最短路径。受这种现象启发，意大利学者 Dorigo、Maniezzo 和 Colorni 通过模拟蚁群觅食行为提出了一种基于种群的模拟进化算法——蚁群算法。该算法的出现引起了学者们的巨大关注，在过去的十余年时间内，蚁群算法已经在组合优化、函数优化、系统辨识、网络路由、机器人路径规划、数据挖掘以及大规模集成电路的综合布线设计等领域获得了广泛的应用，并取得了较好的效果。

7.1.1 蚁群算法的基础

1. 蚂蚁的信息系统

蚂蚁的个体结构和行为很简单，但是由这些简单的个体所组成的整个群体——蚁群，却表现为高度结构化的社会组织，在很多情况下能完成远远超出蚂蚁个体能力的复杂任务。蚂蚁社会中的个体从事不同的劳动，群体可以很好地完成个体的劳动分工。蚁群有着独特的信息系统，其中包括视觉信号、声音通信和更为独特的信息素。蚂蚁之所以能够“闻糖”而聚，全因蚂蚁的信息系统。

蚂蚁有着奇妙的信息系统，其中包括视觉信号、声音通信和更为独特的无声语言，即包括化学物质不同的组合、触觉信号和身体动作在内的多个征集系统，来策动其他个体。蚂蚁特有的控制自身环境的能力，是在其高级形式的社会性行为不断发展的过程中获得的。

蚂蚁的许多行为受信息素调控，蚂蚁分为蚁后和工蚁两个等级，蚁后分泌名为“女皇物质”的信息素来控制工蚁的发育，信息素可以作为请求或者交换营养性卵和特殊瘢区分泌物的表示。遇警时，信息素可以刺激蚁群兴奋，具有使蚁群按计划执行某项活动的作用。除此之外，蚂蚁以信息素来表明身份，蚁伴也可以据此辨认识别，失去同巢的信息素就会失去生命，在这一蚁群中无立足之地。

2．蚁群社会的遗传和进化

在研究蚁群社会成员的相互合作和利他主义（altruism）的同时，应当指出其存在着遗传学基础。蚁后产下的受精卵发育成新的工蚁或者新的蚁后，而未受精卵发育成雄蚁，雄蚁是单倍体，而雌蚁（工蚁和蚁后）是二倍体。由此计算，工蚁（亲姐妹）之间的亲缘系数应当是0.75，而不是0.5，因为工蚁都有来自单倍体父亲的一套相同的基因，而工蚁的另一半基因则是二倍体母亲体内基因的一半，所以在蚂蚁社会中，姐妹情是大于母女情的。由此看来，合作行为和利他行为在一个亲缘关系最为密切的家庭中应当得到最大的发展。

蚂蚁的行为更多的是以群体作为一个整体而存在，而不是为了群体中的单个个体的存活。正是这种高度进化的社会性适应，使蚂蚁这种古老而细小的昆虫在大千世界中能够始终占有一席之地，并不断得以繁衍，被誉为昆虫世界的“智慧之花”。

3．蚂蚁的觅食行为和觅食策略

（1）蚂蚁的觅食行为。据昆虫学家的观察和研究发现，生物世界中的蚂蚁有能力在没有任何可见提示下找出从蚁穴到食物源的最短路径，并且能随环境的变化而变化地搜索新的路径，产生新的选择。

在从食物源到蚁穴并返回的过程中，蚂蚁能够在其走过的路径上分泌一种化学物质——信息素（pheromone），也称外激素，通过这种方式形成信息素轨迹。蚂蚁在运动过程中能够感知到这种物质的存在及其强度，并以此指导自己的运动方向，使蚂蚁倾向于朝着该物质强度高的方向移动。信息素轨迹可以使蚂蚁找到它们返回食物源（或者蚁穴）的路径，其他蚂蚁也可以利用该轨迹找到由同伴发现的食物源的位置。

很多蚂蚁种族在觅食时都设置踪迹和追随踪迹的行为：在从某个食物源返回蚁巢的过程中，蚂蚁会遗留一种信息素。觅食的蚂蚁会跟随这个踪迹找到食物源。一只蚂蚁进军食物源收到另一只蚂蚁或者信息素踪迹的影响过程称为征兵，而仅仅依靠化学踪迹的征兵叫做大规模征兵。

事实上，蚂蚁个体之间是通过接触提供的信息传递来协调其行动的，并通过组队相互支援，当聚集的蚂蚁数量达到某一临界数量时，就会涌现有条理的“蚁队”大军。蚁群的觅食行为完全是一种自组织行为，蚂蚁根据自我组织来选择去食物源的路径，所以蚂蚁的觅食行为，也称之为自组织行为。

（2）蚂蚁的觅食策略。自然界中蚁群的觅食行为很早就引起了昆虫学家的注意。Deneubourg等人通过“双支桥实验”对蚁群的觅食行为进行了研究，如图7-1（a）所示。

在实验中，蚁群通过双桥与食物源相连，而桥的两个分支长度相等（也叫对称双支桥），而且两个分支上最初都没有信息素。然后，将蚂蚁置于可以自由地在蚁穴和食物源之间移动的状态，观察选择两个分支的蚂蚁比例。结果如图 7-1（b）所示，经过最初的一个短暂的振荡阶段，蚂蚁倾向于沿着一条相同的路径前进。

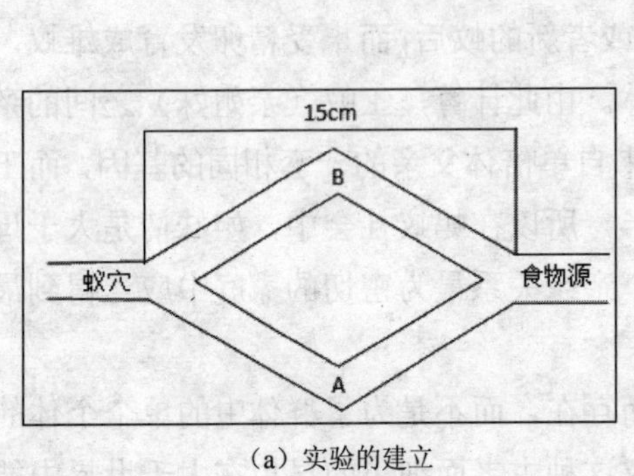

（a）实验的建立

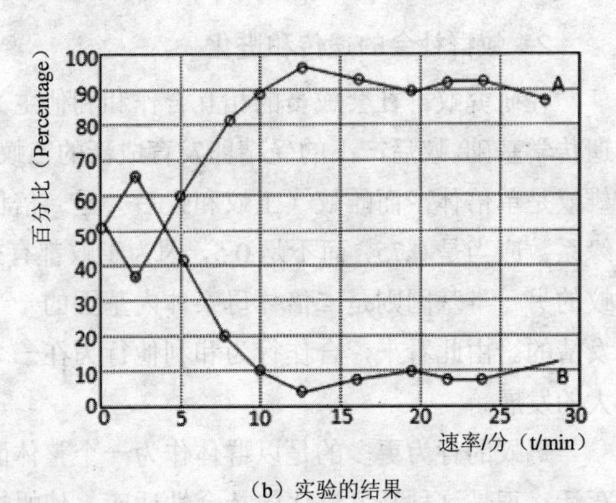

（b）实验的结果

图 7-1　对称双桥实验

在上述实验中，由于实验初期，两个分支上都没有信息素，蚂蚁将以相同的概率选择 A、B 两支桥。然而，经过最初的一个短振荡阶段，随机的振荡使得更多的蚂蚁随机选择了一个分支，本实验中，选择 A 桥的蚂蚁多于选择 B 桥的蚂蚁（也有可能选择 B 桥的蚂蚁多），如图 7-1（b）所示。纵坐标为单位时间内通过每个分支的百分率，横坐标为时间，单位为 min。由于蚂蚁在行进的过程中释放信息素，因此造成 A 桥的信息素比 B 桥的信息素多，致使 A 桥对后来的蚂蚁有更大的吸引力。随着时间的推移，A 桥上的蚂蚁数将越来越多，而 B 桥上正好相反。在实验中，首先假设一个分支上的信息素量正比于过去使用过该分支的蚂蚁数量。就是说，不考虑信息素的挥发。由于一个典型的实验大约持续 1h，在这段时间内信息素的挥发量非常小，因此忽略挥发的信息素是可以理解的。模型中，在某个特定时刻蚂蚁选择一个分支的概率取决于这个分支上的信息素量，而信息素量与那一时刻前经过该分支的蚂蚁数量成正比。

S.Goss 等人还给出了上述实验的概率模型。首先，假设桥上残留的信息素量和过去一段时间经过该桥的蚂蚁数成正比（也就是说不考虑信息素挥发的情况）；其次，某一时刻蚂蚁按照桥上信息素量的多少来选择某支桥，即蚂蚁选择某支桥的概率与经过该桥的蚂蚁数成正比。当所有的 m 只蚂蚁都经过两支桥以后，设 A_m 和 B_m 分别为经过 A 桥和 B 桥的蚂蚁数（$A_m + B_m = m$），则第 $m+1$ 只蚂蚁选择 A 桥的概率为

$$P_{\mathrm{A}}(m)=\frac{(\mathrm{A}_m+k)^h}{(\mathrm{A}_m+k)^h+(\mathrm{B}_m+k)^h} \tag{7.1}$$

而选择 B 桥的概率为

$$P_B(m) = 1 - P_A(m) \tag{7.2}$$

其中，参数 h 和 k 用来匹配真实的实验数据。第 m+1 只蚂蚁首先按照（7-1）式计算选择概率 $P_A(m)$，然后生成一个在区间[0,1]上一致分布的随机数 φ，如果 $\varphi \leqslant P_A(m)$，则选择 A 桥，否则的话选择 B 桥。为了求得参数 h 和 k，通过蒙特卡罗模拟证实当 $k \approx 20$，$h \approx 2$ 时，式（7.1）与实验数据相一致。

除了能够找到蚁穴到食物源之间的最短路径之外，蚁群还有极强的适应环境的能力。当蚁群经过的路线上突然出现障碍物时，蚁群也会很快地摆脱障碍物的干扰，从而找到新的最优路径。

很明显，上述机制是一种分布式的最优化机制，蚂蚁在寻找食物源的时候只贡献了非常小的一部分，但整个蚁群的行为却表现出了具有找出最短路径的能力。由大量蚂蚁组成的蚁群表现出一种信息的正反馈现象：某一条路径上走过的蚂蚁越多，该路径对后来的蚂蚁就越有吸引力，即一只蚂蚁选择一条路径的概率随着以前选择该路径的蚂蚁数量的增加而增大。蚂蚁个体之间正是通过这种物质信息的交流而达到搜索事物的目的。蚂蚁的这种选择路径的过程被称为蚂蚁的自催化行为（autocatalytic behaviour），其原理是一种正反馈机制。

4．人工蚁和真实蚂蚁的异同

人工蚁具有两重特性：一方面，它们是真实蚂蚁行为特征的一种抽象，通过对真实蚂蚁行为的观察，将蚁群觅食行为中最关键的部分赋予了人工蚁；另一方面，由于所提出的人工蚁是为了解决一些工程实际中的优化问题，因此为了使蚁群算法更有效，人工蚁具备了一些真实蚂蚁所不具备的本领，下面就来具体谈谈两者的异同点。

人工蚁绝大部分的特征都源于真实蚂蚁，它们具有的共同特征主要表现如下：

（1）人工蚁和真实蚂蚁一样，是一群相互合作的个体。这些个体可以通过相互的协作在全局范围内找出问题较优的解决方案。每只人工蚁能够建立一个解决方案，但是高质量的解决方案是整个蚁群合作的结果。

（2）人工蚁和真实蚂蚁有着共同的任务。人工蚁和真实蚂蚁有着共同的任务，那就是寻找连接蚁穴和食物源的最短路径。真实蚂蚁不能跳跃，它们只能沿着相邻的区域的状态行进，人工蚁也一样，只能一步一步地沿着问题的邻近状态移动。

（3）人工蚁与真实蚂蚁一样也通过信息素进行间接通信。与真实蚂蚁的间接通信相似，人工蚁之间的通信也具备两个特征：模仿真实蚂蚁信息素的释放；状态变量只能被人工蚁局部到达。

(4)人工蚁利用了真实蚂蚁觅食行为中的自催化机制(即正反馈)。和真实蚂蚁类似，人工蚁也会利用信息作为反馈，通过对系统演化过程中较优解的自增强作用，使得问题的解朝着全局最优解的方向不断进化，最终能够有效地获得相对较优的解。

（5）信息素的挥发机制类似。在人工蚁群算法中存在着一种挥发机制，类似于真实信息素的挥发。这种机制可以使蚂蚁忘记过去，不受过去经验的过分约束，这有利于蚂蚁向着新的方向进行搜索，避免早熟收敛。

（6）不预测未来状态概率的状态转移策略。人工蚁和真实蚂蚁一样，应用概率的决策机制向着邻近状态移动，从而建立问题的解决方案，而且这种策略只是利用了局部信息，而没有任何前瞻性来预测未来的状态。

除了以上这些共同特征之外，人工蚁具有真实蚂蚁所不具备的行为特征，主要有以下五个方面：

（1）人工蚁生活在离散的世界中，它们的移动实质上使由一个离散状态到另一个离散状态的跃迁。

（2）人工蚁拥有一个内部的状态，这个私有的状态记忆了蚂蚁过去的行为。

（3）人工蚁释放一定量的信息素，它是蚂蚁所建立的问题解决方案优劣程度的函数。

（4）人工蚁释放信息素的时间可以视情况而定，而真实蚂蚁是在移动的同时释放信息素。人工蚁可以在建立一个可行的方案之后再进行信息素的更新。

（5）为了提高系统的总体性能，蚂蚁被赋予了很多其他的本领，如前瞻性、局部优化、原路返回等，这些本领是在真实蚂蚁中找不到的。

总的来说，在人工蚁群算法中，以下四个部分对蚂蚁的搜索行为起了决定性的作用：

（1）局部搜索策略。根据所定义的领域概念（视具体问题而定），经过有限步的移动，每只蚂蚁都建立了一个问题的解决方案。应用随机的局部搜索策略选择移动方向。

（2）蚂蚁的内部状态。蚂蚁的内部状态存储了关于蚂蚁过去的信息。内部状态可以携带有用的信息用于计算所生成方案的价值。而且，它为控制解决方案的可行性奠定了基础。

（3）信息素轨迹。局部的、公共的信息既包含了一些具体问题的启发信息，又包含了所有蚂蚁从搜索过程的初始阶段就开始积累的知识。这些知识通过编码以信息素轨迹的形式来表达，蚂蚁逐步建立了时间全局性的激素信息。这些共享的、局部的、长期的信息，可以影响蚂蚁的决策。

（4）蚂蚁决策表。蚂蚁决策表是由信息素函数与启发信息函数共同决定的，也就是说，蚂蚁决策表是一种概率表，蚂蚁使用这个表来指导其搜索朝着搜索空间中最有吸引力的区域移动。

7.1.2　蚁群算法的原理

这里引用Dorigo所举的例子来说明蚁群发现最短路径的原理和机制，如图7-2所示。假设D和H之间、B和H之间以及B和D之间（通过C）的距离为1，C位于D和B的中央（见图7-2（a））。现在我们考虑在等间隔等离散世界时间点（t=0,1,2⋯）的蚁群系统情况。假设每单位时间有30只蚂蚁从A到B，另30只蚂蚁从E到D，其行走速度都为1（一个单位时间所走距离为1），在行走时，一只蚂蚁可在时刻t留下浓度为1的信息素。为简单起见，设信息素在时间区间 $(t+1, t+2)$ 的中点 $(t+1.5)$ 时刻瞬时完全挥发。在 t=0 时刻无任何信息素，但分别有 30 只蚂蚁在 B、30 只蚂蚁在 D 等待出发。它们选择走哪一条路径是完全随机的，因此在两个结点上蚁群可各自一分为二，走两个方向。但在 t=1 时刻，从 A 到 B 的 30 只蚂蚁在通向 H 的路径上（见图 7-2（b））发现一条浓度为 15 的信息素，这是由 15 只从 B 走向 H 的先行蚂蚁留下来的；而在通向 C 的路径上它们可以发现一条浓度为 30 的信息素路径，这是由 15 只走向 BC 路径的蚂蚁所留下的气息与 15 只从 D 经 C 到达 B 留下的气息之和（见图 7-2（c））。这时，选择路径的概率就有了偏差，向 C 走的蚂蚁数将是向 H 走的蚂蚁数的 2 倍。对于从 E 到 D 来的蚂蚁也是如此。

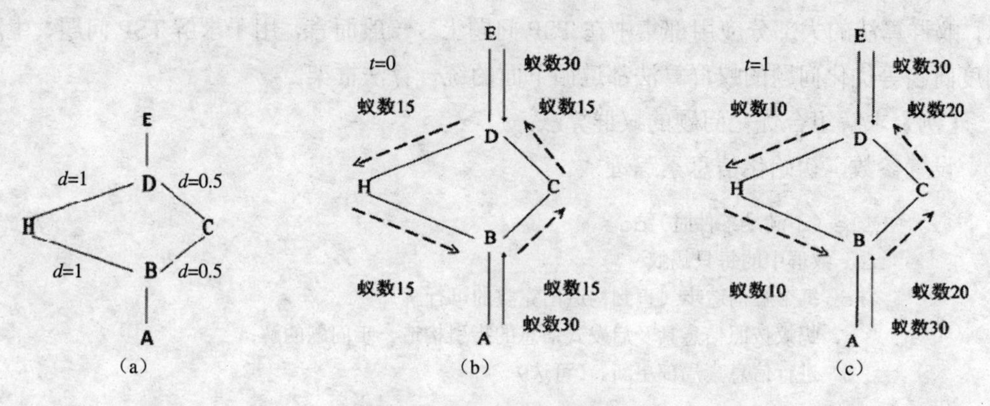

图 7-2　蚁群路径搜索实例

这个过程一直会持续到所有的蚂蚁最终都选择了最短的路径为止。

这样，我们就可以理解蚁群算法的基本思想：如果在给定点，一只蚂蚁要在不同的路径中选择，那么，那些被先行蚂蚁大量选择的路径（也就是信息素留存较浓的路径）被选中的概率就更大，较多的信息素意味着较短的路径，也就意味着较好的问题回答。

7.1.3　蚁群算法描述

蚁群算法可以看做一种基于解空间参数化概率分布模型（parameterized probabilistic model）的搜索算法框架（model-based search algorithms）。在蚁群算法中，解空间参数化概率分布，模型的参数就是信息素，因而这种参数化概率分布模型就是信息素模型。在基于模型的搜索算法框架中，可行解通过在一个解空间参数化概率分布模型上的搜索产生，此模型的参数用以前产生的解来更新，使得在新模型上的搜索能够集中在高质量的解搜索空间内。这种方法的有效性建立在高质量的解总是包含好的解构成元素的假设前提下。通过学习这种解构成元素对解的质量的影响有助于找到一种机制，并通过解构成元素的最佳组合来构造出高质量的解。一般来说，一个记忆模型的搜索算法通常使用以下两步迭代来解决优化问题：

（1）可行解通过在解空间参数化概率分布模型上的搜索产生。

（2）用搜索产生的解来更新参数化概率模型，即更新解空间参数化概率分布的参数，使得在新模型上的参数搜索能够集中在高质量的解搜索空间内。

在蚁群算法中，基于信息素的解空间参数化概率模型（信息素模型）以解构造图的形式给出。在解构造图上，定义了一种作为随机搜索机制的人工蚁群，蚂蚁通过一种分布在解构造图上被称为信息素的局部信息的指引，在解构造图上移动，从而逐步地构造出问题的可行解。信息素与解构造图上的结点或弧相关联，作为解空间参数化概率分布模型的参数。

由于旅行商问题（traveling salesman problem，TSP）可以直接地映射为解构造图（城市为结点，城市间的路径为弧，信息素分布在弧上），加之TSP问题也是个NP难题，所以，蚁群算法的大部分应用都集中在TSP问题上。一般而言，用于求解TSP问题、生产调度问题等优化问题的蚁群算法都遵循下面的统一算法框架。

【例】求解组合优化问题的蚁群算法：

设置参数，初始化信息素踪迹

```
While（不满足条件时）do
  for 蚁群中的每只蚂蚁
   for 每个解构造步（直到构造出完整的可行解）
    a. 蚂蚁按照信息素及启发式信息的指引构造一步问题的解；
    b. 进行信息素局部更新。（可选）
   end
  end
  a. 以某些已获得的解为起点进行邻域（局部）搜索；（可选）
  b. 根据某些已获得的解的质量进行全局信息素更新。
end
```

在上【例】中，蚂蚁逐步地构造问题的可行解，在一步解的构造过程中，蚂蚁以概率方式选择信息素强且启发式因子高的弧到达下一个结点，直到不能继续移动为止。此时，蚂蚁所走过的路径对应求解问题的一个可行解。局部信息素更新针对蚂蚁当前走过的一步路径上的信息素进行，全局信息素更新是在所有蚂蚁找到可行解之后，根据发现解的质量或当前算法找到的最好解对路径上的信息素进行更新。

7.1.4 蚁群算法的特点

从蚁群算法的原理不难看出，蚁群的觅食行为实际上是一种分布式的协同优化机制。单只蚂蚁虽然能够找到从蚁穴到食物源的一条路径，但是找到最短路径的可能性极小，只有当多只蚂蚁组成蚁群时，其集体行为才凸现出蚂蚁的智能——发现最短路径的能力。在寻找最短路径的过程中，蚁群使用了一种间接的通信方式，即通过向所经过的路径上释放一定的信息素，其他蚂蚁通过感知这种物质的强弱来选择下一步要走的路。换句话说，信息素在蚁群的协作和通信中起到一种间接媒介的作用。研究社会型生物种群的学者称这种媒介为协同机制（stigmergy）。该通信机制可以非常容易地扩展到人工多主体模型（artificial mu1ti-agent model，AMM）。即首先用状态变量来表示问题的状态，然后让人工主体只访问局部状态变量信息，如蚂蚁通过感知前面蚁群留下的信息素来完成觅食工作。因此，人工蚂蚁可以通过更新问题的状态变量来模拟真实蚂蚁更新信息素的行为。觅食行为中另一个重要的机制是自催化机制，也就是正反馈机制，这种正反馈机制将指引蚁群找到高质量的问题解，使用自催化机制时，要努力避免早熟现象。

除人工蚁的觅食行为外，蚁群算法还有另外两个机制：信息素挥发机制（pheromone trai1 evaporation）和后台行为（daemon actions）。遗忘（forgetting）是一种高级的智能行为，作为遗忘的一种形式，路径上的信息素随着时间不断挥发将驱使人工蚁探索解空间中新的领域从而避免求解过程中过早地收敛于局部最优解。后台行为包括邻域（局部）搜索过程以及问题全局信息的收集。蚁群算法是一种基于种群的构造型自然启发式优化方法，这种构造性（constructive）如果与改进型（improvement）迭代方法相结合，例如邻域搜索，效果会更好。

总的来说，人工蚁群算法的主要特点可以概括为以下几点：

（1）采用分布式控制，不存在中心控制。

（2）每个个体只能感知局部的信息，不能直接使用全局信息。

（3）个体可以改变环境，并通过环境来进行间接通信。

（4）具有自组织性，即群体的复杂行为是通过个体的交互过程中突现出来的智能。

（5）是一类概率型的全局搜索方法，这种非确定性使算法能够有更多的机会求得全局最优解。

（6）其优化过程不依赖于优化问题本身的严格数学性质，比如连续性、可导性以及目标函数和约束函数的精确数学描述。

（7）是一种基于多主体（multiagent）的智能算法，各主体之间通过相互协作来更好地适应环境。

（8）具有潜在的并行性，其搜索过程不是从一点出发，而是同时从多个点同时进行。这种分布式多智能体的协作过程是异步并发进行的，分布并行模式将大大提高整个算法的运行效率和快速反应能力。

7.1.5　蚁群算法在多传感器管理中的应用

传感器管理（控制）就是利用有限的传感器资源，满足对多个目标和扫描空间的需求，以获得各个具体特性的最优值，并以这个最优准则对传感器资源进行合理科学的分配。简而言之，传感器管理核心问题就是建立以最优的方法对传感器资源进行合理分配的准则。

蚁群算法吸收了昆虫王国中蚂蚁的行为特性，通过其内在的搜索机制，在解决离散组合优化问题方面有着良好的性能，它具有较强的搜索能力、较好的适应性和健壮性。这里把蚁群算法引入到多传感器管理，把目标威胁度与未获拦截目标数最少作为目标函数，提出了一个基于蚁群算法的带目标威胁系数和未获拦截目标数最少的新算法。

1．问题描述

假定 m 个基本传感器 $S_1,S_2,\cdots,S_m$ 和 n 个待监视的目标 $O_1,O_2,\cdots,O_n$。考虑到一个目标可能同时被多个传感器监视，就建立了包含基本传感器组合的虚拟传感器。设定在一个给定时间内，一个目标就只有一个“传感器”（基本或虚拟传感器）对它进行观测，这样“传感器”的总数就是 2^m-1 个。每一个“传感器”（基本或虚拟传感器）可看做是一个蚂蚁。传感器 i 对目标 j 分配关系的决策变量 X_{ij} 为

$$X_{ij}=\begin{cases}1 & \text{if } S_i\text{分配给}O_j\\0 & \text{if } S_i\text{不分配给}O_j\end{cases} \tag{7.3}$$

其中，i=1,2,…,m；j=1,2, …,n。

目标威胁大小与目标类型、武器装备、距离、方向、速度等因素相关。这里设 T_j 表示第 j 个目标的威胁值，j=1,2,…,n；C_{ij} 表示传感器 i 对目标 j 配对的监视效用。

首先，对目标威胁值按降序在初始化时排序，保证一旦传感器资源空闲，高威胁度的目标一定会比低威胁度的目标优先分到传感器资源，提高了总效用。多传感器目标分配问题的目标函数为

$$R_{\max}=\sum_{i=1}^{n}\sum_{j=1}^{m}(1-\lambda)^{t-1}C_{ij}T_iX_{ij} \tag{7.4}$$

式中，λ 为效用衰减度，t 为传感器分配给第 j 个目标的次数；T_i 为每个目标的威胁度（j=1,2,…,n）。对目标威胁度排序后，总是高威胁度的目标优先得到传感器，而式（7.4）能提高传感器对低威胁度的目标监视效用，从而使总效用得到提高，减少传感器资源浪费。

式（7.4）对所有目标都分配了传感器后，目标总效用其实没有得到真正的提高，最佳分配方案还应加上未获得拦截的目标数最少作为条件，则未获得拦截的目标数最少的目标函数为

$$Z_{\min}=\sum_{j=1}^{m}U_j \tag{7.5}$$

式中，U_j 为第 j 批目标有没有获得拦截的指示数。如第 j 批目标未获得拦截，则 $U_j=1$，否则 $U_j=0$。即

$$U_j=\begin{cases}0 & \sum_{j=1}^{n}X_{ij}>0\\ 1 & \sum_{j=1}^{m}X_{ij}=0\end{cases} \tag{7.6}$$

这样每一个“传感器”都对应一个目标，所以约束条件为

$$\sum_{i=1}^{2^m-1}X_{ij}\leqslant 1 \tag{7.7}$$

其中，$j=1,2,\cdots,n$。

2．目标分配问题的蚁群算法设计

（1）蚁群系统路径选择规则。对目标威胁度从高到低排序然后分配给传感器，从而提高总效用。目标 i 在 t 时刻对传感器 j 的选择率为

$$P_{ij}^k=\begin{cases}\dfrac{\tau_{ij}^{\alpha}(t)\eta_{ij}^{\beta}(t)}{\sum_{s\in \text{allowed}_i^k}\tau_{is}^{\alpha}(t)\eta_{is}^{\beta}(t)} & \text{j}\in \text{allowed}_i^k\\ 0 & \text{otherwise}\end{cases} \tag{7.8}$$

其中，allowed_i^k 为目标 i 所有能分配的传感器集合；η_{is} 为结点 i 和 s 之间的信息素强度；η_{is} 为蚂蚁搜索时启发式信息值，初始时令 $\eta_{is}=C_{is}$；α 为在选择路径时信息素积累的重要性；β 为启发信息值的相对重要性。式(7.8)说明，蚂蚁在选择路径时尽可能选择信息增益值高及威胁系数高、未获得拦截的目标数最少和信息素浓度大的方向。

蚂蚁完成一个目标结点分配给传感器结点后，将从未分配的目标结点中随机选取下一个结点，按照式（7.8）实现新的目标结点分配给传感器结点。

（2）信息素更新。按照目标函数式（7.4）与式（7.5）之商选取全局最优解和全局最差解。则信息素更新规则为

$$\tau_{ij}(t+n)=(1-\rho)\tau_{ij}(t)+\rho\Delta\tau_{ij}(t+n) \tag{7.9}$$

其中，ρ 为信息度的衰减度，$\Delta\tau$ 为信息素的增量，表达式如下：

$$\Delta\tau_{ij}(t+n)=\begin{cases}QR_{\max}/Z_{\min} & if\ (i,j)\in \text{best path}\\ -QR_{\max}/Z_{\min} & if\ (i,j)\in \text{worst path}\end{cases} \tag{7.10}$$

其中，Q 为比例系数，使 $\Delta\tau_{ij}(t+n)$ 和信息素处于同一个数量级，太大容易早熟，太小则收敛时间太长。

（3）算法步骤。

① 初始化，设置参数初始值，及对目标按威胁度的降序进行排序。

② While（迭代次数大于最大迭代次数）。

③ m 只蚂蚁随机地放在 n 个不同的目标结点上。

```
For 对所有的蚂蚁 k=1,2,…,m
 For 对 n 个目标
  蚂蚁 k 根据式（7.8）进行选择；
  从剩余目标结点中按照信息素及启发信息选择下一结点；
 End
```

根据式（7.9）进行全局信息素更新。

④ 输出结果。

在传统蚁群算法的基础上，研究人员又提出一些改进的算法，如 MMAS 最大最小蚁群算法、具有变异特性的蚁群算法、自适应蚁群算法等。但是蚁群算法的研究才刚刚起步，不像其他启发式算法那样已有系统的分析方法和坚实的数学基础，因此参数的选择依靠实验和经验，且计算时间长，这些内容都有待进一步研究。随着研究的深入，蚁群算法也将同其他模拟进化算法一样，获得越来越多的应用。

7.2 免疫克隆算法

免疫克隆算法是模拟自然免疫系统功能的一种新的智能方法，提供噪声忍耐、无监督学习、自组织、记忆等进化学机理，其研究成果涉及智能控制、数据处理、优化学习及故障诊断等许多领域，已经成为继神经网络、模糊逻辑和进化计算后人工智能的又一研究热点。

7.2.1 算法原理基础

淋巴细胞系是具有特异免疫识别功能的细胞系，人和哺乳类动物的淋巴细胞系是由形态相似、功能各异的不均一细胞群所组成的。按其个体产生、表面分子和功能的不同，可将淋巴细胞系分为 T 细胞和 B 细胞两个亚群。

B 细胞和 T 细胞表面都存在大量的抗原识别受体，这些受体通过对于特定的抗原决定基的高度特异性来识别抗原。T 细胞表面的抗原识别受体称为 T 细胞受体，B 细胞表面的抗原识别受体称为 B 细胞识别受体，简称抗体。T 细胞受体与 B 细胞受体的不同之处在于，B 细胞抗体与完整的抗原分子表面上的抗原决定基相互作用，当 B 细胞的抗体能够完全或者部分识别抗原表面的抗原决定基的时候，B 细胞就通过克隆扩增，进入到高频变异和受体编辑阶段，实现对抗原决定基的高度特异识别。T 细胞只与细胞表面分子进行相互作用。T 细胞分泌能够杀死或者促进其他细胞（如 B 细胞）生长的化学物质，在免疫调节中起重要的作用。通过识别细胞表面的异常分子，T 细胞必须判断是采取直接溶解该细胞，还是寻求与其他细胞进行合作来清除该细胞。

Bumet 于 1959 年提出克隆选择学说，克隆选择原理的基本思想是只有那些能够识别抗原的细胞才进行扩增，这些细胞被免疫系统选择并保留下来，而那些不能识别抗原的细胞则不被选择，也不进行扩增。免疫系统产生大量 B 细胞而增加抗体的数量，这个过程称为克隆扩增。

克隆选择描述了对一个抗原应答的基本特征。该学说认为，免疫细胞是随机形成的多样性细胞的克隆，每一克隆细胞表达同一特异性的受体，当受到抗原刺激时，细胞表面受体特异识别并结合抗原，导致细胞进行克隆扩增，产生大量后代细胞，合成大量相同特异性抗体，也就是超变异。克隆选择与达尔文变异和自然选择过程类似，应用于免疫系统内的细胞群体：克隆竞争结合病原体，亲和力最高的抗体是最适应的，因此复制的数量也最多。

T 细胞和 B 细胞都能够进行克隆选择。B 细胞表达的 B 细胞受体（BCR）可直接识别并特异结合抗原分子而活化，在 B 细胞生长因子的作用下细胞进行克隆扩增，即由表达一种 BCR 的一个 B 细胞分裂产生很多后代 B 细胞，它们均表达同一种 BCR。当 B 细胞克隆扩增时，它经历一个自我复制超变异的随机过程，免疫系统此时产生抗体指令从体内清除感染的抗原，并为抵制下次某个时候类似的抗原感染做好准备。T 细胞需要双信号才能充分活化。T 细胞活化后，在 T 细胞生长因子的提供下克隆扩增。

克隆选择过程体现出三个特性：① 克隆选择；② 抗体记忆；③ 识别。免疫系统分子的大量多样性是其识别能力的关键，克隆选择是形成这个能力的基础。Perelson 和 Oster 用一个概率模型定义了指令系统完整性的准确条件，并表明如果指令系统中的 10^7 个受体是随机创造的，则指令系统是完整的。但是，抗体并不是完全随机创造的，一个包括许多基因片段组合关系的精确遗传机制决定这些抗体的结构，这样在 B 细胞上能表达 10^{10} 个不同抗体，以及在 T 细胞上有超过 10^6 个不同受体。人类中的淋巴细胞群体在任何时候都能表达 10^7 个不同抗体。所以，当遇到一个外部细胞或分子时，某个淋巴细胞上的抗体有极高的概率与其结合。如果是一个 B 细胞，这种情况导致淋巴细胞被激活，在此基础上分裂增生，成长为一个克隆细胞，分泌抗体对抗原应答。如果是 T 细胞，则分泌多种不同因子。

与自然选择类似的是：最适应的克隆是那些识别抗原的克隆。这些克隆抗体存活下来并成长，而不识别抗原的克隆抗体死亡并被其他克隆抗体取代，实现克隆选择。克隆选择要有效率，淋巴细胞上的抗体多样性要足以识别任何抗原。免疫学家认为：“如果存在至少一个能识别任何抗原的抗体，则抗体指令系统就是完整的”。免疫系统在成长的克隆过程中是自适应的，呈现一种抗体异编码基因的极高频率变异机制，该机制导致与抗原具有极高匹配亲和力的抗体产生。亲和力变异是达尔文变异和选择进化论思想的过程。克隆选择理论认为：“免疫系统记忆是通过扩展一个特异抗原克隆大小来提供的，随机变异能增强亲和力。此外，对身体细胞发生反应的淋巴细胞在发展时期会被克隆删除”。

通过克隆选择，识别抗原的克隆细胞保留下来扩增，而不识别抗原的细胞死亡。这样，在指令系统中出现偏差，表明对抗原环境的学习。免疫系统需要多样性，它们需要表达指令系统中的偏差来表示抗原。

7.2.2 免疫克隆算法算子

与遗传算法等其他智能优化算法类似，克隆算法的进化寻优过程也要依靠算子来实现。本节要介绍的克隆算法算子包括：克隆选择算子、重组变异算子、克隆删除算子、抗体补充算子。

首先定义初始抗体群Ab，规模为N，每个抗体的编码长度为L，可定义所有抗体组成的形态空间为S，那么$\mathrm{Ab}\in S^{N\times L}$。编码方式可选择二进制编码、序号编码、字符编码。

1. 克隆选择算子

首先将抗体群Ab中的抗体按照亲和力由大至小按降序排列，得到：$\mathrm{Ab}=\{\mathrm{Ab}_1,\mathrm{Ab}_2,\cdots,\mathrm{Ab}_N\}$其中$\mathrm{aff}(\mathrm{Ab}_i)>\mathrm{aff}(\mathrm{Ab}_{i+1})$，$i$=1,2,⋯,$N$−1其中aff()为亲和力函数，$\mathrm{aff}(\mathrm{Ab}_i)$为Ab中第$i$个抗体对于抗原的亲和力。

根据实际问题的含义，抗体抗原之间亲和力可以是函数值、销售收入、利润等。为了能够直接将亲和力函数与群体中的个体优劣度量相联系，在免疫克隆算法中亲和力要求为非负，而且越大越好。而对于给定的优化问题optimize（g（x））（其$x\in[u,v]$），目标函数g（x）有正有负，因此有必要通过变换将目标函数g（x）转换为亲和力函数，保证亲和力函数值为非负，且目标函数的优化方向对应亲和力增大的方向。

对于最小化问题，建立如下亲和力函数$\mathrm{aff}(x)$和目标函数g（x）的映射关系：

$$\mathrm{aff}(x)=\begin{cases}C_{\max}-g(x) & \text{若}g(x)<C_{\max}\\ 0 & \text{其他}\end{cases}\tag{7.11}$$

其中，$C_{\max}$为$g(x)$的最大值估计。

对于最大化问题，一般采用下述方法：

$$\mathrm{aff}(x)=\begin{cases}g(x)-C_{\min} & \text{若}g(x)>C_{\min}\\ 0 & \text{其他}\end{cases}\tag{7.12}$$

其中，$C_{\min}$为$g(x)$的最小值估计。

在免疫克隆算法当中，抗原对应优化的目标函数或亲和力函数，而抗体则对应目标函数或亲和力函数的一个可行解。

本书采用克隆选择算子为

$$N_c=\sum_{i=1}^{n}\mathrm{round}(\frac{\beta\times N}{i})\tag{7.13}$$

其中，N_c为克隆后的抗体群规模，β为克隆系数，用来控制克隆的规模；round为取整函数。因为抗体群 Ab 中的抗体已经按照亲和力由大至小按降序排列，那么由式（7.13）可知，第 i 个抗体将会克隆出 $\text{round}(\frac{\beta \times N}{i})$ 个相同的抗体，也就是说亲和力越高的抗体，克隆的规模也就越大，使得算法在很大程度上使高亲和力抗体中的的优秀基因得以更好地保存和发展。记抗体群 Ab 克隆后产生的抗体群为 Ab_c（其中 $\text{Ab}_c \in s^{N_c \times L}$）。

2．重组变异算子

由于抗体在亲和力成熟的过程中，是以受体编辑和体细胞高频变异为主要方式，因此本文定义了抗体重组算子和变异算子，来实现人工免疫算法的亲和力成熟过程。抗体重组算子又包括抗体交换算子、抗体逆转算子和抗体移位算子。通过抗体重组算子、变异算子以及后面将要介绍的抗体克隆删除算子的多重作用，将会使算法能够在已有的优秀抗体的基础上，通过亲和力成熟过程以较高的概率找到更优秀的抗体。

定义 7.1　抗体交换算子（change operator）是指抗体按照一定的交换概率 P_c，随机选取抗体中的两个或多个点，并交换这些点上的基因形成新的抗体，图 7-3 所示为抗体交换算子的示意图（图中为两点交换）。

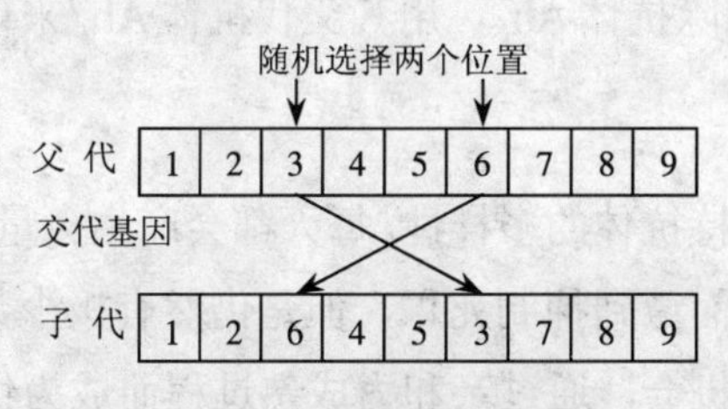

图 7-3　抗体交换算子

定义 7.2　抗体逆转算子（inverse operator）是指抗体按照一定的逆转概率 P_i 随机选取抗体中的两个点，将这两点之间的基因段首尾倒转过来形成新的抗体。图 7-4 所示为抗体逆转算子的示意图。

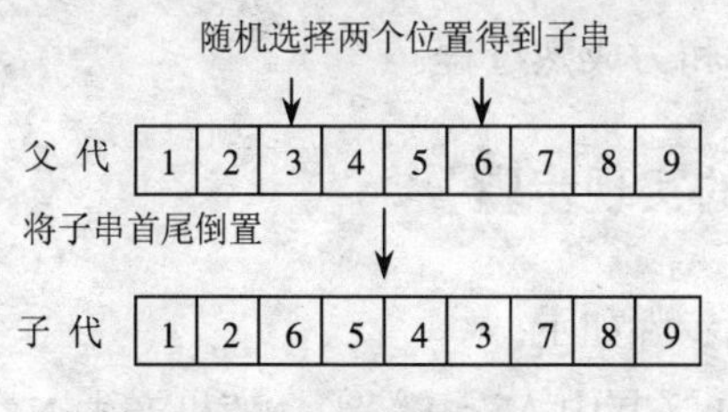

图 7-4　抗体逆转算子

定义 7.3　抗体移位算子（shift operator）是指抗体按照一定的移位概率 P_s，随机选取抗体中的两个点，将两点之间基因段中的基因循环向左移位，使该基因段中的末位基因移到段的首位形成新的抗体，图 7-5 所示为抗体循环移位算子的示意图。

定义 7.4　抗体变异算子（mutation operator）是指抗体按照一定的突变概率 P_m，随机选取抗体中的一个或多个点，并由随机生成的一个或多个基因来取代，形成新的抗体。图 7-6 所示为抗体变异算子的示意图（图中为单点变异）。

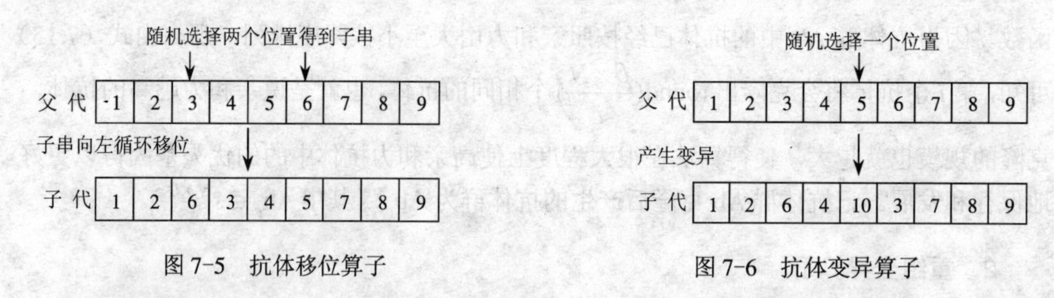

图 7-5 抗体移位算子　　　　图 7-6 抗体变异算子

3. 克隆删除算子

某些抗体在经过高频体变异和受体编辑后，可能会出现退化现象，与抗原的亲和力反而降低，则免疫系统会将这些低亲和力的抗体进行删除。为了模拟这个过程，这里引入了克隆删除算子，防止算法运行中，抗体出现退化，减缓收敛速度，降低收敛的全局可靠性。

定义 7.5 抗体克隆删除算子（clonal deletion operator）是指抗体 Ab_i 经过重组或者突变之后得到的抗体 Ab_i'，如果 Ab_i' 的亲和力低于重组或突变前的父代抗体 Ab_i 的亲和力，即 $aff(Ab_i') < aff(Ab_i)$，则删除抗体 Ab_i'，用其父代抗体 Ab_i 来代替。

4. 抗体补充算子

生物免疫系统中为了保持抗体的多样性，每天都会产生大量的新抗体进入免疫系统，其中绝大多数因为亲和力低而遭到抑制死亡，但是仍然有极少数的抗体具有较高的亲和力，获得了进行克隆扩增的机会，通过亲和力成熟过程而成为优秀的抗体。

定义 7.6 抗体补充算子（supplement operator）是指每一次对抗体群 Ab 进行克隆选择扩增之前，从一个随机产生的规模为 N_r 的候选抗体群 Ab_r 中选择 N_s（其中 $N_s \ll N_r$，且一般 $5\% < \frac{N_s}{N} < 20\%$）个亲和力较高的抗体 Ab_s 来取代 Ab' 中亲和力最低的 N_s 个抗体进入克隆选择扩增以及亲和力成熟过程。

7.2.3 免疫克隆算法的实现步骤

免疫克隆算法的实现步骤如下：

（1）初始化抗体群 Ab（其中 $Ab \in S^{N \times L}$），随机产生 N 个抗体。

（2）对 Ab 中的抗体按照亲和力由大至小按降序排列，再将这 N 个抗体按照式(7.13)进行克隆，得到规模为 N_c 的抗体群 Ab_c（其中 $Ab_c \in S^{N_c \times L}$）。

（3）对 Ab_c 中的抗体按照基因重组概率进行基因重组后，进行克隆删除操作，得到规模为 N_c 的抗体群 Ab_e（其中 $Ab_e \in S^{N_c \times L}$）。

（4）对 Ab_e 中的抗体按照突变概率进行突变操作后，进行克隆删除操作，得到规模为 N_c 的抗体群 Ab_m（其中 $Ab_m \in S^{N_c \times L}$）。

（5）合并抗体群 Ab 和 Ab_m，选出亲和力最高的 N 个抗体组成抗体群 Ab'（其中 $Ab' \in S^{N_c \times L}$）。

（6）随机产生规模为 N_r 的抗体群 Ab_r（其中 $Ab_r \in S^{N_c \times L}$），选出亲和力最高的 N_g 个抗体组成抗体群 Ab_s（其中 $Ab_s \in S^{N_c \times L}$）。

（7）用 Ab_s 代替 Ab' 中亲和力最低的 N_s 个抗体，形成规模为 N 的抗体群 Ab。

（8）判断是否满足终止条件，不满足则转至步骤（4）继续执行，满足则结束计算。

7.2.4　免疫克隆算法在传感器网络路由的应用

无线传感器网络（wireless sensor networks，WSN）由于其灵活性，可以广泛应用于军事侦察、环境检测和工业生产等领域；然而 WSN 中结点的能量、通信和计算能力较为有限，网络设计需考虑容错性、可扩展性、可靠性和节能性等需求。如何节省网络能耗、延长网络生命周期成为 WSN 中研究的重点。

数据融合技术可有效消除冗余信息，减少数据传输量，提高数据收集的准确性和效率。针对数据融合的特点，学者提出了移动代理（mobile agent，MA）的概念。目前，已提出许多有效的移动代理数据融合路由算法，但有时为了保证数据的完整收集，要求访问网络内所有结点，而采用遗传算法计算 MA 路由时，由于遗传算法自身寻优能力的限制，计算迭代时间比较长，并且遗传算法容易陷入局部最优，最佳路径的选择得不到保证，此时算法的路由消耗与系统延时相对还比较大。免疫算法是在遗传算法基础之上发展起来的一种全局优化算法，大多遗传算法能够解决的问题，免疫算法都能够有效解决且效率要比遗传算法好。基于移动代理的无线传感器网络模型提出：

基于移动代理的无线传感器网络由三个主要部分组成：汇聚结点（sink）、传感器结点（node）和通信网络。传感器结点散布在观察区域内采集与观察对象相关的数据，并将协同处理后的数据传送到 sink。其中，sink 有相对较强的处理、存储和通信能力，并能进行全局优化。sink 可以通过 Internet 或通信卫星实现传感器网络与任务管理结点之间的通信，

MA 本质上是一个程序实体，拥有一定的智能和判断能力。它可以在自己的控制下，按照一定的规程在网络结点间迁移，完成特定的任务。MA 由 sink 结点产生并根据当前的网络状态，决策 MA 的最优路由。MA 从 sink 出发，沿着事先设计的路由访问每一个结点，收集、融合感兴趣的数据，并将之带回 sink。用一个无向全连通图 $G=(V,E)$ 来代表无线传感器网络，顶点 $v \in V$ 代表网络中的一个传感器结点，边 $e=(u,v) \in E$ 代表顶点 u 和 v 所对应的传感器结点能够直接通信。这里做如下定义：

定义 7.7　设任意结点 $v \in V$ 的权重为传输数据量 $w(v)$，边 $e=(u,v)$ 的权重为 $w(e)=w(u)$，

其中，u 为起点，v 为终点。

定义 7.8　设 $c(e)$ 为单位传输能量，边 e 的数据传输能量为

$$t(e)=c(e)\tilde{w}(e) \tag{7.14}$$

定义 7.9　设 $q(e)$ 为单位融合能量，$w(u)$为数据融合前的权重，$\tilde{w}(v)$为数据融合后的权重，边 e 不进行数据融合的能量为

$$f(e)=q(e)(w(u)+\tilde{w}(v))\sigma_{uv} \tag{7.15}$$

数据融合率 σ_{uv} 是数据融合路由协议的关键因素之一，由此点 v 数据融合后的权重为

$$w(v)=(w(u)+\tilde{w}(v))(1-\sigma_{uv}) \tag{7.16}$$

综合式（7.14）、式（7.15）得结点 v 的融合方程为

$$w(v)=(w(u)+\tilde{w}(v))(1-\sigma_{uv})(1-\sigma_{uv}x_{uv}) \tag{7.17}$$

计算移动代理路由的目的就是找到一条 MA 访问所有结点完成数据融合和收集且消耗总能量最小的路径，即在以传感器结点为顶点的无向全连通图 G 中找到一个可行的最优子图 $G^*=(V,E^*)\subseteq G$。

最优子图 G^* 应该满足：

$$G^*=\arg\min\sum_{e\in E_f^*}(f(e)+t(G^*))+\sum_{e\in E_n^*}t(e)) \tag{7.18}$$

其中：

$$E_f^*=\{e\,|\,e\in E^*,x_e=1\quad E_n^*=\{e\,|\,e\in E^*,x_e=0\}$$

免疫算子由接种疫苗和免疫选择两部分构成，其中疫苗指的是依据人们对待解问题所具备的或多或少的先验知识，从中提取出的一种基本的特征信息。疫苗的正确选择对算法的运行效率具有十分重要的意义，是免疫操作得以有效地发挥作用的基础与保障。但是疫苗的优劣，生成抗体的好坏并不涉及算法的收敛性，因为免疫算法的收敛性归根结底是由免疫选择来保证的。在计算移动代理路由问题的中止条件是由设定的进化代数决定的，所以其过程一定是收敛的。为了加快算法的收敛速度并有效地解决进化过程中可能出现的退化现象，在免疫选择的过程中采用了保优操作。该算法的运行流程如图 7-7 所示。

免疫克隆算法的优点：

（1）免疫克隆算法本质上强调应用先验知识改善算法性能，提高运行速度。

（2）免疫克隆算法将全局搜索和局部搜索结合起来，有效地避免了陷入局部极小值的问题，提高了收敛速度。

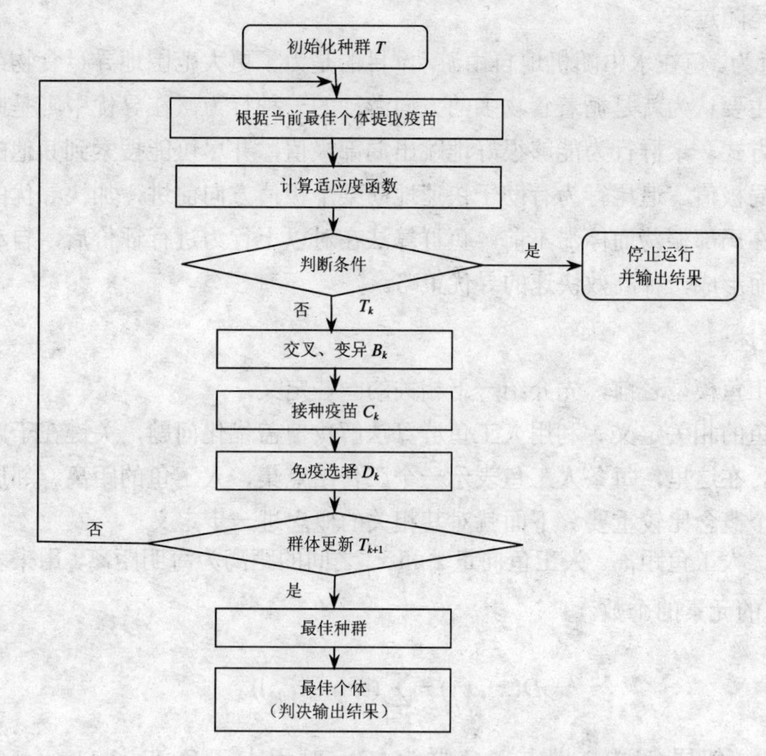

图 7-7　应用于传感器网络路由的免疫算法流程图

7.3　鱼群算法

鱼群算法（artificial fish swarm algorithm，AFSA）是李晓磊等人于 2002 年在对动物群体智能行为研究的基础上提出的一种新型仿生优化算法，该算法根据“水域中鱼生存数目最多的地方一般就是本水域中富含营养物质最多的地方”这一特点来模仿鱼群的觅食行为而实现寻优。它主要利用鱼的三大基本行为：觅食、聚群和追尾行为，采用自上而下的寻优模式从构造个体的底层行为开始，通过鱼群中每个个体的局部寻优，达到全局最优值在群体中突现出来的目的。它具有较强的健壮性、优良的分布式计算机制、易于和其他方法结合等优点。

7.3.1　算法原理基础

1. 鱼类行为

（1）觅食行为。这是鱼趋向食物的一种活动，一般认为它是通过视觉或味觉来感知水中的食物量或食物浓度来选择行动方向的。

（2）聚群行为。大量或少量的鱼聚集成群，进行集体觅食和躲避敌害，这是它们在进化过程中形成的一种生存方式。

（3）追尾行为。当某一条鱼或几条鱼发现食物时，它们附近的鱼会尾随而来，导致更远处的鱼也尾随过来。

(4) 随机行为。鱼在水中随机地自由游动，目的是为了更大范围地寻觅食物或同伴。

觅食行为主要认为就是循着食物多的方向游动的一种行为，在寻优中则是向较优方向进行的迭代方式。聚群行为能够很好地跳出局部极值，并尽可能搜索到其他的极值，最终搜索到全局极值。追尾行为有助于快速地向某个极值方向前进，加快寻优的速度，并防止人工鱼在局部振荡而停滞不前。鱼群算法在对以上行为进行评价后，自动选择合适的行为，从而形成一种高效快速的寻优策略。

2．行为表述

在构建人工鱼模型之前，先介绍一下相关的一些定义：

（1）人工鱼的相关定义。利用人工鱼群算法解决覆盖优化问题，关键在于人工鱼个体模型的构造。在这里，每条人工鱼表示一个工作结点集，人工鱼的距离、邻居鱼群和中心位置这几个概念比较重要。下面就对其相关的概念进一步定义。

定义 7.10　人工鱼距离。人工鱼向量 $\boldsymbol{x}_i$ 和 $\boldsymbol{x}_j$ 之间的距离为海明距离，用来表示属于 $\boldsymbol{x}_i$ 但不属于 $\boldsymbol{x}_j$ 的元素的个数。

$$D(\boldsymbol{x}_i,\boldsymbol{x}_j)=\sum_{k=1}^{N}(|a_{ik}-a_{jk}|) \tag{7.19}$$

定义 7.11　邻居鱼群。设人工鱼群为 G，对于人工鱼 XNeighbor(x, visual) = $\{x' \mid D(x, x') < \text{visual}, x' \in G\}$ 称为人工鱼 X 的邻居鱼群。x' 称为人工鱼 X 的一个邻居。

定义 7.12　鱼群中心。设人工鱼 x_i 的邻居为 $x_{i1}, x_{i2}, \cdots, x_{in}$，即 x_i 的邻居鱼群矩阵为

$$(\boldsymbol{x}_i,\boldsymbol{x}_{i1},\cdots,\boldsymbol{x}_{in})^{\mathrm{T}}=\begin{bmatrix} a_{i1} & a_{i2} & \cdots & a_{iN} \\ a_{(i1)1} & a_{(i1)2} & \cdots & a_{(i1)N} \\ \vdots & \vdots & \ddots & \vdots \\ a_{(in)1} & a_{(in)2} & \cdots & a_{(in)N} \end{bmatrix} \tag{7.20}$$

人工鱼 x_i 的鱼群中心为

$$\text{center}(x_i)=\text{most}(a_{j1},a_{j2},\cdots,a_{jN}) \quad j=i,i_1,\ldots i_n \tag{7.21}$$

其中，most 操作符表示求取鱼群矩阵在每列出现次数较多的分量值。

定义 7.13　近似鱼群中心。在排除 X_i 的邻居鱼群中具有最小食物浓度鱼的鱼群矩阵上，再进行 most 操作得到的鱼群中心称为 X_i 的近似鱼群中心。

（2）人工鱼的行为：

① 觅食行为。它是鱼在随机游动过程中循着食物浓度高的方向游动的一种行为，随机游动行为是鱼类为了更大范围地寻觅邻居和食物而进行的一种全向尝试行为，随机行为有助于算法跳出局部极值。人工鱼在状态 $\boldsymbol{x}_i$ 下，在其视野距离内随机探索一个位置 $\boldsymbol{x}_j$（将 $\boldsymbol{x}_i$ 向量随机 visual 位分量取反）。如果 $\boldsymbol{x}_i$ 的食物浓度比 $\boldsymbol{x}_j$ 大，则人工鱼 $\boldsymbol{x}_j$ 向 $\boldsymbol{x}_j$ 前进

一步，即 $\boldsymbol{x}_i = \boldsymbol{x}_j$；否则，人工鱼继续在其视野距离内重新寻找可以前进的位置，如此反复尝试几次后，如果仍没有找到更优的位置，则随机移动一步。

② 聚群行为。它是每条人工鱼在游动过程中尽量向邻居鱼群的中心移动并避免过分拥挤。人工鱼先搜索其视野内的邻居，计算其数目 n_f，求其邻居中心 x_{jc}（如果对其邻居中心 most 操作得到某些维次的分量为 0 或 1 的次数相同，求其近似邻居中心），若邻居中心位置 x_{ic} 食物浓度较大且不太拥挤，即满足 $F(\boldsymbol{x}_{ic}) > F(\boldsymbol{x}_i)$ 和 $\dfrac{nf}{NF} < \delta$，则朝邻居中心方向前进一步。

③ 追尾行为。它是鱼追捉其视野内具有最大食物浓度的人工鱼 $\boldsymbol{x}_{i\max}$ 的行为，如果其周围不太拥挤，向该人工鱼的方向前进一步。

7.3.2　鱼群算法描述

基于以上描述的人工鱼行为，每条人工鱼根据自身当前的目标函数变化情况和它的伙伴目标函数的变化情况，依照行为选择机制，选择一种较优的行为移动，最终，多数人工鱼会集结在几个局部极值的周围。一般情况下，在讨论求极小问题时，拥有较小适应度函数值的人工鱼一般处于值较小的极值区域周围，这有助于获取全局极值域，而值较小的极值区域周围一般会集结较多的人工鱼，这有助于判断并获取全局极值。

Step1　确定种群规模 N，在变量可行域内随机生成 N 个个体，设定人工鱼的可视域、步长、拥挤因子、尝试次数。

Step2　计算初始鱼群各个体适应值，取最优人工鱼状态及其赋值给公告板。

Step3　个体通过觅食、群聚、追尾行为更新自己，生成新鱼群。

Step4　评价所有个体，若某个体优于公告板，则将公告板更新为该个体。

Step5　当公告板上最优解达到满意误差界内，算法结束，否则转 Step3。

首先在算法各参数满足条件的情况下，随机的生成初始种群；然后经过行为的选择与执行，对每条人工鱼进行优化；算法的终止条件一般是规定迭代次数或判断连续多次所得值的均方差小于预期的误差，也可以根据实际情况来设定。

7.3.3　鱼群算法分析

1. 收敛分析

觅食行为是向着食物多的方向游动的一种行为，在寻优算法中则是向较优方向前进的迭代方式，这一特点为人工鱼群算法奠定了收敛的基础。

聚群行为主要遵循两个规则：① 尽量向临近伙伴的中心移动；② 避免过分拥挤。这样就在保持算法的稳定收敛的同时也增加了收敛的全局性。

追尾行为表现为鱼向临近的较活跃者追逐，在寻优算法中可以理解为是向附近的最优伙伴前进的过程，这就增强了算法收敛的快速性和全局性，其行为评价也对算法收敛的速度和稳定性提供了保障。

人工鱼群算法的最大优点是对各参数的取值范围不是很敏感以及对算法的初值限定很少。在算法中，使人工鱼逃逸局部极值实现全局寻优的因素主要有以下几点：

（1）在觅食行为中试探次数较少，就会为人工鱼提供较多随机游动的机会，从而能跳出局部极值的邻域。

（2）在前往局部极值的途中，随机步长的采用有可能使人工鱼转而游向全局极值。当然，也有可能会在游往全局极值的途中，转而游向局部极值。一个个体的优劣对全局的影响相对较小，对于一个群体而言，出现好的一面的几率会变得更大。

（3）拥挤度因子的引入限制了聚群的规模，在较优的地方不会聚集超过一定数量的人工鱼，这样可以避免算法陷入局部极值，从而增加了算法找到最优值的几率。

（4）聚群行为能够使得少数陷于局部极值的人工鱼向多数趋向全局极值的人工鱼方向聚集，从而离开局部极值域。

（5）追尾行为在加快了人工鱼向更优状态的人工鱼游动的同时，也使得陷于局部极值的人工鱼向更优的人工鱼方向追随从而逃离局部极值域。

2．人工鱼群算法的特点

人工鱼群算法具有以下一些优点：

（1）算法具有全局寻优能力及很强的跳出局部最优的能力。

（2）对由外界状况或其他情况造成的极值点的漂移，算法具有快速的跟踪变化能力。

（3）算法获取的是系统的满意解域，具备并行处理能力，寻优速度较快。

（4）只需比较目标函数值，对目标函数的性质要求不高。

人工鱼群算法的缺点：

（1）算法目前还缺乏具有普遍意义的理论分析，数学基础相对薄弱。

（2）算法具有保持探索与开发平衡的能力较差和算法运行后期搜索的盲目性较大。

7.3.4　人工鱼群算法在无线传感网络覆盖中的应用

覆盖是无线传感器网络中的一个重要问题，它反映了网络所能提供的感知服务质量。优化无线传感器网络覆盖对于合理分配网络资源、更好地完成环境感知、信息获取等任务都具有重要的意义。在这里利用无线传感器静态网络的冗余性，利用鱼群算法并行寻优、收敛快速的特性，描述一种基于鱼群算法的覆盖优化策略。

1．覆盖数学模型

（1）问题描述。假定监测区域为二维平面，在该区域随机投放了 N 个网络结点。网络中结点密度足够大，有冗余。为简化起见，假设：

① 传感器网络为高密度静态网络，即结点部署后不再移动。

② 各结点感知采用布尔感知模型，物理结构都是同构的。

③ 每个结点具有工作和休眠两种状态。网络仅含一个中心处理结点，具有较强的计算能力，可用于切换无线传感器网络结点状态。

④ 所有无线传感器结点位置已知。

结点调度的任务就是从大量的传感器结点中选出一组最优的结点，保持网络连通，并获得尽可能大的覆盖率，有文献已经证明了当保持结点间通信半径两倍于感知半径时，在充分覆盖的前提下，总能保证网络连通性。所以，这里要探索的问题可以阐述如下：存在传感器结点集合 $s=\{s_i \ \ i=1,2,\cdots,N\}$，求一个子集工作结点集 C，在最大化网络覆盖要求的同时尽量最小化工作结点的个数。

（2）覆盖性能指标。设无线传感网络中所有的传感器结点集合为 $s=\{s_i \ \ i=1,2,\cdots,N\}$，每个传感器结点的覆盖模型可表示为以结点坐标为圆心，R_s 为半径的圆，即每个结点均可表示为 $s_i=(x_i,y_i,R_s)$。设监测区域被数字离散化分成 $m\times n$ 个像素，每个像素的面积为一个单位，设其中任意一个像素点 $p(x,y)$，则目标像素点与传感器结点 s_i 的距离为

$$d(s_i,p)=\sqrt{(x-x_{\mathrm{i}})^2+(y-y_i)^2} \tag{7.22}$$

定义像素点 $(x,\ y)$ 被传感器结点 s_i 覆盖的事件为 $r_i, i=1,2,\cdots,N$，该事件发生的概率为 $p(r_i)$。结点采用布尔传感覆盖模型，则该概率是二值函数，即

$$p(r_i)=p(x,y,s_t)=\begin{cases} 1 & d(s_i p)\leqslant R_S \\ 0 & \text{otherwise} \end{cases} \tag{7.23}$$

对于像素点 $(x,\ y)$，结点集 C 中只要有一个结点覆盖了该像素点，就认为该像素点被覆盖。记像素点 $(x,\ y)$ 被选取的工作结点集 C 覆盖的概率为 $p(x,y,c)$，则

$$p(x,y,c)=p\left(\bigcup_{i=1}^{n} r_i\right)=1-\prod_{i=1}^{n}(1-p(x,y,s_i)) \tag{7.24}$$

传感器工作结点集 C 所覆盖的像素面积之和就是该工作集所有工作结点覆盖像素点的并集，记为 $\mathrm{area}(C)$，则

$$\mathrm{area}(C)=\int_0^m\int_0^n p(x,y,c)\mathrm{d}x\mathrm{d}y \tag{7.25}$$

定义一个布尔控制向量 $\boldsymbol{x}=(a_1,a_2,\cdots,a_N)$，该控制向量描述了传感网络结点的状态。其中：$a_i=1$ 表示第 i 个传感结点处于工作状态，$a_i=0$ 表示第 i 个传感结点处于休眠状态。记传感网络覆盖率 $f_1(x)$，结点利用率 $f_2(x)$。得到传感网络覆盖率和结点利用率为

$$f_1(x)=\mathrm{area}(c)/(m\times n) \tag{7.26}$$

$$f_2(x)=\sum_{i=1}^{N} a_i/n \tag{7.27}$$

对于无线传感网络的覆盖优化问题，一方面是要使网络覆盖率极大化，另一方面是要使结点利用率极小化。因此，无线传感网络的覆盖控制是一个多目标组合优化问题，可以通过加权形成目标的线性组合，将原始的多个子目标优化函数转换成单目标优化函数。总目标优化函数定义为

$$f(x)=w_1 f_1(x)+w_2(1-f_2(x)) \tag{7.28}$$

其中，$0 < w_1 < 1, w_1 + w_2 = 1$，$w_1$、$w_2$ 为子目标函数对应的权值，它们的值取决于设计者对于该网络指标的综合要求。

2．基于鱼群算法的网络覆盖优化策略

无线传感器网络的工作集结点备选解可用一条人工鱼来表示。定义人工鱼向量为工作结点集 $x_i = (a_{i1}, a_{i2}, \cdots, a_{iN})$。其中，$a_{ik}$ 表示人工鱼 x_i 第 k 维的分量，只能为 0 或 1。$F(x_i)$ 为人工鱼 x_i 的食物浓度。将传感器网络的覆盖优化问题抽象成若干条人工鱼并行探索最大食物浓度的过程。设定人工鱼步长为 step，在其视野 visual 内游动，$1 \leqslant \text{step} \leqslant \text{visual}$。用 $\delta(0 < \delta < 1)$ 表示拥挤度因子，因子值越大，表示越拥挤。NF 表示人工鱼群总数。

应用于无线传感网络覆盖的 AFSA 算法流程：

人工鱼群算法求解无线传感网络结点工作集的基本流程如图 7-8 所示。

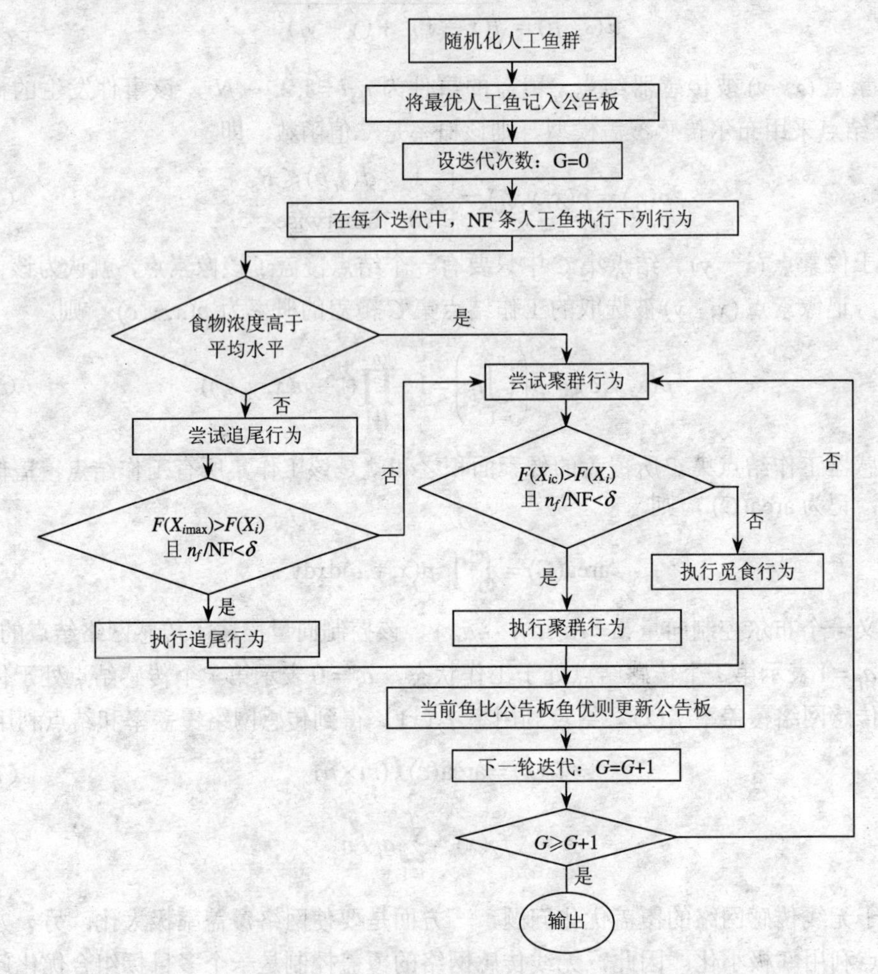

图 7-8　鱼群算法求解无线传感网络结点工作集的基本流程图

根据流程图 7-8，覆盖优化策略详细设计如下：

① 产生初始化群体。设置初始迭代次数 $G = 0$，在控制变量可行域内随机生成 NF

条人工鱼个体，形成初始鱼群。

② 公告板赋初值。计算初始鱼群各人工鱼个体当前状态的食物浓度，比较大小，取最大食物浓度进入公告板，将此人工鱼也登记公告板。

③ 行为选择。人工鱼个体的行为由该人工鱼的食物浓度决定。计算每条人工鱼的自身食物浓度及鱼群平均食物浓度，若人工鱼低于平均水平时，则该人工鱼采取追尾策略，以获取食物；若高于平均水平，则该人工鱼采取聚群策略。因为此时鱼不饿，以聚群方式躲避敌害为主；若执行聚群和追尾行为不成功，才执行觅食行为。

④ 公告板。各人工鱼每行动一次后，检验自身的食物浓度与公告板的食物浓度，如果优于公告板，则以自身取代之。

⑤ 终止条件判断。判断 G 是否已达到预置的最大迭代次数 G_{max} 或判断最优解是否达到了满意的误差界内，若不满足，则 $G=G+1$，转到③执行，进行下一步鱼群优化过程；否则，转到⑥执行。

⑥ 算法终止，输出最优解（即公告板中人工鱼向量和函数值）。

7.4　粒子群优化算法

粒子群优化算法具有算法结构简单、参数少及收敛速度快的特点，提出后很快在不同的领域得到了广泛的应用，并且取得了很好的效果。本节将对粒子群优化算法的基本理论进行介绍。

7.4.1　粒子群优化算法基础分析

粒子群优化（particle swarm optimization，PSO）最初是由 Kennedy 和 Eberhar 于 1995 年受人工生命研究结果启发，在模拟鸟群觅食过程中的迁徙和群集行为时提出的一种基于群体智能的进化计算技术。鸟群中的每只鸟在初始状态下是处于随机位置向各个随机方向飞行的，但是随着时间的推移，这些初始处于随机状态的鸟通过自组织（self-organization）逐步聚集成一个个小的群落，并且以相同速度朝着相同方向飞行，然后几个小的群落又聚集成大的群落，大的群落可能又分散为一个个小的群落。这些行为和现实中的鸟类飞行的特性是一致的。可以看出鸟群的同步飞行这个整体的行为只是建立在每只鸟对周围的局部感知上面，而且并不存在一个集中的控制者。也就是说，整个群体组织起来但却没有一个组织者，群体之间相互协调却没有一个协调者。Kennedy 和 Eberhart 从诸如鸟类这样的群居性动物的觅食行为中得到启示，发现鸟类在觅食等搜寻活动中，通过群体成员之间分享关于食物位置的信息，可以大大地加快找到食物的速度，也即是通过合作可以加快发现目标的速度，通常群体搜寻所获得利益要大于群体成员之间争夺资源而产生的损失。

这些简单的经验事实如果加以提炼，可以用如下规则来说明：当整个群体在搜寻某个目标时，对于其中的某个个体，它往往是参照群体中目前处于最优位置的个体和自身曾经达到的最优位置来调整下一步的搜寻。Kennedy 和 Eberhart 把这个模拟群体相互作用的模型经过修改并设计成了一种解决优化问题的通用方法，称之为粒子群优化算法。

PSO 算法不像遗传算法那样对个体进行选择、交叉和变异操作，而是将群体中的每个个体视为多维搜索空间中一个没有质量和体积的粒子（点），这些粒子在搜索空间中以一定的速度飞行，并根据粒子本身的飞行经验以及同伴的飞行经验对自己的飞行速度进行动态调整，即每个粒子通过统计迭代过程中自身的最优值和群体的最优值来不断地修正自己的前进方向和速度大小，从而形成群体寻优的正反馈机制。PSO 算法就是这样依据每个粒子对环境的适应度将个体逐步移到较优的区域，并最终搜索、寻找到问题的最优解。

7.4.2 算法原理

起初 Kennedy 和 Eberhart 只是设想模拟鸟群觅食的过程，但后来发现 PSO 算法是一种很好的优化工具。PSO 算法和其他进化算法类似，也采用“群体”和“进化”的概念，通过个体间的协作与竞争，实现复杂空间中最优解的搜索。PSO 不像其他进化算法那样对于个体使用进化算子，而是将每个个体看做是在 n 维搜索空间中的一个没有体积和重量的粒子，每个粒子将在解空间中运动，并由一个速度决定其方向和距离。通常粒子将追随当前的最优粒子而动，并经逐代搜索最后得到最优解。在每一代中，粒子将跟踪两个极值，一为粒子本身迄今找到的最优解 pbest，另一为全种群迄今找到的最优解 gbest。

假设在 D 维搜索空间中，有 m 个粒子组成一群体，第 i 个粒子在 D 维空间中的位置表示为 $x_i=(x_{i1},x_{i2},x_{i3},\cdots,x_{iD})$，第 i 个粒子经历过的最好位置（有最好适应度）记为 $p_i=(p_{i1},p_{i2},p_{i3},\cdots,p_{iD})$，每个粒子的飞行速度为 $V_i=(v_{i1},v_{i2},v_{i3},\ldots,v_{iD})$，$i$=1,2,⋯,$m$。在整个群体中，所有粒子经历过的最好位置为 $p_g=(p_{g1},p_{g2},p_{g3},\ldots,p_{gD})$。

$$p_i(t+1)=\begin{cases}p_i(t) & \text{if } f(x_i(t+1)\geqslant f(p_i(t)) \\ x_i(t+1) & \text{if } f(x_i(t+1)<f(p_i(t))\end{cases} \tag{7.29}$$

$$Pg(t)\in\{p_1,p_2,\cdots p_s\}=\min\{f(p_1(t),f(p_2(t),\cdots,f(p_s(t))\} \tag{7.30}$$

其中，s 为群体的大小。

每一代粒子根据下面公式更新自己的速度和位置：

$$v_{id}(t+1)=wv_{id}(t)+c_1r_1(p_{id}(t)-x_{id}(t))+c_2r_2(p_{gd}(t)-x_{id}(t)) \tag{7.31}$$

$$x_{id}(t+1)=x_{id}(t)+v_{id}(t+1) \tag{7.32}$$

其中，w 为惯性权重；c_1 和 c_2 为学习因子；r_1 和 r_1 是[0,1]之间的随机数。

式（7.31）由三部分组成：

第一部分是粒子先前的速度，它是由 Shi 和 Eberhart 最先提出的。它表示对先前速度的一个记忆。惯性权重 w 控制着先前速度带来的影响。

第二部分是认知部分（cognition modal），是从当前点指向此粒子自身最好点的一个矢量，表示粒子的动作来源于自身经验的部分。

第三部分为社会部分（social modal），是一个从当前点指向种群最好点的一个矢量，反映了粒子间的协同合作和知识的共享。

三个部分共同决定了粒子的空间搜索能力。第一部分起到了平衡全局和局部搜索的能力。第二部分使粒子有了足够强的全局搜索能力，避免局部极小。第三部分体现了粒子间的信息共享。在这三部分的共同作用下粒子才能有效地到达最好位置。

更新过程中，粒子每一维的位置、速度都被限制在允许的范围之内。如果当前对粒子的加速导致它在某维的速度 vi 超过该维的最大速度 vdmax，则该维的速度被限制为该维最大速度上限 vdmax。一般来说，vdmax 的选择不应超过的粒子宽度范围，如果 vdmax 太大，粒子可能飞过最优解的位置；如果太小，可能降低粒子的全局收索能力。

7.4.3　粒子群算法参数

PSO 算法最大的优点就是算法简单，收敛速度快，算法中没有太多需要调节的参数，所以粒子群算法成为目前群体智能算法研究中的最热点。下面介绍分析算法中相关参数的作用和设置，加强对算法的理解。

1. 惯性权重参数

惯性权重 w 是用来控制粒子以前速度对当前速度的影响，它将直接影响粒子的全局和局部搜索能力。惯性权重取值较大时，全局寻优能力强，局部寻优能力弱。反之，则局部寻优能力增强，而全局寻优能力减弱。

$$w = w_{\max} - \frac{t(w_{\max} - w_{\min})}{t_{\max}} \tag{7.33}$$

其中，$w_{\max}$ 和 $w_{\min}$ 分别是初始和终止惯性权重，t 是当前迭代次数，$t_{\max}$ 是最大迭代次数。

若惯性因子参数太大，粒子群可能错过最优解，导致算法不收敛，或者不能收敛到最优解。大多数收敛的情况下，由于所有粒子都向最优解的方向飞去，趋向同一化，使得算法在后期收敛速度明显变慢，粒子群优化算法在收敛到一定精度时，无法继续优化。

大量的实验发现 w 的值在[0.2, 0.9]之间平均来说算法会有比较好的性能，并且 w 的值线性的从 1.4 减少到 0 要比用固定的好。这是因为算法以一个较大的惯性权重开始可以找到比较好的范围，后来用较小的惯性权重可以获得较好的局部搜索能力。另外，有研究惯性权重和最大速度对 PSO 算法性能的影响，发现最大速度 v_{max} 较小时权重近似为 1 是个好的选择。当最大速度比较大时权重为 0.8 是个比较好的选择。当最大速度和搜索空间的宽度相等时，权重取 0.8 是一个好的起始点。一般来讲，对惯性权重 w 的设置可以是从 0.9 线性减小到 0.2。

2. 学习因子

学习因子 c_1、c_2 用来控制粒子自身的记忆和同伴的记忆之间的相对影响，也就是粒子飞向个体极值 pbest 和全局极值 gbest 的加速权重。较低的 c_1、c_2 值允许粒子在被拉回之前可以在目标区域外徘徊，而较高的值则导致粒子突然地冲向或越过目标域。

（1）当 $c_1 = c_2 = 0$ 时，粒子将一直以先前的速度飞行，直至问题空间的边界，因此只能搜索有限的区域，很难找到问题的最优解。

（2）当 $c_1 = 0$ 且 $c_2 \neq 0$ 时，粒子没有“认知”能力，亦即“只有社会”的模型。在这种情况下，由于粒子间的相互作用，算法有能力到达新的搜索空间，且收敛速度更快，但是对复杂问题，比标准算法更容易陷入局部最优。

（3）当 $c_1 \neq 0$ 且 $c_2 = 0$ 时，粒子间没有社会信息共享，亦即“只有认知”。这时由于个体之间没有交互作用，一个规模为 N 的群体等价于 N 个粒子的单独运动，因而得到解的几率非常小。

研究发现，在算法的初期应该具有较大的全局搜索能力，故此 $c_2 \geqslant c_1$，而当算法后期应该具有较强的局部搜索能力，故 $c_2 < c_1$，实际这些研究也仅仅局限于部分问题的应用，无法推广到所有问题。

3. 最大速度

一般来说，最大速度 v_{max} 的选择不应该超过粒子的搜索空间的宽度。如果 v_{max} 太大，粒子可能飞过最优解的位置，如果太小，粒子不能在局部和区间之外进行足够的探索，可能降低粒子的全局搜索能力。

研究发现，只要在合理的范围内，最大速度对算法性能的影响不明显。但是，对于多峰函数而言，v_{max} 不能过小，否则会影响粒子的全局搜索能力，一旦算法陷入局部极值则无法跳出。

4. 群体规模

有研究发现当种群规模小于 50 时，它对算法的性能影响十分显著，而当种群规模大于 50 时，它对算法的影响减小。从计算复杂度分析，种群粒子数多时，将需要计算更多的评价函数，从而增加算法的计算时间，但同时也增加算法的可靠性。所以，在选取粒子规模大小时，应综合考虑算法可靠性和计算时间。对通常问题 50 个粒子已足够，对于较复杂问题可根据具体问题选取粒子规模多于 50 的粒子数。

7.4.4 粒子群优化算法流程

每个粒子的优劣程度根据已定义好的适应度函数来评价，这和被解决的问题相关。下面为 PSO 算法的流程：

Step1　初始化粒子群，包括群体规模，每个粒子的位置和速度。

Step2　计算每个粒子的适应度值。

Step3　对每个粒子，计算粒子的个体最佳位置。

Step4　对每个粒子，计算粒子群体的最佳位置。

Step5　更新每个粒子的速度和位置。

Step6　如果满足结束条件（误差足够好或到达最大循环次数）退出，否则回到 Step2。

7.4.5 粒子群优化算法在无线传感器网络定位中的应用

定位技术是无线传感器网络的主要支撑技术之一。获取传感器结点的位置信息是传感器网络应用的一种重要部分，在传感器网络执行监测活动时，事件发生的位置和观测结点的位置信息往往是传感器结点采集数据中不可缺少的部分，没有位置信息，网络所获得的数据将毫无意义。

无线传感器网络定位可分为基于测距的定位和无需测距的定位算法，其主要区别在于是否需要距离信息。基于测距的定位算法中结点使用测距技术获得距离信息，定位精度较高但是需要额外的设备，其中常用的测距技术有接收信号强度 RSSI，信号到达时间 TOA，信号到达时间差 TDOA 和信号到达角度 AOA 等；而无须测距的定位算法仅依靠相邻结点间的连通关系进行定位，无须基础网络设施的支持，定位精度较低。

由于传统的结点定位算法采用最小二乘法求解非线性方程组很容易受到测距误差的影响。为了提高结点的定位精度，将粒子群优化算法引入到无线传感器网络定位中，通过迭代算法寻求最优解，有效抑制了测距误差的累积对定位精度的影响，而且该算法需要的锚结点个数相对较少，一定程度地降低了网络费用。

下面对传感器网络的粒子群优化定位算法进行介绍。

（1）适应度函数计算。适应度函数用来评价各个粒子在种群中达到或接近于最优解的优劣程度，从中选出每个粒子的个体极值和种群的全局极值。假设二维空间中有 M 个锚结点，N 个未知结点。已知 M 个锚结点的坐标 $A_l(x_i, y_i)$，i=1,2,…,M，未知结点到锚结点的距离 d_i，i=1,2,…,M，则未知结点坐标 (x, y) 满足公式（7.34）：

$$\begin{cases} \sqrt{(x-x_1)^2+(y-y_1)^2}=d_1 \\ \sqrt{(x-x_2)^2+(y-y_2)^2}=d_2 \\ \vdots \\ \sqrt{(x-x_M)^2+(y-y_M)^2}=d_M \end{cases} \tag{7.34}$$

由于存在测距误差、环境因素等影响，测量距离总存在一定误差使上述公式不能全部成立。假设 1,2,⋯if $i=M$ 为未知结点到锚结点之间的测距误差值，则 if 满足：

$$f_{\mathrm{i}}=\sqrt{(x-x_i)^2+(y-y_i)^2-d_i} \tag{7.35}$$

无线传感器网络定位中，测距误差值 f_i 越小，定位结果越精确。因此适应度函数定义为

$$\mathrm{fitness}_k=\sum_{i=1}^{M}\sqrt{(x-x_i)^2+(y-y_i)^2-d_i} \tag{7.36}$$

（2）粒子保活性。粒子群优化算法的寻优能力主要依赖粒子之间的相互作用和相互影响，而粒子自身没有变异能力。这表明当单个粒子陷入局部极值时可以通过 SSS 借助其他粒子来逃逸局部极值点；但当大部分粒子均被相同的局部极值所限制时，整个算法就会进展缓慢，甚至出现停滞现象。为了保持粒子的活性，首先，判断粒子是否失活（失活指在迭代过程中连续一定代数粒子的适应值都没有优于历史最优的适应值)，若粒子失活，则对失活粒子进行变异，即要么使粒子以较小的变异概率在其迭代过程中获得的维空间内重新初始化；要么使粒子在其当前位置进行扰动，并将变异或扰动的结果无条件地接受为当前粒子的历史最优。以此来增强全局搜索能力，克服粒子群陷入局部解的缺点，同时又可以加快收敛速度、提高搜索精度。

(3)传感器网络的粒子群优化定位算法。传感器网络的粒子群优化定位算法流程如下：

① 初始化所有粒子，群体规模为 S。在部署区域内随机初始粒子的位置和速度，计算每个粒子的适应度值，选择适应度值最小的粒子位置初始化为全局极值，其他粒子的适应值初始化为粒子的个体极值，然后转向步骤⑥。

② 根据式（7.36）计算每个粒子的适应度值。

③ 对每个粒子，将其当前的适应度值与其历史最优位置所对应的适应度值进行比较，如果当前粒子的适应度值小于历史最优位置所对应的适应度值，则用粒子当前位置更新粒子最优位置，否则判断粒子是否失活（即粒子在一定迭代次数内都没有取得好于粒子最优位置的适应度值），若失活则粒子进行变异，保持粒子活性，否则执行步骤④；

④ 对每个粒子，将其当前最优位置对应的适应度值与群体历史最优位置对应的适应度值进行比较，如果当前粒子的适应度值小于群体历史最优位置所对应的适应度值，则将粒子当前位置作为群体最优位置。

⑤ 检查终止条件（达到最大迭代次数或者适应度值在测距误差范围内）。若终止条

件满足，转向步骤⑦，否则转向步骤⑥。

⑥ 根据式（7.31）和式（7.32）更新粒子的速度和位置，转向步骤②。

⑦ 输出全局极值对应的粒子位置，退出循环。

由于粒子群算法出色的性能，目前已广泛应用于函数优化、神经网络优化、模糊系统控制等众多领域，已成为智能计算的热点技术之一。

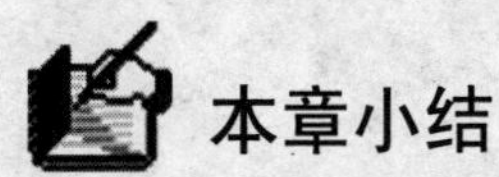

本章小结

本章介绍了其他四种计算智能法：蚁群算法、免疫克隆算法、鱼群算法和粒子群优化算法。分别介绍了它们的基础、原理、具体实现步骤，并举例分析了它们在物联网领域的具体应用。

本章习题

了解此章各类群算法的基础、原理分析以及实现步骤，并收集查询相关资料了解这几种算法在其他领域中的相关应用。

第8章 粗糙集合

学习重点

粗糙集合理论是建立在分类机制的基础之上的，它是信息科学最为活跃的研究领域之一，经常被拿来和神经网络、遗传算法等进行融合。学生通过本章的学习，首先了解粗糙集的基本概念，进而对连续属性离散化方法进行学习，掌握静态和动态决策系统分类算法。

当前，智能信息处理已成为众多学科领域研究的重点，在对于高层次智能行为的研究中，大多数研究集中于知识表示和符号推理。由于知识的表示随着计算机技术的高速发展被赋予新的意义，知识将与大量观察和实验数据的处理、归纳、分类相联系。因而如何对不完整数据进行分析、推理，发现数据间的关系，提取有用特征，简化信息处理，研究不精确、不确定知识的表达、学习、归纳方法等已成为智能信息处理中的重要研究课题。

8.1 基本概念

粗糙集（rough set）理论是一种处理不精确、不相容和不完全数据的新的数学工具。目前，它已被广泛应用于人工智能、模式识别、智能信息处理等领域，并取得了令人可喜的成果。RS 理论及其方法是与统计方法处理不确定问题完全不同的，它不是采用概率方法描述数据的不确定性；与这一领域传统的模糊集合论处理不精确数据的方法也不相同。所谓粗糙集合方法是基于一个机构关于一些现实的大量数据信息，以对观察和测量所得数据进行分类的能力为基础，从中发现推理知识和分辨系统的某些特点、过程、对象等。粗集理论不仅为信息科学和认知科学提供了新的科学逻辑和研究方法，而且为智能信息处理提供了有效的处理技术。

8.1.1 RSDA 工具概述

RDSA（rough set data analysis）是在 1982 年由 Z.Pawlak 教授和他的合作者们提出的一种分析数据的有效工具。其理论基石是基于对知识粒度和知识分类能力的理解。RSDA 的应用目前涉及过程控制、经济分析、医疗诊断、生物化学、环境工程、心理学、矛盾分析以及其他领域。目前，RSDA 模型被广泛认为是“非传统人工智能领域”的五把钥匙之一。表 8-1 为软件计算中 RSDA 的位置。

表 8-1 软计算中 RSDA 的位置

类　型	微观，主要是定量	宏观，定性和定量
演绎推理	混沌理论和证据理论	模糊理论
归纳推理	神经网络和遗传算法	RSDA

在目前软计算方法的模型中，除 RSDA 外，其他模型工具的计算均需要辅助假设，而 RSDA 方法无须提供除问题所要处理的数据集合之外的任何先验信息。例如，在证据理论中对属性、数据或知识等局部的信念及计算全局信念的函数，在模糊集合理论中对隶属度与隶属度函数，均需要凭借系统设计者或领域专家的经验事先给定，即这些不确定性的确定带有强烈的主观色彩。而 RSDA 工具则无须这些先验的知识，它的基本考虑是：利用定义在数据集合 U 上的等价关系对 U 的划分作为知识，而对知识不确定程度的测量，则是对被分析数据的处理之后自然获得，这样，RSDA 无须对知识或数据的局部给予主观评价，换句话说，RSDA 工具对不确定性的描述相对客观。

为了描述 RSDA 的数据处理过程，我们假设一个数据模型由以下构成：

（1）行为主体——agent（智能体）。

（2）对智能体选择感兴趣的论域 U。

（3）一个经验系统 ε，由属性和数据构成，并且存在一个映射 $e:U\to\varepsilon$，此过程称为特征抽象（operationalisation）。

（4）一个量化模型 M，及一个映射 $m:\varepsilon\to M$，此过程称为特征表示（representation）。

数据建模过程如图 8-1 所示：

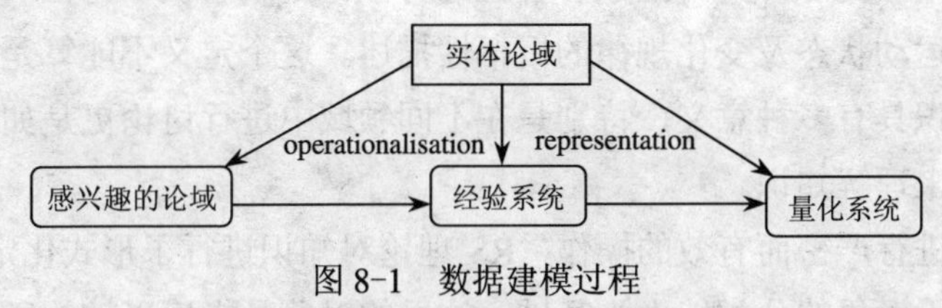

图 8-1　数据建模过程

由图可知，具有目标的行为主体是建模过程的主要对象，建模的主观性主要表现在：智能体根据它们的目标及对客观世界的主观认识选择特征抽象。特征抽象涉及一个领域，存在两个主要问题：首先，由特征抽象得到的经验模型 ε 是否是领域 U 的表示（一致性问题）；其次，特征选择是否覆盖了论域 U 所感兴趣的范围（完备性问题）。RSDA 用于经验模型阶段，其格言是：

LET THE DATA SPEAK FOR THEMSELVES

特征抽象过程为：对象 $\mapsto$ 属性。具体表现为关系型数据表。RSDA 工具的所有分析都是基于这样的数据表，在此表中包含了知识的所有潜在信息。

RSDA 工具进行决策的机理图，如图 8-2 所示。

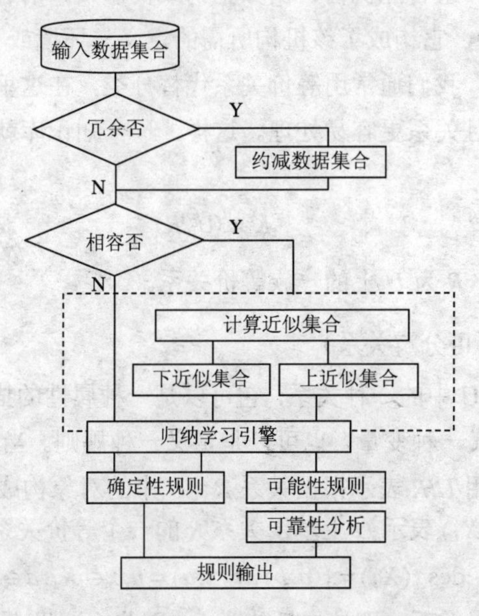

图 8-2　RSDA 工具的决策机理图

8.1.2　RSDA 工具的数学机理

1. 知识的形式化定义

智能研究中的一个重要概念是智能需要知识，要解决比较复杂的问题需要大量的知识以及处理这些知识的机构，以便能针对问题产生答案。然而知识也有一些难以处理的特性，在信息系统中，人们首先碰到的就是对知识的理解和表达。一般认为，知识是人类时间经验的总结和提炼，具有抽象和普遍的特性，是属于认识论范畴的概念。任何知识都是对其事物运动状态及变化规律的概括性描述。这个定义不能算是一个完全、精确的表达，因为知识具有多种意义，特别是在不同领域中进行讨论更是如此。本小节将从认知科学的观点来理解知识。

为了对知识进行严密而有效的操作，RS 理论对知识进行了形式化定义。RS 理论认为知识必须以关于对象的分类能力为基础，这里的对象是指感兴趣的所有东西，称之为论域，如事物、状态、抽象概念和过程等。因此，在 RS 理论中，知识被理解成关于论域的一族划分模式，它们提供了论域的直接事实（explicit facts），以及从直接事实中推理出隐含事实（implicit facts）的推理能力。

设 U 是感兴趣的对象组成的集合，即论域。U 上的一个子集族 $C=\{X_1,X_2,\cdots,X_n\}$，称为 U 的一个划分或分类，如果它满足：

$$X_i \subseteq U, X_i \neq \varnothing, X_i \cap X_j = \varnothing, \text{对} \forall i \neq j, i,j=1\sim n, \text{且} \bigcup_{i=1}^{n} X_i = U$$

这样，一个 U 上的分类族定义为 U 上的知识库，它构成了一个特定论域 U 的分类。知识库表达了一个或一组智能机构（例如生物或机器人）的各种基本分类方式（例如按照颜色、温度等划分），它构成了该机构所需的定义与环境或其本身的关系的基础构件。

为便于数学推导，我们通常用等价关系代替分类，在这里，因为这两个概念是完全可以互相替代的，而且关系更容易处理。这样，一个知识库就可以理解成为一个关系系统：

$$K=(U,R)$$

其中：U 为非空论域；R 为 U 上的一族等价关系。

2. 等价关系（不可分辨关系）

定义 R 代表论域 U 中的一种关系，它可以是一种属性的描述，也可以是一种属性集合的描述；可以是定义一种变量，也可以是定义一种规则。当用 R 描述 U 中对象之间的等价关系时，我们可用 U/R 表示根据关系 R、U 中的对象构成的所有等价类族，(U,R) 称为近似空间。用 $\mathrm{des}(X_i)$ 表示 U 上基于关系 R 的一个等价关系对 X_i 的基本集合的描述。例如，属性集 $A \subset R$，$\mathrm{des}_A(X_i)=\{(a,b): f(x,a)=b, x\in X_i, a\in A\}$，这里，$f(x,a)$ 表示对象 x 在属性 a 中的映射关系，即该属性值为 b。因此，这里表示给定的集合 X_i 可用属性

A 的属性值 V_A 来描述。

对于子集 $X,Y\in U$，若根据等价关系 R，X 和 Y 由属性 R 不可分辨时，我们用 $[X]_R$ 表示，它代表子集 Y 和子集 X 都属于 R 中的一个范畴。等价关系满足自反性、对称性、传递性。即对于任意 $x,y,z\in U$，有下面式子成立：

$$xRx \text{ 自反性}$$

$$xRy \Leftrightarrow yRx \text{ 对称性}$$

$$xRy, yRz \Leftrightarrow xRz \text{ 传递性}$$

若 $P\subset R$，且 $P\neq\varnothing$，则 $\bigcap P$（P 中所有等价关系的交集）也是一种等价关系，称为 P 上的不可分辨关系，且记为 $\mathrm{IND}(P)$：

$$[x]_{\mathrm{IND}(P)}=\bigcap_{p\in P}[x]_p$$

可见，若 R 中的任何基本集合相互不可分辨，例如两个任意对象 $e_1,e_2\in U$，如果它们两者都属于基本的集合 X_i，即 $e_1,e_2\in U$，可以说它们具有相同的描述，即：

$$\mathrm{des}(e_1)=\mathrm{des}(e_2)=\mathrm{des}(X_i)$$

这样一来 $U/\mathrm{IND}(P)$（即等价关系 IND（P）的所有等价类族）定义为与等价关系 P 的族相关的知识，称为 P 基本知识。

为了简便起见，我们将 $U/\mathrm{IND}(P)$ 记为 U/P，IND（P）的等价类称为知识 P 的基本概念或基本范畴。因此，根据属性 P 定义的不可分辨的等价关系类就是 P 基本集合，即 $[X]_P$。特别地，如果 $Q\subset P$，IND（Q）的等价类称为知识 P 的初等范畴，因此，根据属性 Q 定义的不可分辨的等价关系类就是 P 初等集合，它是信息系统的原子。初等范畴就是所有具有特定属性的物体构成的子集，而基本范畴由一些初等范畴的交集构成。

3. 知识的粒度

设 $K=(U,P)$ 和 $K_1=(U,Q)$ 是两个知识库，其中，U 是论域，P，Q 为 U 上的两个等价关系族。如果下式成立：

$$U/\mathrm{IND}(P)\subseteq U/\mathrm{IND}(Q)$$

则称知识 P 比知识 Q 较细（finer），或 Q 比 P 较粗（coarser），记为 $P\prec Q$。如果 P 比 Q 细，则称 P 是 Q 特化（specialization）；或称 Q 是 P 的泛化（generalization）。如果 $U/\mathrm{IND}(P)=U/\mathrm{IND}(Q)$，则称知识 P 与知识 Q 是等价的，记为 $P\subseteq Q$。这里“$\subseteq$”符号与通常集合论中包含关系的含义有所不同，这里“$\subseteq$”符号并不是指：集合 $U/\mathrm{IND}(P)$ 是集合 $U/\mathrm{IND}(Q)$ 的子集合；而是指对任意的 $A\in U/\mathrm{IND}(P)$，总存在 $B\in U/\mathrm{IND}(Q)$，使得 $A\subseteq B$ 成立。

4. 粗糙集合

令 $X\subseteq U$，且 R 为一等价关系，当 X 能用 R 属性集合确切地描述时，我们称 X 是 R 可定义的，否则 X 是 R 不可定义的。R 可定义集是论域的子集，它可在知识库中被精确地定义；而 R 不可定义集不能在这个知识库中被精确地定义。R 可定义集也称做 R 精确集，而 R 不可定义集也称为 R 非精确集或 R 粗集。例如，R 为某一种属性集，用 U 中所有具有该属性的元素的集合来表达 X 时，这些元素有的一定能划分到 X 中，有的不一定能划分到 X 中。

对于粗糙集合，我们根据属性 R 的集合，对于每个 $X \subseteq U$ 的集合研究它们不可分辨等价类的情况。为达到这个目的，我们对粗糙集合可以近似地定义，即使用两个精确集，即粗集的上近似集和下近似集来描述。

假设给定知识库 $K=(U,R)$，对于每个子集 $X \subseteq U$ 和一个等价关系 $R \in \text{IND}(K)$，我们可以根据 R 基本集合的描述来划分集合 X，可考虑两个子集：

$$R_{-}(X)=\bigcup\{Y_i \in U/\text{IND}(R): Y_i \subseteq X\}$$

$$R^{-}(X)=\bigcup\{Y_i \in U/\text{IND}(R): Y_i \cap X \neq \varnothing\}$$

令 $\text{bn}_R(X)=R^{-}(X)-R_{-}(X)$ 称为 X 的 R 边界。

$R_{-}(X)$ 是根据知识 R、U 中所有一定能归入 X 的元素的集合，即所有包含于 X 的 Y_i 的并。$R^{-}(X)$ 是根据知识 R、U 中一定和可能归入 X 的元素的集合，即所有与 X 的交不为零的 Y_i 的并。$\text{bn}_R(X)$ 是根据知识 R、U 中既不能肯定归入 X，也不能肯定归入 $-X$ 的元素的集合。

我们也把 $\text{pos}_R(X)=R_{-}(X)$ 称为 X 的 R 正域，把 $\text{neg}_R(X)=U-R_{-}(X)$ 称为 X 的 R 负域。

正域 $\text{pos}_R(X)$ 或 X 的下近似是那些根据知识 R、U 中能完全确定地归入集合 X 的元素的集合。负域 $\text{neg}_R(X)$ 是那些根据知识 R、U 中不能确定一定属于 X 的元素的集合。边界域是某种意义上论域的不确定域，根据知识 R、U 中属于边界域的对象可能划分为属于 X。由于 X 的上近似是由那些根据知识 R、U 中不能排除它们属于 X 的可能性的对象构成的，从形式上看，上近似就是正域和边界域的并集合。我们可以肯定地划分 U 中的对象为 X 或 $-X$ 两个不相连的子集，其对象的总数等于：

$$\left|U-bn_R(X)\right|=\left|U\right|-\left|R^{-}(X)-R_{-}(X)\right|$$

这里，“||”代表集合中元素的数目，可表达为集合的基数 card()。

5. 知识的简化和核

在工程应用中，我们经常要在保持知识库中初等范畴的情况下消去冗余的属性，进行知识的简化。完成知识简化的基本工作是利用简化和核这两个基本概念来进行的。

令 R 为一等价关系族，且 $r \in R$，如果 $\text{IND}(R)=\text{IND}(R-\{r\})$，称 r 为 R 中可省略的，否则 r 为 R 中不可省略的。当对于任一 $r \in R$，若 R 不可省略，则族 R 为独立的，这意味着属性集中的属性是必不可少的，它独立地构成一组表达系统分类知识的特征。

对于属性子集 $P \subseteq R$，若存在 $Q=P-r$，$Q \subseteq P$，适得 $\text{IND}(Q)=\text{IND}(P)$，且 Q 为最小子集，则 Q 称为 P 的简化，用 $\text{red}(P)$ 表示。一个属性集合 P 可能有多种简化，P 中

所有简化属性集合中都包含了所有不可省略关系的集合，即简化集合的交称为 P 的核，记做 $\mathrm{CORE}(P)$，它是表达知识必不可少的重要的属性集。即 $\mathrm{CORE}(P)=\bigcap\mathrm{red}(P)$。

6．知识的相对简化和相对核

在实际应用中，一个分类相对于另一个分类的关系十分重要，在这里引入知识的相对简化和相对核的概念。

令 P 和 S 为 U 中的等价关系，S 的 P 正域记为 $\mathrm{pos}_P(S)$，即

$$\mathrm{pos}_P(S)=\bigcup_{(X\in U/S)} P_{-}(X)$$

对于 U/P 的分类，U/S 的正域是论域中所有通过分类 U/P 表达的知识能够确定地划入 U/S 类的对象的记集合。

令 P 和 S 为 U 中的等价关系族，当 $\mathrm{pos}_P(S)=\mathrm{pos}_{P-\{r\}}(S)$ 时，称 $r\in P$ 为 P 中 S 可省略的；否则 r 为 P 中 S 不可省略的。当 P 中每一个 r 都为 S 不可省略的，则称 P 为 S 独立的。当 P-r 为 P 的 S 独立子族，且 $\mathrm{pos}_{P-r}(S)=\mathrm{pos}_P(S)$，则族 $P-r\subset P$ 称为 P 的 S 相对简化。它是用属性 P 表达属性 S 必不可少的属性集，如果从分类的观点看，就是用一种分类关系表达另一种分类关系必不可少的关系集合。P 中所有 S 不可省略原始关系族，即相对简化集 $\mathrm{red}_S(P)$ 的集合的交，称为 P 的 S 核，记为 $\mathrm{core}_S(P)$，满足表达式：

$$\mathrm{core}_S(P)=\bigcap\mathrm{red}_S(P)$$

7．范畴的简化、相对简化和核

基本范畴是一种知识，它是根据不可分辨关系定义的等价类，可看做概念的“构成模块”，范畴的简化是知识构成模块的简化。

令 $F=\{X_1,X_2,\cdots,X_n\}$ 为一集合族，$X_i\subseteq U$，如果 $\bigcap(F-\{X_i\})=\bigcap F$，称 X_i 为 F 中可省略的，反之 X_i 为 F 中不可省略的。对于族 $G\subseteq F$，当 G 中所有分量都不可省略时，则 G 为独立的，反之 G 是依赖的。所有不可省略的最小子集都称为是 F 的简化，F 中所有简化集合中都包含的所有不可省略子集，即简化集族的交集为 F 的核，记为 $\mathrm{core}(F)$，并且满足表达式 $\mathrm{core}(F)=\bigcap\mathrm{red}(F)$，其中 $\mathrm{red}(F)$是 F 的所有简化的族。

假定给定 $F=\{X_1,X_2,\cdots,X_n\}$ 为一集合族，$X_i\subseteq U$ 且一子集 $Y\subseteq U$，使得 $\bigcap F=\bigcap X_i\subseteq Y$，且 $\bigcap(F-\{X_i\})\subseteq Y$，称 X_i 为 F 中 Y 可省略的；反之 X_i 为 F 中 Y 不可省略的。对于族 $G\subseteq F$，当 G 中所有分量都 Y 不可省略时，则 G 为 Y 独立的，反之 G 是 Y 依赖的。所有 F 中 Y 不可省略的最小子集是 F 的 Y 简化。F 中所有 Y 不可省略集的族，即相对简化族 $\mathrm{red}_Y(F)$ 的交集称为 F 的 Y 核，记为 $\mathrm{core}_Y(F)$，满足表达式 $\mathrm{core}_Y(F)=\bigcap\mathrm{red}_Y(F)$。

8．知识的依赖性

从一给定的知识导出另一知识，必须研究数据库中函数之间的依赖性关系。当 Q 中

的所有初等范畴可以用 P 中的某些初等范畴定义时，则知识 Q 依赖于 P，记做 $P \Rightarrow Q$。当知识 Q 依赖于知识 P 时，知识 Q 是从知识 P 中可导的。知识依赖性可形式化地定义如下：

令 $K=(U, R)$ 为一知识库，且令 $P,Q \subseteq R$，

（1）当 $\mathrm{IND}(P) \subseteq \mathrm{IND}(Q)$，知识 Q 依赖于知识 P；

（2）当 $P \Rightarrow Q$ 且 $Q \Rightarrow P$，知识 P 和知识 Q 是等价的，记为 $P \cong Q$；

（3）当不存在 $P \Rightarrow Q$ 和 $Q \Rightarrow P$，P，Q 为独立的；

为了度量知识的依赖性，我们可公式化地定义知识的部分可导性：令 $K=(U, R)$ 为知识库，且 $P,Q \subseteq R$，当 $k = r_P(Q) = \mathrm{card}(\mathrm{pos}_P(Q)) / \mathrm{card}(U)$ 时，我们称知识 Q 是 k 度可导的 $(0 \leqslant k \leqslant 1)$，记为 $P \Rightarrow_k Q$。这里 $\mathrm{card}(\mathrm{pos}_P(Q))$ 表示了根据 P、U 中所有一定能归入 Q 的元素的数目。

这样系数 $r_P(Q)$ 可以看做 Q 和 P 之间依赖性的度量，换言之，当我们用集合 $pos_P(Q)$ 约束知识库中的对象集合时，将可得到 $P \Rightarrow Q$ 为完全依赖的知识库。

概括地说，对于我们描述的对象 $X \subset U$，若属性集合 $P,Q \subseteq R$，当 $r_P(X) = r_Q(X)$ 时 $\mathrm{IND}(P) = \mathrm{IND}(Q)$，若 $P \subset Q$，则 Q 依赖于 P，Q 由 P 导出的可导度为 $k = r_P(Q)$。若 $Q = R - A \subset R$，当 $r_{R-A}(X) = r_R(X)$，$\mathrm{IND}(R-A) = \mathrm{IND}(R)$，则 Q 是冗余的；当且仅当 $A=R-Q$ 是 R 中的冗余属性，且 Q 是依赖的时，则 Q 是属性集合 R 的简化。同样，$r_P(X) < r_Q(X)$ 时，$\mathrm{IND}(Q) \subset \mathrm{IND}(P)$，若 $P \subset Q$，则 Q 为独立的，它也构成属性集合 R 的一种简化形式。

8.1.3　知识表达系统

在智能系统中，我们常会碰到要处理的对象可能是用语言方式表达，也可能是用数据表达；可能是精确的数据，也可能是不精确的数据，甚至可能会是一些缺省的信息或者相互矛盾的信息。这些需要通过人们的智能才能处理的数据，我们把它叫做智能数据。

为了处理智能数据，就需要知识的表达。知识表达系统的基本成分是研究对象的集合，关于这些对象的知识是通过指定对象的基本特征和她们的特征值来描述的。一个信息系统 IS 可以这样表达为

$$I = \langle U, R, V_r, f_r \rangle_{r \in R}$$

这里 U 是对象的集合，R 是属性集合，$V = \bigcup_{r \in R} V_r$ 是属性值的集合，V_r 表示了属性任意 $r \in R$ 的属性值范围，$f_r : U \times R \to V$ 是一个信息函数，它指定 U 中每一个对象 x 的属性值。

当 R 中的属性集可进一步分解为条件属性集合 C 和决策属性集合 D，且满足 $C \bigcup D = R, C \bigcap D = \varnothing$ 时，信息系统 IS 称为决策系统 DS，对应的表 8-2 为决策表。

表 8-2　粗糙集决策表

Record number	condition attributes	decision attributes
	$C_1 \cdots C_k$	$d_1 \cdots d_n$
1	$v_{C_1}^1 \cdots v_{C_k}^1$	$v_{d_1}^1 \cdots v_{d_n}^1$
⋮	⋮	⋮
N	$v_{C_1}^N \cdots v_{C_k}^N$	$v_{d_1}^N \cdots v_{d_n}^N$

8.1.4　决策系统

令集合 V_d 表示决策属性 d 的值域，不失一般性，设 $V_d = \{1,2,\cdots,r(d)\}$，则决策属性 d 将论域 U 划分成 $\{Y_1,Y_2,\cdots,Y_{r(d)}\}$，其中：$Y_k = \{x \in U \mid d(x) = k\}, 1 \leqslant k \leqslant r(d)$，$d(x)$ 为决策属性 d 在对象 x 上的值，集合 Y_k 称为决策系统 S 的第 k 个决策概念。

设 $S = (U, A \cup \{d\})$ 为一决策系统，$B \subseteq A$，定义 A 中的 B-决策值归纳函数定义为论域 U 到集合 V_d 的幂集的一个映射，即 $\partial_B : U \to 2^{V_d}$

$$\partial_B(x) = \{v \in V_d \mid \exists x' \in U \ \ s.t \ \ x' \mathrm{IND}(B) x, \text{且} d(x') = v\}$$

如果对任意 $x \in U$，有 $\mathrm{card}(\partial_A(x)) = 1$，则此决策系统称为相容性决策系统，否则称为不相容性决策系统。不相容性意味着决策系统中存在着一些对象，它们条件属性值均相同，却属于不同的决策概念。

8.2　连续属性离散化方法

数据库中的属性可以分为两种类型：一种是连续（定量）属性，它们表示了对象的某种可测性质，其值取自某个连续的区间，例如，温度、长度等。另一种是离散（定性）属性，这种属性是用语言或少量离散值来表示的，例如性别、颜色等。在绝大多数情况下，同一数据库中既包含了连续属性，又包含了离散属性。对于连续属性的处理通常采用的是统计分析的方法，而统计方法是不适用于处理离散属性的。Pawlak.Z 教授提出的粗糙集合（简称 RS 理论）理论为处理离散属性提供了一种良好的工具，但遗憾的是它不能直接处理连续属性。粗集理论方法要将这些描述作为数据库，要从这样的数据库中提取有用信息，从有用信息中发现知识，从知识中推理决策规则，将这些决策规则再应用于系统。因此，在数据库中就存在连续属性离散化问题，因为作为粗集理论方法分析的决策问题是有限维的离散化数据表。连续属性离散化在 KDD 中是一个很重要的问题。很多数据挖掘和机器学习算法要求连续属性数据必须预先离散化之后才行，离散化的任务是把连续属性的取值范围或取值区间划分为若干个数目不多的小区间，其中每个小区间对应着一个离散的符号。离散化成步骤反映了我们看待客观世界的精确程度。例如温度通常是用实数来表示的，它可离散化为两个、三个或很多个区间。时间证明适当的属性离散化随着属性数目的增长而呈指数增长，离散化成步骤并不是 RS 方法特有的步骤。

8.2.1 离散化问题的正规化描述

在决策表的离散化成过程中 $S=(U,A\bigcup\{d\})$，其中 $v_a=[r_a,w_a)$ 是实值区间，对于 $\forall a\in A$ 我们寻找 v_a 的一个离散化成划分 P_a。v_a 的任意划分是有来自 v_a 的所谓割集 $v_1<v_2<\cdots<v_k$ 序列所定义。因此，离散划分族可由一系列割集确定。在离散化成过程中，我们寻找满足某些自然条件的割集序列。

离散化问题的正规描述为：

令 $S=(U,A\bigcup\{d\})$ 是一决策系统，其中 $U=\{x_1,x_2,\cdots,x_n\}$，$A=\{a_1,a_2,\cdots,a_k\}$ 及 $d:U\rightarrow\{1,\cdots,r\}$。我们假定对于 $\forall a\in A$，$v_a=[l_a,r_a)\subset\Re$ 是实值区间，S 是相容决策系统。$\forall a\in A$ 且 $c\in R$，任意有序对 (a,c) 叫做 v_a 的割集。令 P_a 是 v_a 的子区间划分，即：对于某一整数 k_a，$P_a=\{[c_0^a,c_1^a),[c_1^a,c_2^a),\cdots,[c_{k_a}^a,c_{k_{a+1}}^a)\}$，其中 $l_a=c_0^a<c_1^a<c_2^a<\cdots<c_{k_a}^a$ $<c_{k_{a+1}}^a=r_a$ 及 $v_a=[c_0^a,c_1^a)\bigcup[c_1^a,c_2^a)\bigcup\cdots\bigcup[c_{k_a}^a,c_{k_{a+1}}^a)$。因此任意划分 P_a 可由其割集序列唯一地确定。割集序列为

$$\{(a,c_1^a),(a,c_2^a),\cdots,(a,c_{k_a}^a)\}\subset A\times R$$

由决策系统 $A=(U,A\bigcup\{d\})$ 定义的任意割集 $P=\bigcup\limits_{a\in A}P_a$ 可产生一新的决策系统 $S^P=(U,A^P\bigcup\{d\})$ 叫做 S 的 P-离散化，其中 $A^P=\{a^P:a\in A\}$ 及 $a^p(x)=i\Leftrightarrow a(x)\in[c_i^a,c_{i+1}^a]$。

8.2.2 现有连续属性离散化方法综述

由于对连续属性的值进行离散化划分具有不同种方法，现有实验已经证明所有可能划分状态的最优离散化方法是一种 NP-hard 问题。对连续属性离散化的方法目前有三种分类：其一，有监督的离散化和无监督的离散化；其二，全局离散化与局部离散化；其三，静态离散化与动态离散化。

无监督的离散化过程（unsupervised discretization procedures）划分一个连续变量时仅考虑这个属性数据的分布特性，而有监督的离散化过程（supervised discretization procedures）除此之外还需考虑每一个对象的分类信息。常用的无监督的离散化过程包括：1）等宽区间法（equal-width-intervals），它把连续属性取值区间等分为 N 个小区间（N 是用户给定的离散值个数）例如设原始区间为 $[a,b]$，则 N 个等分区间为 $[a,a+(b-a)/N),[a+(b-a)/N),a+2(b-a)/N),\cdots,[b-(b-a)/N,b]$；2）等频区间法（equal-freguency-intervals），它把原始区间划分为 N 个小区间（N 是用户给定的离散值个数）使得每个小区间中所含的数据个数近似相同。即从 $a_{\min}$ 开始，每次取相同数目的属性值样本作为一个区间，若该属性的属性值总数目为 M，离散为 N 个区间，则每一个区

间中的样本数目为 M/N；3）串分析方法，其思路的是把数据划分成不同的组或串，每一个串形成了一个概念等级的结点，一个串中的所有结点处于同一个概念等级。每一个串可再分成不同的子串，形成底层的概念等级，不同的串也可再聚类形成更高层次的概念等级。其目的是使分类后子组内对象的聚合性最大，子组间对象的耦合性最小。有监督的离散化是为了使被离散化属性与分类属性之间的某种关系测度最大化。例如可利用熵测度或信息增益测度。熵测度是用来搜索最佳离散划分点的准则，用熵连同连续属性值区间可以产生搜索模型。其算法的思想是：首先将连续属性区间划分成两个等间隔区间，然后使用两个离散值推导出决策规则，并对规则进行有效性检验如果得出非确定性规则或者系统的一致性水平比预定的低，则这两个区间的某个区间要进行再次等间隔划分，然后重新产生规则及进行规则的有效性检验。重复以上过程直到决策系统达到了给定的一致性检验水平指标阈值；ChiMerge 和 StatDisc 利用类似聚合等级串技术确定哪些数据可以合并为一组；Holte's 1R 方法是使每一个分组包含最多的属于同一分类的对象数目，其约束条件是最少给定的分类组数。无监督的离散化算法运行速度快，而有监督的离散化算法由于考虑了分类标识因而可产生精度较高的离散树。

全局离散化（global discretization method）是指在同一时刻对决策表中全部连续条件属性的属性值进行划分的方法，而局部离散化（local discretization method）则是指在同一时刻仅对一个连续属性的属性值进行划分的方法。则全局离散化在全部连续属性的离散化过程中只能产生一组离散划分值，而局部离散化针对同一个连续属性都可产生不同种划分。对于全局离散方法主要有以下几种策略：归并方法和划分方法。归并策略的思路是，初始把属性的每个取值当做一个离散的属性值，然后逐个反复合并相邻的属性值，直到满足某种停机条件；划分的思路则是：初始把整个属性取值范围作为一个离散属性值，然后对该区间进行反复划分，不停地把一个区间分为两个相邻的区间，每个区间对应一个离散的属性值，直到满足某种停机条件。划分法又分为动态型和静态型。动态划分主要与决策树有关，它是一边生成决策树，一边进行连续值区间的划分；由于属性-值的选择是随着树的生成而动态变化的，因此该离散化成方法属于动态划分法。静态划分方法又称为预处理型，即在训练例子集合之前就把连续属性预先都离散化了，从而在机器学习时可大大提高学习效率。使用有监督离散化方法的系统大部分使用全局离散化，例如，有监督的全局离散化方法包括 D-2，ChiMerge，Holte's 1R，StacDisc；而 C4.5 及 Fayyad and Irani's 的最小熵方法均使用了有监督的局部离散化方法。

静态离散化方法如捆绑法（binning）和基于熵的方法都是针对不同的属性 a_i 可产生不同个数的离散化间隔数 k_i，而动态离散化方法则是在所有属性上尽可产生同一个离散间隔数 k。目前文献记载的离散化方法均属于静态离散化方法，动态离散化是学者正在研究的目标。

表 8-3 是目前离散化方法的总结。

表 8-3　各种离散化成方法汇总

类别	全局离散化	局部离散化
有监督	1RD (Holte) 1993 AdaptiveQuantizers(Chan,Batur &Srinivasan) 1991 D-2(Catlett) 1991 MDL(Fayyad and Irani) 1994 SupervisedMCC(VandeMerckt) 1993 PredictiveValueMax(Weiss,Galen& Tadepalli) 1990	Vector Quaqntization(Kohonen) 1989 HierarchicalMaximunEntropy(Fulton,Kasif & Salzberg) 994 Entropy Minimisation method(Fayyad and Irani) 1993 C4.5 (Quinlan) 1993,1996
无监督	EqualWidInterval(Cattlet a)1991 EquaFreqInterval(Cattlet b)1991 UnsupervisedMCC(VandeMerckt) 1993 MaximalMarginalEntropy(Chmielewski&Grzymala Busse) 1994	Clustering(Van der Merckt) 1993

以上方法均属于静态离散化方法。

不论哪一种类型的连续属性离散化方法，对于离散归一化的结果都应满足下列三点：

① 连续属性离散化后的空间维数尽量小，也就是每一个离散归一化后的属性值的种类尽量少。

② 属性值被离散归一化后的信息丢失尽量少。

③ 对于小样本，离散化后应保持决策系统的相容性；对于大样本，可给出离散化后的决策系统不相容性水平。

8.2.3　基于数据分布特征的离散化方法

1．基本原理

对于一个含有连续属性的决策系统，我们可以根据其样本空间构造一个过渡表，此表构成一个二维空间矩阵，每一维代表一个随机变量。在过渡表中含有 r 行，对应指标 Y_1，每一行代表一类决策值；并且含有 l 列，对应指标 Y_2，每一列代表一个属性值的取值区间。过渡表见表 8-4。

表 8-4　样本空间的过渡表

类　型	属性区间（Y_2）			
决策类（Y_1）	Q_1	Q_2	…	Q_l
D_1	n_{11}	n_{12}	…	n_{1l}
⋮	⋮	⋮	⋮	⋮

续表

类　型	属 性 区 间（Y_2）			
D_r	n_{r1}	n_{r2}	…	n_{rl}
—	n_1	n_2	…	N

设 N_{ij} 为随机变量，代表在过渡表中属于 Q_j 和 D_i 交叉处的样本频率。假设属性值的采样过程是随机的，则 N_{ij} 的数学期望为

$$e_{ij} = E(N_{ij}) = np_{ij}$$

样本值与期望值之间的误差测度可定义为：$(N_{ij} - np_{ij})^2$

根据中心极限定理：若随机变量是由大量的相互独立的随机因素的综合影响所形成，而其中每一个别因素在总的影响中所起的作用都是微小的，则随机变量往往服从正态分布。

则可定义一个随机边量：

$$w = \sum_{i=1}^{r}\sum_{j=1}^{l}\frac{(N_{ij} - np_{ij})^2}{np_{ij}}$$

在样本空间 N 足够大时，可认为 w 近似服从χ^2分布。

由于分类决策值是相互独立的，则每一行分类对应过渡表中两列随机变量 X_1 和 X_2。令 $u_i = P(X_1 = i), v_j = P(X_2 = j)$，则

$$P_{ij} = P(X_1 = i, X_2 = j) = P(X_1 = i)\cdot P(X_2 = j) = u_i \cdot v_j$$

其中，$i = 1,\cdots,r, j = 1,\cdots,l$。

则 w 统计变量可写为

$$w = \sum_{i=1}^{r}\sum_{j=1}^{l}\frac{(N_{ij} - nu_i v_j)^2}{nu_i v_j}$$

u_i 和 v_j 的最大估计量为

$$\begin{cases} \overset{*}{u_i} = \dfrac{m_i}{n} \\ \overset{*}{v_j} = \dfrac{n_j}{n} \end{cases}$$

其中，m_i和n_j 分别对应过渡表上第 i 行和第 j 列上的元素之和。

用最大估计量代替 w 随机变量的χ^2分布样本值，可得如下推导：

$$w = \sum_{i=1}^{r}\sum_{j=1}^{l}\frac{(N_{ij} - nu_i v_j)^2}{nu_i v_j}$$

$$= \sum_{i=1}^{r}\sum_{j=1}^{l}\frac{(N_{ij} - \dfrac{m_i n_j}{n})^2}{\dfrac{m_i n_j}{n}}$$

令 $f_{ij}=\dfrac{m_i n_j}{n}$，则上式可简化为

$$w=\sum_{i=1}^{r}\sum_{j=1}^{l}\frac{(N_{ij}-f_{ij})^2}{f_{ij}}$$

当考虑属性值的间隔合并时，过渡表上的任意相邻两列要进行χ^2样本值统计，则随机变量 w 可写为如下形式：

$$w=\sum_{i=1}^{2}\sum_{j=1}^{k}\frac{(B_{ij}-F_{ij})^2}{F_{ij}}$$

其中，k 为决策分类数目；B_{ij} 为第 i 个分段间隔、第 j 个决策类处的样本数；T_i 为第 i 个分段间隔的样本总数，即 $T_i=\sum_{j=1}^{k}B_{ij}$；G_j 为第 j 个决策类的样本总数，即 $G_j=\sum_{i=1}^{2}B_{ij}$；N 为 2 列 k 行的样本总数，即 $N=\sum_{i=1}^{2}T_i$；F_{ij} 为 B_{ij} 的数学期望，即 $F_{ij}=(T_i\cdot G_j)/N$

χ^2 值检验是一个统计测度用于检验两个离散的变量是否统计独立。它应用于离散化问题中是用来测试分类(决策)属性与连续条件属性的两个相邻间隔之间的统计独立性。如果χ^2检验值的结论表明分类与相邻间隔之间统计独立，则属性的相邻间隔应合并；如果χ^2检验值的结论表明分类与间隔不独立，则间隔对应的分类之间存在着显著性差别，则不能合并相邻间隔。在进行χ^2检验值统计时，χ^2表上自由度 n 只列到 45 为止，当 n 充分大时（R.A.Fisher 曾证明），近似地有：

$$\chi_\alpha^2\approx\frac{1}{2}(z_\alpha+\sqrt{2n-1})^2$$

其中，z_α 是标准正态分布的上 α 分位点。

一般而言，连续属性的离散化应保持决策系统的相容性，但对于大样本的决策系统允许离散化后出现一定的不相容性，否则离散化后的间隔仍很多，离散化的意义不大。因此，为了下述算法过程的实现，本文引入决策系统不相容水平的测度用来作为离散化结果的停止条件。

定义 8.1　设 V_d 是决策属性 d 的取值范围集合 $\{1,\cdots,r(d)\}$，称决策系统的归纳函数定义如下：

$$\partial_A(x)=\{v\in V_d \mid \exists x'\in U..S.T.x'\text{IND}(A)x\text{且}d(x')=v\}$$

定义 8.2　令 $D(B)$ 是属性集合 $I\subseteq A$ 上的决策函数。定义不相容水平 β 为

$$\beta=\frac{\sum_{D(B)}\text{card}(\partial_B(x))}{\text{card}(D(B))}$$

决策系统不相容水平 α 的算法步骤如下：

Step1　计算 $U/\text{IND}(B)$；令 $\text{number}=\text{card}(U/\text{IND}(B))$

Step2　for I=1 to number

call check(Ei)

{ if check(Ei)=true then　　$\beta=\beta+\text{card}(E_i)/\text{card}(U)$ }

next I

其中 check(*Ei*)是检验等价类 $Ei\in U/\text{IND}(B)$ 是否存在不同决策值的逻辑函数。

2．算法思路及实现

令 A 为条件属性集合，d 为决策属性，首先对连续属性值进行简单划分，得到初始化的划分间隔。算法步骤如下：

Step1　选择属性 $a\in A$；

Step2　令 $C_a=\varnothing$；

Step3　call sort(a);

Step4　对于所有相邻属性值对，

{if ($V_a(i)\neq V_a(i+1)$及$d(i)\neq d(i+1)$)　then

$C=\lceil (V_a(i)+V_a(i+1))/2\rceil$

$C_a=C_a\cup C$ };

Step5　对于属性集合 A 中的连续属性，重复 Step2~Step4;

对于任意连续属性 a，以 C_a 为初始划分间隔，计算最终合并间隔。算法如下：

Step6　令 $\alpha=0.75$，StandardValue= $\chi_\alpha^2(n)$，$\beta=0.2$；

Step7　do while CheckBuXiangRong(data)< β

{ ResultValue=ComputeTestValue(attribute,data);

If　ResultValue< StandardValue　then

MergeInterval(attribute,data);}

Step8　计算下一个连续属性，重复 Step6~Step7;

Step9　$\alpha=DecreValue(\alpha)$

其中：sort()为对连续属性按属性值从小到大排序;

CheckBuXiangRong()为决策系统的不相容水平;

ComputeTestValue()为计算出的 χ^2 检验值;

MergeInterval()是对相邻属性值进行合并;

DecreValue()是按照 χ^2 表对显著性水平 α 进行降低。

算法基本思路即通过 χ^2 统计值确定属性相邻两个间隔的分类独立性，当分类独立则合并两间隔，否则属性值间隔保持不变。

3．算例

以下分析数据来源于 Slowinski 教授（1992）关于胃溃疡病人接受 HSV 治疗所构成

的决策表。此表由 122 个病人数据构成，具有 11 个条件属性，其中 2 个为离散属性，9 个为连续属性，1 个决策属性。决策属性是对手术效果的评价，具有四类：1—Excellent，2—very good，3—Satisfactory，4—Unsatisfactory。11 个条件属性含义及取值分别为

属性 1 名(c1)：Sex(years)　取值为：男、女

属性 2 名(c2)：Age(years)　取值为：[21,71]

属性 3 名(c3)：Duration of disease(years)　　取值为：[0,32]

属性 4 名(c4)：Complication of ulcer 取值为：none,acute,multiple,perforation,pyloric

属性 5 名(c5)：HCL concentration(mmol HCL/100ML) 取值为：[1,26.1]

属性 6 名(c6)：Volume of gastric juice per 1h(ml) 取值为：[15,525]

属性 7 名(c7)：Volume of residual gastric juice(ml) 取值为：[2,254]

属性 8 名(c8)：Basic acid output(mmol HCL/h) 取值为：[0.48,39.1]

属性 9 名(c9)：HCL concentration (mmol HCL/100ML) 取值为：[1.6,42.3]

属性 10 名(c10)：Volume of gastric juice per 1h(ml) 取值为：[21,627]

属性 11 名(c11)：Maximal acid output(mmol HCL/h) 取值为：[2.1,151.4]

Slowinski 教授在其文献中是利用专家领域知识对连续属性进行离散化的。对如上所描述的决策表进行离散化成后得到表 8-5 所示的离散划分区间。

表 8-5　用领域知识离散化后的属性区间

区间	c1	c2	c3	c4	c5	c6	c7	c8	c9	c10	c11
0	0	≤35	≤0.5	N	≤2	≤70	≤50	≤2	≤10	≤100	≤15
1	1	>35	(0.5,3)	A	(2,4)	(70,150)	(50,100)	(2,3)	(10,15)	(100,250)	(15,25)
2			>3	M	>4	>150	>100	>3	>15	>250	(25,40)
3				Pe							>40
4				py							

本文首先用无监督离散化方法如 EqualWidInterval 进行离散化，得到的决策表其不相容性程度超过 60%，再用串分析法对其离散化得到的决策表丢失的信息太多，两者的离散化结论均不理想。现在我们用本文的算法对如上所述的决策表进行离散化处理，初始显著性水平设为 0.75，不相容性水平设为 0.2，则通过算法得到表 8-6 所示的连续属性离散划分区间。

表 8-6　用数据分布特征离散化后的属性区间

区间	c1	c2	c3	c4	c5	c6	c7	c8	c9	c10	c11
0	0	[21,39]	[0,0.83]	0	[1,4]	[15,80]	[2,65]	[0.48,3.8]	[1.6,11]	[21,101]	[2.1,13.2]
1	1	[40,60]	[1,4]	1	[4.1,13.4]	[82,152]	[66,120]	[3.9,13.8]	[11.1,16.3]	[113,224]	[13.3,22.3]
2		[63,71]	[5,15]	2	14.1,26.1]	[155,249]	[128.254]	[14.2,24.7]	16.7,28.7]	[229,379]	[22.6,53.4]
3			[20,32]	3		[270,360]		[26.8,39.1]	[34.5,42.3]	[387,627]	[53.8,151.4]
4				4		[401,525]					

对照表 8-5 和表 8-6，分析结论如下：

结论 1　Slowinski 教授利用专家领域知识进行划分，结论受专家领域知识的约束；本文算法属于全局离散化中的归并方法，不受专家领域知识的限制，属于一种领域独立的方法。

结论 2　除属性 c8 之外，其余属性的离散化结论大致与 Slowinski 教授的结论相吻合。本文的处理方法是利用数据的整体统计分布特征，根据属性值相邻间隔的 χ^2 值检验得到的，因此属性 c8 的划分区间相对平稳。

结论 3　Slowinski 教授得到的表 8-5 所对应的决策表其不相容性测度大约为 29%左右，而本文算法得到的表 8-6 所对应的决策表其不相容性水平设定为 20%，故除属性 C8 以外的其余属性划分区间较多。

结论 4　若要减少表 8-6 所得到的属性区间分类数，可采取提高不相容性水平值的设置或利用相应的专家知识对区间进行合并。

结论 5　本文算法适用于数据统计特征分布明确的决策系统，并且根据离散化后得到的决策系统挖掘出的决策分类规则简练、明了。

结论 6　本文算法对于大样本的数据集合离散化后的结果更趋于合理。

8.2.4　基于数据分区的离散化方法

1．整体离散化处理

传统的独立离散化方法就是在每个连续属性轴上分别独立的确定划分超平面的过程。由于没有考虑到例子在各个属性轴所构成的空间中的分布位置，在每个属性轴上只能看到例子的垂直投影信息，所以在一些情况下，很难根据例子在某一单独的属性轴上的取值情况确定出理想的离散化划分平面。

基本的整体离散化方法一般来说首先要进行的就是聚类分析，当在连续属性空间中进行超立方体聚类时，一般针对整个例子集合采用贪心聚类算法来获得聚类结果。利用贪心聚类算法进行聚类，当数据量大的时候就需要较多的内存开销，且其处理过程需要的时间开销也很大。为了解决这一问题，在整体离散化的聚类过程中引入了数据分区的概念。根据例子在各属性轴上酌情取值，选择出包含最多分类信息的属性，根据这一属性上的数据分布情况，确定聚类分区，再在各个分区中完成聚类。

2．整体离散化算法思想

基于数据分区的连续属性整体离散化算法的基本思想是在整体离散化算法的基础上引入数据分区的处理方法。算法首先对例子集合在各个连续属性上的取值进行统一数量级别的放大处理，使例子在各个属性轴上的取值在数值空间上具有可比较性和可计算性。根据经过放大处理后的数据，分析例子集合在各个属性轴上的取值的分布，选出包含最多聚类信息的属性，根据该属性上的数值分布情况，将整个例子集合粗略的划分为多个分区。然后在各个分区中分别进行聚类。将在各个分区中得到的聚类结果进行合并，形成在整个数据集上的聚类。接下来，根据整体离散化的一般方法将获得的超立方体聚类投影到属性空间的各条属性轴上。最后，将各属性轴上冗余投影区间去除，确定各属性轴上的离散化划分点，最终得出各离散化区间。本文在基本的整体离散化思想的基础上，主要在以下两个方面进行了改进：

（1）采用数据分区方法提高聚类效率。根据数据在某一属性上的分布特性，将整个数据空间划分为若干个局部区域，在各个局部区域分别进行聚类，然后将各个局部聚类合并，从而获得整个数据集合的聚类。

（2）统一不同属性的取值的数量级别。由于来源于实际中的实验数据各个属性所代表的含义各有不同，因此它们的取值的单位也就可能不同，即使是相同单位，不问属性的取值的数量级别也有可能不同。因此，在采用整体离散化方法进行处理时，计算空间距离之前，首先要统一不同属性的取值的数量级别。

3．算法描述及其复杂性分析

基于数据分区的连续属性整体离散化算法可以被描述如下：

输入 DB 是具有 k 个连续属性的规模为 n 的例子集合；

输出 P 是各连续属性上的离散化划分点集合 $P_i(i=1,2,\cdots,k)$的集合。

（1）算法

① 统一不同连续属性的数值取值范围。采用计算各个属性的放大比例的方法，将各连续属性轴上的数值进行取值范围的统一变化。该放大算法分为两个步骤：

- 计算各个属性的放大比例；
- 利用每个属性各自的放大比例，将例子集合在各属性上的取值逐个分别乘以该属性上的放大比例，得到的结果即为统一后的取值。

② 根据数据分布，选择分区基准属性，以分区基准属性为依据，划分例子集合；数据分区算法可以分为两个步骤：

- 选取分区所要依据的属性；
- 根据①中选出的基准属性对例子集合进行划分。

③ 对例子集合的所有分区，利用模糊 c 均值自适应算法将分区中例子聚类。

④ 对例子集合的每两个相邻分区，对相邻分区的聚类结果进行合并。

⑤ 对例子集合的所有连续属性，将例子集合的每个聚类向各个属性轴上投影，记录投影区间。

⑥ 对例子集合的所有连续属性，分析各个聚类在该属性轴上的投影，剔除无效投影区间，确定离散化划分点，标示各离散化区间。

（2）算法的复杂度分析

- 在①中，计算各属性的放大比例的复杂性为 $O(kn)$，计算例子在各属性上放大后的数值的复杂度也为 $O(kn)$。因此，统一不同连续属性的数值取值范围的复杂度为 $O(kn)$。
- 在②中，选择数据分区的基准属性的复杂度为 $O(kn^2)$，依据基准属性进行区域划分的复杂度为 $O(n)$，所以，算法第二步总体的复杂度为 $O(kn^2)$。
- 在③中，模糊 c 均值聚类算法的复杂度为 $O(n^2)$，需要注意的是，这里的 n 与前面几步中的 n 不同，它不是整个例子集合的规模，而是处于某一分区中的部分例子集合的规模。
- 在④中，两个类 A 和 B 的合并的复杂度为 $O(n^2)$，噪声点的归并的复杂度为 $O(n)$。与第三步中相同，这里的 n 也不是整个例子集合的规模，它是区域边界点集合的规模。
- 在⑤中，聚类向各连续属性轴投影过程的复杂度为 $O(kn)$。
- 在⑥中，生成聚类在各个连续属性轴上的有效投影区间矩阵的复杂度为 $O(kq)$，使用 PD 算法推导离散化划分点的复杂度为 $O(q^2)$，其中 q 为聚类个数。

可见，基于数据分区的连续属性整体离散化算法的复杂度为 $O(kn^2)$。

8.2.5　不完备信息表的数据预处理方法

由于市场竞争日趋激烈，各行各业在其经营活动中都引入了电子、能信、计算机等先进技术，由此都沉积了大量的历史数据。这些数据千差万，因此，在分析这些数据前一般都要进行数据预处理，以得到满足一定算法要求的格式化数据。粗糙集是进行数据预处理的有力工具，提出一种不完备信息表的数据预处方法。

1. 相关含义及定理

定义 8.3　设 $\forall B \subseteq C, c \in C, U' = U - \mathrm{POS}_B^U(D)$ 是粗糙边界，则可以定义属性 c 的重要性公式：

$$\mathrm{sig}(c) = |\mathrm{POS}_{B\cup\{c\}}^U(D)| / |\mathrm{POS}_B^U(D)|$$

定义 8.4　设决策种类的个数 $r(d)$，属性 a 的值域 V_a 上的一个断点记为 (a,c)，其中，$a \in A, c$ 为实数值。在值域 $V_a = [l_a, r_a]$ 上的任意一个断点集合 $\{(a,c_a^1),(a,c_2^a),\cdots,(a,c_{k_a}^a)\}$ 定义了 V_a 上的一个分类划分

$$P_a = \{[c_0^a, c_1^a), [c_1^a, c_2^a), \cdots [c_{k_0}^a, c_{k_a}^a + 1]\},$$

$$l_a = c_0^a < c_1^a < c_2^a \cdots c_{k_0}^a < c_{k_a}^a + 1 = r_a,$$

$$V_a = [c_0^a, c_1^a] \cup [c_1^a, c_2^a] \cup \cdots [c_{k_0}^a, c_{k_a}^a + 1].$$

定义 8.5 根据定义 8.4，由相容信息表中条件属性与决策属性间的一致性对应关系，可以定义划分区间的加法运算法则。设两个划分区间为$[c_i^a,c_{i+1}^a),[c_{i+1}^a,c_{i+2}^a)$，则：

$$[c_i^a,c_{i+1}^a)+[c_{i+1}^a,c_{i+2}^a)=\begin{cases}[c_i^a,c_{i+1}^a], & \text{两区间决策值相同}\\ [c_i^a,\dfrac{c_{i+1}^a+c_{i+2}^a}{2})\bigcup[\dfrac{c_{i+1}^a+c_{i+2}^a}{2},c_{i+2}^a) & \text{两区间决策值不相同}\end{cases}$$

定义 8.6 在信息系统$S=<U,A,V,f>$中，如果$A=\{a_i\mid i=1,\cdots,m\}$是属性集，设$X_i\in U$，则对象 X_i 的遗失属性集 MAS_i、对象 X_i 的无差别对象集 NS_i 和信息系统 S 的遗失对象集 MOS 分别定义为

$$\text{MAS}_i=\{a_k\mid a_k(x_i)=*,k=1,\cdots,m\},$$

$$\text{MOS}=\{i\mid \text{MAS}_i\neq\varnothing,i=1,\cdots,n\},$$

$$\text{NS}_i=\{j\mid M(i,j)=\varnothing,i\neq j,j=1,\cdots,n\}.$$

定义 8.7 设决策表为 $S=<U,A,V,f>$，则可定义一个三元组作为差别向量 $D=(O,\text{DC},F)$，其中 O 为可区分对象对；DC 为差别属性集，其定义为

$$\text{DC}=\begin{cases}\{a_k\wedge a_k(x_i)\neq a_k(x_j)\} & d(x_i)\neq d(x_j)\\ \varnothing & d(x_i)=d(x_j)\end{cases}$$

$\boldsymbol{F}$ 为一个频率向量，$\boldsymbol{F}=(f(a_1),f(a_2),\cdots,f(a_n))$，它的每一项表示该属性出现的频率，其中：

$$f(a_i)=\begin{cases}1/|\text{DC}| & a_i\in\text{DC}\\ 0 & a_i\notin\text{DC}\end{cases}$$

定义 8.8 现有两个差别向量$\boldsymbol{D}_i=(O_i,\text{DC}_i,F_i),\boldsymbol{DV}_j=(O_j,\text{DC}_j,F_j)$，则差别向量加法法则为：$\boldsymbol{D}_i+\boldsymbol{D}_j=(O_{ij},\text{DC}_{ij},F_{ij})$，其中，$O_{ij}=O_i\bigcup O_j$，

$$F_{ij}=F_i+F_j=(f_i(a_1)+f_j(a_1),)$$

$$f_i(a_2)+f_j(a_2),\cdots,f_i(a_n)+f_j(a_n)),$$

$$\text{DC}_{ij}=\begin{cases}\text{DC}_i & \text{DC}_i\subseteq\text{DC}_j\\ \text{DC}_j & \text{DC}_j\subseteq\text{DC}_i\\ \text{DC}_i\bigcup\text{DC}_j & (\text{DC}_i\not\subset\text{DC}_j)\bigcap(\text{DC}_j\subseteq\text{DC}_i)\end{cases}$$

定理 8.1 设决策表$S=<U,A,V,f>$，其中$U=U^0\bigcup U'$，U^0是所有属性值都已知的样例集合，U'是部分属性值未知的样例集合。$A=C^0\bigcup C'D$，C^0是重要条件属性集，C'冗余条件属性集，D 为决策属性集。如果对$\forall a\in U'$，$\forall b\in U^0$，$\forall c\in C'$，令$c(a)=c(b)$，则信息表的确定性不变。

定理 8.2 设决策表为$S=<U,A,V,f>$，其中论域 U 是一个非空有限对象集合，A 是对象的属性集合，分为条件属性集 C 和决策属性集 D 两个不相交的子集，即 $A=C\bigcup D,\forall B\subseteq C$，令$U'=U-\text{POS}_B^U(D)$为粗糙边界，如果$U'|\text{IIND}(B\bigcup\{c\}=\{m_1,m_2,\cdots,$

$m_p\}),U'|\text{IIND}(D)=\{n_1,n_2,\cdots,n_q\}$，则在粗糙边界中，$\forall c\in C,\text{POS}_{B\cup\{c\}}^{U'}(D)=\text{POS}_{B\cup\{c\}}^{U'}(D)_{n_i}$。

定理 8.3　设 $\forall B\subseteq C,\forall c\in C$ 且 $c\notin B,U'=U-\text{POS}_B^U(D)$ 为粗糙边界，则有

$$|\text{POS}_{B\cup\{c\}}^U(D)|=|\text{POS}_{B\cup\{c\}}^U(D)|-\text{POS}_B^U(D)$$

定理 8.4　在一个差别向量中，如果它的频率向量中的某一元素取值为 1，则该元素所对应的属性为原信息表的核属性。

2．算术描述

设原始信息系统为 $S^0=<U^0,A^0,V^0,f^0>$，计算信息表相对信息熵 E^0。

Step1　根据原始信息表建立差别向量组，进行差别向量加法运算。

Step2　在 U\MOS 中计算各属性值的重要性，并按照属性的重要性从左到右降序排列形成 $(a_1,a_2,\cdots,a_n)$，MOS 排在信息表的最后，建立新的信息表 $S'=<U',A',V',f'>$。

Step3　设 U\MOS 中每个属性 a_i 的断点集 P^i，断点为 $P_j^i(j=1,2,\cdots,n-1)$，与之相邻的两个值 x_j^i,x_{j+1}^i，并且 $x_j^i<P_j^i<x_{j+1}^i$，对于每一个属性 a_i 进行如下操作：

（1）令 $a=x_j^i,x_j^i=x_{j+1}^i$，若信息表无冲突，则 $P_i=p_i\setminus\{p_j^i\}$;否则, $x_j^i=a,x_{j+1}^i=x_{j+1}^i$。

（2）直至全部属性操作完毕。

Step4　在信息表中按照决策属性对全部对象分类，按各分类的势由大到小排序，并取第一个决策类进行 Step5 的操作。

Step5　在同一决策类中，设条件属性 $B'\subseteq B\leqslant A$，对 $\forall x_i\bigcup\text{MOS}$ 进行如下操作：

（1）若 $a_k\in B'$，且 $r_B(F)=r_B\setminus_{B'}(F)$，则由推论知 $a_k(x_i)$ 可以取任一断点值。

（2）否则，进行如下操作：

① 对 $\forall x_i\in\text{MOS}$，在属性集 $B\setminus\{B'\}$ 中计算 $\text{NS}(x_i)$；

② 若 $\text{NS}(x_i)=y$，则令 $a_k(x_i)=a_k(y)$；

③ 若 $\text{NS}(x_i)=\{y_1,y_2,\cdots,y_m\}$，则令 $y=y_i$ (y_i的等价类的势最大)，且 $a_k(x_i)=a_k(y)$。

（3）直至全部 $x_i\in\text{MOS}$，操作完毕。

Step6　在决策表中取第二分类，进行 Step5 的操作。直至所有决策类进行操作完毕，最后得到新的信息表 $S=<U,A,V,f>$。

Step7　根据超立方体的概念，对每个属性进行泛化：

（1）按照决策属性对信息表中的实例进行归类。

（2）对同一个类别的实例进行泛化。

Step8　根据 Step7 求取整体离散化断点集。

初始化断点集 $W=\varnothing$；

取属性 a_i 的各类泛化区间进行两两比较，如任意选两个泛化区间 $[l_i^j,u_i^j],[l_i^k,u_i^k]$进行比较($j,k$为决策类标示号)：

If $l_i^j<l_i^k<u_i^j<u_i^k$，则新取断点集$W^i=\{l_i^k,u_i^j\}$；

If $l_i^j < u_i^j < l_i^k < u_i^k$，则新取断点集$W^i = \{l_i^j, u_i^k\}$；

否则新取断点集$W^i = \{u_i^k, l_i^j\}; W = W \cup W^i\}$

输出 W。

Step9　根据信息表中断点集，计算此时信息表相对信息熵 E。如果把 $E > E^0$，则执行 Step10；否则执行 Step12。

Step10　在差别向量组中对不同类别对象进行如下操作：

假设不同类别对象的两个离散区间为$[l_i^j, u_i^j]$，$[l_i^k, u_i^k]$,则：

（1）若两个实例子集满足包含关系，则聚为一类。

（2）若两个实例子集聚为一类后不包含异类实例，则聚为一类。

新形成的断点集为$W^i = \{\min(l_i^j, l_i^k), \max(u_i^j, u_i^k)\}$；

Step11　根据$W = W \cup W^i$对信息表进行离散化并计算相对信息熵 E。如果 $E > E^0$，则执行 Step10；否则执行 Step13。

Step12　直至计算的相对信息熵 $E \leqslant E^0$，结束计算。

Step13　根据断点集 W 对信息表的属性值进行相应的整数映射。

8.3　静态决策系统分类算法

决策系统的数据挖掘模型依赖于决策表的简化，决策表的简化一般有属性约简（等价于从决策表中消去不必要的列）和属性值约简（等价于从决策表中消去一些无关紧要的属性值）。简化后的决策表具有与简化前的决策表相同的功能，但化简后的决策表在做出同样的决策时可以基于更少量的条件，使我们通过一些简单的手段就能获得同样要求的结果。本节主要讲解基于代数与逻辑判断的数据约简。下面将决策表的常用简化步骤列出，如图 8-3 所示。

```
For each decision class
   Begin
Initialise universe of objects
Select decision class
Find class relation
Repeat
  For each attribute do
  Begin
    Select attribute
    Find equivalence relation
    Find lower subset
    Find upper subset
    Calculate discriminant index
 End
Select attribute with highest discriminant index
Generate rules
Reduce universe of objects
Reduce class relation
  Until no objects with selected decision class
End
```

图 8-3　决策表的常用简化步骤

一般来讲，一个决策表的数据约简不是唯一的。即同一个决策表可能存在多个约简，任何一个约简都可能代替原决策系统中的全部属性，而不会影响原系统的决策能力。一个很自然的问题是其中哪个约简是最优的呢？当然这种选择依赖于与属性相关的最优准则的确定。如果能够为属性指定一个代价函数，那么选择很自然地应以最小代价为准则。在缺少属性代价函数的情况下，选择最优约简的唯一信息源是决策系统。我们知道，约简中的属性将是最终导出的分类规则中应该考虑的必要属性。由此而来可以看出，约简中的属性个数越小，就意味着与它相应的分类规则所考虑的因素越少。另外，影响分类规则的另一个因素是约简中属性值的组合数。在约简的属性个数相同的情况下，这种组合数越小，与其相应的分类规则就越少。

本节在这里采用基于数据分析的属性约简方法，这种方法符合约简的最优准则，即最优约简是指在一定阈值控制下具有最小属性个数的约简；如果一个决策系统有多个约简同时具有相同的最小属性个数，那么属性值组合数最少的约简即为最优约简。在这一准则下得到的最优约简也称之为最小约简。然而，遗憾的是，Ziarko W 已经证明找出一个决策系统的最小约简是 NP-hard 问题。出现 NP-hard 问题的主要原因是属性的组合爆炸问题。在人工智能中，解决这类问题的一般方法是采用启发式搜索，本章从知识的等价关系和知识的粗糙度两个角度，分别对属性的重要进行了定义，以此作为启发式信息，从而减少知识约简过程中的搜索空间。

8.3.1　数据分析约简算法中涉及的概念

本小节利用**逼近近似度量**的概念，从决策表的核开始，然后根据属性重要性的测度依次选择最重要的属性加入核中，直到满足终止条件，便得到决策表的一个约简。本小节是根据决策表中每个条件属性的集合对决策类划分的逼近近似度量出发，给出一种改进的衡量属性重要性的一种准则。

在集合中获得知识，对知识的某些对象进行划分，这是一个近似分类的问题。为了描述近似分类的不确定性，可以对分类的近似下一个定义。分类近似的定义是集合近似的简单扩展。对于 $L=\{Y_1,Y_2,\cdots,Y_n\}$，$U=\bigcup_{i=1}^{n}Y_i$，L 是 U 的 n 个分类的集合族，分类是基于知识 R 进行的。

也就是当 $Y_i=\{y_1,y_2,\cdots,y_k\},i=1\sim n$ 为一分类，定义分类 Y 的 R 下近似和 R 上近似为

$$R_{-}(L)=\{R_{-}(Y_1),R_{-}(Y_2),\cdots,R_{-}(Y_n)\} \text{ 和 } R^{-}(L)=\{R^{-}(Y_1),R^{-}(Y_2),\cdots,R^{-}(Y_n)\}$$

定义 8.9　设 $S=(U,A\bigcup\{d\})$ 为一决策系统，$P\subseteq Q$ 为属性子集，L 为由决策属性所决定的 U 划分 $\{Y_1,Y_2,\cdots Y_k\}$，$Y\subseteq U$，则集合 Y 关于属性 P 的逼近近似度量或称粗糙度为

$\alpha_p(Y)=card(\underline{P}(Y))/card(\overline{P}(y))$，其中 card(Y)表示集合 Y 的基数。

定义决策划分 L 关于属性集 P 的逼近近似度量或称近似分类质量为

$$\gamma_p(L)=\sum_{i=1}^{k}\operatorname{card}(\underline{P}(Y_i))\Big/\operatorname{card}(U)$$

定义决策划分 L 关于属性集 P 的粗糙逼近近似度量或称近似分类近似度量为

$$\alpha_p(L)=1-\left(\sum_{i=1}^{k}\operatorname{card}(\overline{P}(Y_i))-\sum_{i=1}^{k}\operatorname{card}(\underline{P}(Y_i))\right)\Big/\sum_{i=1}^{k}\operatorname{card}(\overline{P}(Y_i))$$

逼近近似度量（近似分类质量）表示的是应用知识 P 能确切地划入 Y 类的百分比；粗糙逼近近似度量（近似分类近似度量）描述的是当使用知识 P 对对象分类时，可能的决策中正确决策的百分比。

定义决策划分 L 关于属性集 P 的分类质量测度为

$$\phi_p(L)=\sum_{i=1}^{k}\frac{\operatorname{card}(Y_i)}{\operatorname{card}(U)}\cdot\gamma_p(L)$$

定义决策划分 L 关于知识 P 的相对分类为

$$\beta_p(L)=\frac{\operatorname{card}(\mathrm{POS}_p(L))}{\operatorname{card}(U)}=\frac{\operatorname{card}\left(\bigcup_{Y_i\in\{L\}}P_-(Y_i)\right)}{\operatorname{card}(U)}$$

相对分类表示对于 U/P 的分类，L 划分的相对分类是论域中所有通过用分类 U/P 表达的知识能够确定地划入 L 划分类的集合对象数占总对象的百分比。

定义 8.10 设 P、$R\subseteq Q$，且 $R\subseteq P$，若 $\gamma_p(L)=\gamma_R(L)$ 且 R 是 P 中满足该等式的最小集合，则 R 为 P 的一个约简，记为 $\mathrm{RED}(P)$。由此定义可知，约简前后划分 L 对条件属性集合的逼近近似度量不变。

命题 8.1 $\mathrm{CORE}(P)=\bigcap\mathrm{RED}(P)$，其中 $\mathrm{RED}(P)$ 为 P 的所有约减族。

命题 8.2 令 $L=\{Y_1,Y_2,\cdots,Y_n\}$ 为一 U 的分类，且 P 为一等价关系。当存在 $i\in\{1,\cdots,n\}$ 使得 $P_-(Y_i)\neq\varnothing$，则对于每一个 $j\neq i$，且 $j\in\{1,\cdots,n\}$，有 $P^-(Y_j)\neq U$。

命题 8.3 令 $L=\{Y_1,Y_2,\cdots,Y_n\}$ 为一 U 的分类，且 P 为一等价关系。当存在 $i\in\{1,\cdots,n\}$ 使得 $P^-(Y_i)=U$，则对于每一个 $j\neq i$，且 $i\in\{1,\cdots,n\}$，有 $P_-(Y_j)=\varnothing$。

本算法从属性集的核出发，根据属性逼近近似度量确定属性集的约简。以上命题是为了算法运算时对于一些特例可以进行简便处理。

8.3.2 数据分析约简算法的描述

1. 约简算法中相关参数的说明及定义

设决策系统中条件属性集合 C 中有 m 个属性；$C_1,C_2,\cdots,C_m$，决策属性集合为 D，由 D 决定的划分为：$\{Y_1,Y_2,\cdots,Y_k\}$，对每个条件属性 Ci 计算以下 k+4 个参数：$\alpha_{c_i}(Y_j),\alpha_{c_i}(L),\gamma_{c_i}(L),\varphi_{c_i}(L),\beta_{c_i}(L)$，其中 i=1～m，j=1～k。令 λ_{c_i} 和 μ_{c_i} 分别为这 k+4 个参数的算数均值和几何均值。在每个条件属性 C_i 的 k+4 个参数中同时考虑了条件属性与

决策属性的绝对分类和相对分类，使条件属性对决策的分类重要性更具全面和合理性。

定义 8.11　属性 C_i 的重要性定义为

$$Z_{c_i} = \alpha_1 \lambda_{c_i} + \alpha_2 \mu_{c_i}$$

其中，α_1和α_2 分别为用户指定的算数均值和几何均值的重要性参数，当所有 k+2 个参数都非 0 时，表明该属性对划分的各子集都有影响，因而增加几何均值 μ_{c_i} 是为了将这种重要性影响体现出现。

2．约简算法的过程分析（见图 8-4）

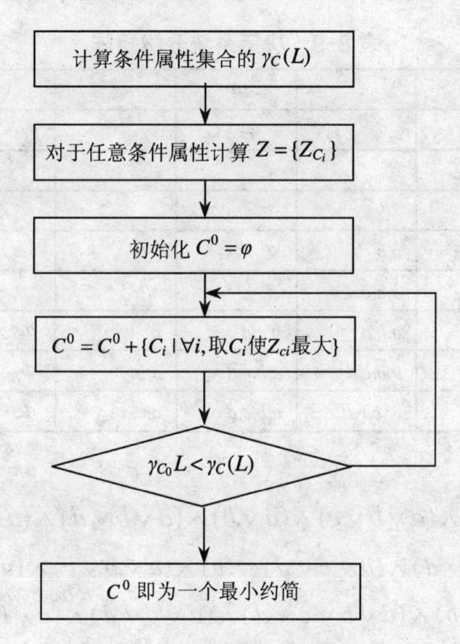

图 8-4　约简算法的过程分析

3．约简算法的过程实现

决策系统 $\mathrm{DS}=<V,C,D,V_q,f_q>$ 见表 8-7。

表 8-7　相容性决策系统

N=U/IND(C)	频率	条件属性 C				决策属性 D
		a	b	c	d	e
1	3	0	0	1	1	0
2	12	0	1	0	2	1
3	2	0	2	1	2	1
4	2	1	0	1	2	0
5	1	1	0	0	1	0
6	6	1	2	0	1	2
7	5	2	1	0	1	2
8	8	2	1	2	0	2

若设参数α_1和α_2均为0.5，经算法计算，可得到各个条件属性的重要性参数，见表8-8。

表8-8　条件属性重要性表

重要性参数	a	b	c	d
Z_{c_i}	0.079 3	0.157 5	0.037 8	0.039 6

由表8.8求得最小属性构成：C^0={a，b}，其核为属性{b}。

算法比较：

利用经典分辨矩阵算法计算得决策系统的分辨矩阵，见表8-9。

表8-9　决策系统分辨矩阵

N	1	2	3	4	5	6	7	8
1	Φ							
2	b,c,d	Φ						
3	b,d	Φ	Φ					
4	Φ	a,b,c	a,b	Φ				
5	Φ	a,b,d	a,b,c,d	Φ	Φ			
6	a,b,c	a,b,d	a,b,d	b,c,d	b	Φ		
7	a,b,c	a,d	a,b,c,d	a,b,c,d	a,b	Φ	Φ	
8	a,b,c,d	a,c,d	a,,b,c,d	a,b,c,d	a,c,d	Φ	Φ	Φ

构造分辨函数：

$$f_D=(b\vee c\vee d)\wedge(b\vee d)\wedge(a\vee b\vee c)\wedge(a\vee b)\wedge(a\vee b\vee d)\wedge(a\vee b\vee c\vee d)\wedge(a\vee b\vee c)\wedge(a\vee b\vee d)\wedge(a\vee b\vee d)\wedge(b\vee c\vee d)\wedge(b)\wedge(a\vee b\vee c)\wedge(a\vee d)\wedge(a\vee b\vee c\vee d)\wedge(a\vee b\vee c\vee d)\wedge(a\vee b)\wedge(a\vee b\vee c\vee d)\wedge(a\vee c\vee d)\wedge(a\vee b\vee c\vee d)\wedge(a\vee b\vee c\vee d)\wedge(a\vee c\vee d)$$

将f_D简化为析取式$f_D=(a\wedge b)\vee(b\wedge d)$

由此可见此决策矩阵有两个约减$S_{\text{RED}}=\{\{a,b\},\{b,d\}\}$核为$S_{\text{core}}=\{b\}$。

4. 通过约简算法得出的结论

通过约简算法可得出如下结论：

（1）此算法计算得到的属性约简结果与传统数据约简结果之一相同，说明此算法过程的合理性。

（2）利用粗糙度算法得出的属性约简是通过计算每一个条件属性的属性重要性而得出的约简，并且能对条件属性针对决策属性而言的依赖重要性进行排序，而利用传统属性约简方法不能得出此结论。

（3）本算法将各属性按重要性由大到小依次加入到属性约简集中，直到满足约简条件为止，算法具有简单易实现的特点，尤其在条件属性较多时，能较快地求出属性约简，而利用传统分辨矩阵的数据约简方法在条件属性较多时会使算法时间复杂度增大并且需要较多的存储空间。

8.4　动态决策系统分类算法

本节在粗糙集合理论的分辨矩阵算法的基础上，引入一种新的增量式数据挖掘模型对动态决策系统分类算法中基于相容性决策系统的数据约简进行分析。

8.4.1　增量式数据挖掘模型的提出

粗糙集理论是波兰数学家 Z.Pawlak 教授在 1982 年提出的一种分析数据的数学理论，该理论在分类的意义下定义了模糊性和不确定性的概念，是一种处理不确定和不精确问题的新型数学工具。

基于粗糙集合理论的分辨矩阵是波兰科学家 Skowron 教授提出的一种在数据仓库里进行知识约简的有效方法。它借助于决策表内属性值的不可分辨关系，运用简单的数学逻辑运算，可产生最佳的属性约简算法及进行最优规则提取。但是基于分辨矩阵的算法是在固定的数据集合上进行的，当有新的数据增加到数据集合时，若用原有算法导出规则是相当麻烦的。

因此，对于动态的数据集合而言，当有新的数据加入到决策系统中时，非常有必要对新增的数据进行增量式学习而不必重新计算旧的规则。本节针对以上问题，产生一种新的基于改进分辨矩阵的增量式数据挖掘模型，该模型能对仅由新的数据构成的决策系统直接产生决策规则。

8.4.2　增量式数据挖掘模型的研究

1. 基于粗糙集合理论的分辨矩阵方法的相关定义

分辨矩阵为我们求取最佳属性约简提供了很好的思路。该方法将决策表中所有有关属性区分信息都浓缩进一个矩阵当中，通过该矩阵利用简单的数学逻辑运算可方便地得到决策表的属性核。有关分辨矩阵的相关定义描述如下：

定义 8.12　设 $S=(U,A)$ 为一决策系统，U 为论域且 $U=\{x_1,x_2,\cdots,x_n\}$，A 是属性集合，可分为条件属性与决策属性，即 $A=C\cup\{d\}$。$a(x)$ 是对象 x 在属性 a 上的值，分辨矩阵可表示为

$$C_{ij}^d=\begin{cases}C_{ij}^d=\varnothing & \text{如果}\, d(x_i)=d(x_j)\\ C_{ij}^d=C_{ij}-\{d\} & \text{如果}\, d(x_i)\neq d(x_j)\end{cases}$$

其中，分辨矩阵元素 C_{ij} 可表示为

$$C_{ij}=\begin{Bmatrix}\left\{a\in A\,|\,a(x_i)\neq a(x_j) \quad x_i\neq x_j\right\}\\ \varnothing \quad x_i=x_j\end{Bmatrix}$$

定义 8.13　决策系统整体分辨函数表示为

$$f_D(a_1,\cdots,a_m)=\wedge\{\vee C_{ij}^d \mid 1\leqslant j<i\leqslant n \quad C_{ij}^d \neq \varnothing\}$$

定义 8.14　*k*-相对分辨函数

此分辨函数揭示了经一对象 $x_k \in U$ 同其它所有对象相区分所需的最少信息。

$$f_k(a_1,a_2,\cdots,a_m)=\wedge\{\vee C_{kj}^d \big| 1\leqslant j\leqslant n, C_{kj}^d \neq \varnothing\}$$

定义 8.15　模 *D* 分辨矩阵（Discernibility matrix Modulo D）

给定一决策系统 $\text{DS}=(U,(C,D))$，令 $n=|U/\text{IND}(c)|$，决策系统的模 *D* 分辨矩阵定义为

$$M(C,D)=\{C_{ij}^m:1\leqslant i\leqslant n,1\leqslant j\leqslant n\}$$

其中：

$$C_{ij}^m=\begin{cases} C_{ij}^m=\{a\in C;a(x_1)\neq a(x_j)\} & \delta_c(x_i)\neq\delta_c(x_j) \\ \varnothing & \delta_c(x_i)=\delta_c(x_j) \end{cases}$$

式中，$\delta_c(x)$ 为对于 $\vee x\in U$ 所归属的决策类集。

定义 8.16　模 *D* 分辨函数（Discernibility Function Modulo D）

给定一决策系统 $\text{DS}=(U,(C,D))$，$n=|U/\text{IND}(c)|$，决策系统的模 *D* 分辨函数定义为

$$f_{[C,D]}=\wedge\{\vee C_{ij}^m \big| i,j\in\{1,2,\cdots,n\}, C_{ij}^d\neq\varnothing\}$$

定理 8.5　对于决策系统 $\text{DS}=(U,(C,D))$，f_D 为决策系统的分辨函数。设 f_D 经运算后化为析取范式 f_D'，即 $f_D'=\underset{1\leqslant i\leqslant k}{\vee}\wedge\tau_i$，其中，$\tau_i\in 2^C$，$\wedge\tau_i$ 为 f_D' 的一个合取子式，k 为 f_D' 中合取子式的个数，则决策系统的约减为 $\text{DS}_{\text{RED}}(U)=\{\tau_i:1\leqslant i\leqslant k\}$。

定理 8.6　由决策系统的分辨矩阵建立每一个条件等价类的相对决策分辨函数 B_i：

$$B_i=(\underset{k<i}{\wedge}\underset{a\in c_{ki}}{\vee}a)\wedge(\underset{l>i}{\wedge}\underset{a\in c_{il}}{\vee}a),k=1\sim i-1;l=i+1\sim n$$

化简决策分辨函数为析取范式，其中每个合取子式对应一条规则的前提，合取子式中只有属性名，将各属性匹配每个条件等价类的属性值，可得到该条件等价类的规则。

【例】　以下是一某产品分类表决策系统，条件属性为型号（*T*）、规格（*S*），型号取值为 B100，B200，B300，标准化后的值对应为 B100–2，B200–1，B300–0；规格取值为大，中，小，标准化后的值对应为大–2，中–1，小–0；分类取值是 0，1，2，见表 8-10 和表 8-11 中。

表 8-10　某产品分类决策表

U（*Xi*）	型号（T）规格（S）		分　类
对象 1	B300	小	类别 0

对象 2	B300　　　中	类别 1

续表

U（X_i）	型号（T）规格（S）	分　　类
对象 3	B300　　　大	类别 2
对象 4	B200　　　小	类别 1
对象 5	B200　　　中	类别 0
对象 6	B200　　　大	类别 2
对象 7	B100　　　小	类别 0
对象 8	B100　　　中	类别 1
对象 9	B100　　　大	类别 2
对象 10	B100　　　小	类别 1

表 8-11　某产品离散标准化决策表

U（X_i）	型号（T）规格（S）	分　　类
*x*1	0　　　0	0
*x*2	01	1
*x*3	02	2
*x*4	10	1
*x*5	1　　　1	0
*x*6	1　　　2	2
*x*7	2　　　0	0
*x*8	2　　　1	1
*x*9	2　　　2	2
*x*10	2 0	1

2．基于分辨矩阵的数据挖掘模型的原理

（1）基于分辨矩阵的数据挖掘模型的方法

方法一：给定目标规则的置信度，从原始样本数据出发，依据分辨矩阵及分辨函数的定义，发现决策系统在不同简化层次上符合置信度要求的规则，应用得到的规则进行推理或决策。由于问题的信息不一定完备，所以根据已有的信息在模型上逐层匹配，再按照某种优先级判定算法，给出问题的最优解。

具体的实现步骤如下：

① 预处理。将数据库中的初始数据信息转换为粗糙集形式，并明确条件属性和决策属性，选择各属性的值域，并在原始数据中相应。

② 按不可分辨关系将 $\mathrm{DS}=(U,C\cup\{d\})$ 划分为等价类，即 $U/IND(C)=\{E_1, E_2,\cdots,E_k\}$。

③ 根据定义生成不可分辨矩阵。

④ 由不可分辨矩阵得出不可分辨函数，利用逻辑运算计算不可分辨函数，将其化简为一些合取式的析取，每一合取式为 $\mathrm{DS}=(U,C\cup\{d\})$ 中对条件属性的一个约简。

⑤ 从第④步得到的约简出发形成一个属性个数层次递减图，图中结点由属性组成，每层递减一个属性，图中相同层次属性数相等，直到属性个数为零终止。

⑥ 计算图中每一结点的规则集，保留支持度大于 u_0（支持度阈值）的规则，直到其后续结点的规则支持度小于 u_0 为止。

⑦ 发现规则，取满足支持度且处于高层的规则。

方法二：避开求取决策系统的简化，而直接计算每一个条件等价类的相对决策分辨函数，再对所有条件等价类的规则进行合并，然后根据实际问题的需要，利用一定的规则选取策略选择规则进行决策。

（2）基于分辨矩阵的数据挖掘模型的优缺点

基于分辨矩阵的数据挖掘模型在固定的数据集合上可方便、有效、快速地挖掘出有用规则，但当数据集合处于动态环境时，应用分辨矩阵算法需对旧的数据重新建立相应的分辨矩阵，无疑这将增加算法的时间复杂度 $O(n^2)$，其中 n 为对象数目。

3. 基于改进分辨矩阵的增量式数据挖掘模型的原理

增量式学习能力是指在有新的数据加入到数据集合中时，数据挖掘模型可对新数据自动产生规则，而不需对旧规则重新计算。增量式学习系统是基于对知识库（决策表）的动态更新和扩展上。当有新的数据产生时，能对目前的知识库（决策表）进行调整。

决策矩阵可以计算决策系统的所有最小决策规则和约简集合。在决策矩阵中最小集规则可以特征化为：① 能区别不同的决策类（目标概念）；② 能寻找影响决策分类的重要因素；③ 产生最小的无冗余的规则数目；④ 匹配最大的数据集合；⑤ 在对新数据分类时提供最小的误差率。决策矩阵在保持有用信息的条件下提供了产生决策规则的最简化集合，产生规则的方法是基于决策矩阵中布尔函数的构造。

（1）决策系统中决策矩阵的定义及决策规则的产生。在定义决策矩阵之前先假设一些概念。我们假设所有的正负域对象分别用下标 $i(i=1,2,\cdots,\gamma)$ 及 $j(j=1,2,\cdots,\rho)$ 表示。为了使用正负域对象，针对某一决策类 V，我们使用上标 V 和 $-V$ 表示。如：x_i^V 及 x_j^{-V}。

定义 8.17　一个决策系统的决策矩阵定义为

$$M_{ij}=\{(a,a(x_i^V)):a(x_i^V)\neq a(x_j^{-V})\}$$

集合 M_{ij} 包含了所有的属性值，这些值是在对象 x_i^V 及 x_j^{-V} 间不同的。换句话说，M_{ij} 表示了能区分 x_i^V 及 x_j^{-V} 的所有信息。

对于给定对象 $x_i^V(i=1,2,\cdots,\gamma)$ 的最小决策规则集合 $\left|B_i\right|$ 可有布尔表达式获得：

$$B_i^V=\underset{j}{\wedge}\vee M_{ij}$$

B_i^V 布尔表达式称为决策函数，由决策矩阵的第 i 行构成，即 $(M_{i1},M_{i2},\cdots,M_{i\rho})$。它由部件 M_{ij} 布尔变量通过析取和合取范式变换构成。

决策规则 $\left|B_i^V\right|$ 可以把一个布尔表达式 B_i^V 转换成析取“∨”范式后而获得，并可通过

布尔代数的吸收率进行简化。简化后的决策函数的基本蕴涵对应于最小决策规则。决策类正负域的决策规则可以使用同样的方法获得。

一旦所有的决策规则集合$\left|B_i^V\right|$计算出来，所有最小决策规则 RUL($/V_d/$) 对应于决策值 V_d ($/V_d/=\{x\in U:d(x)=V_d,d\in D,V_d\in V_d\}$) 可由下式表示：

$$\mathrm{RUL}(/V_d/)=\bigcup\left|B_i^V\right| \quad (i=1,2,\cdots,\gamma)$$

应用前【例】，根据决策矩阵的定义，产生决策规则的过程如下：

决策类为“0”的决策矩阵见表 8-12。

表 8-12　决策类为“0”的决策矩阵

	x_2	x_3	x_4	x_6	x_8	x_9
x_1	(S,0)	(S,0)	(T,0)	(T,0)∨(S,0)	(T,0)∨(S,0)	(T,0)∨(S,0)
x_5	(T,1)	(T,1)∨(S,1)	(S,1)	(S,1)	(T,1)	(T,1)∨(S,1)
x_7	(T,2)∨(S,0)	(T,2)∨(S,0)	(T,2)	(T,2)∨(S,0)	(S,0)	(S,0)

x_1:　(S,0)∧(T,0)∧[(T,0)∨(S,0)]= (S,0)∧(T,0)

x_5:　(T,1)∧[(T,1)∨(S,1)]∧(S,1)= (T,1)∧(S,1)

x_7:　[(T,2)∨(S,0)]∧(T,2)∧(S,0)= (T,2)∧(S,0)

决策类为“1”的决策矩阵见表 8-13。

表 8-13　决策类为“1”的决策矩阵

	x_1	x_3	x_5	x_6	x_7	x_9
x_2	(S,1)	(S,1)	(T,0)	(T,0)∨(S,1)	(T,0)∨(S,1)	(T,0)∨(S,1)
x_4	(T,1)	(T,1)∨(S,0)	(S,0)	(S,0)	(T,1)	(T,1)∨(S,0)
x_8	(T,2)∨(S,1)	(T,2)∨(S,1)	(T,2)	(T,2)∨(S,1)	(S,1)	(S,1)

x_2:　(S,1)∧(T,0)∧[(T,0)∨(S,1)]= (S,1)∧(T,0)

x_4:　(T,1)∧[(T,1)∨(S,0)]∧(S,0)= (T,1)∧(S,0)

x_8:　[(T,2)∨(S,1)]∧(T,2)∧(S,1)= (T,2)∧(S,1)

决策类为“2”的决策矩阵见表 8-14。

表 8-14　决策类为“2”的决策矩阵

	x_1	x_2	x_4	x_5	x_7	x_8
x_3	(S,2)	(S,2)	(T,0)∨(S,2)	(T,0)∨(S,2)	(T,0)∨(S,2)	(T,0)∨(S,2)
x_6	(T,1)∨(S,2)	(T,1)∨(S,2)	(S,2)	(S,2)	(T,1)∨(S,2)	(T,1)∨(S,2)
x_9	(T,2)∨(S,2)	(T,2)∨(S,2)	(T,2)∨(S,2)	(T,2)∨(S,2)	(S,2)	(S,2)

x_3:　(S,2)∧[(T,0)∨(S,2)] = (S,2)

x_6:　[(T,1)∨(S,2)]∧(S,2)= (S,2)

x_9:　[(T,2)∨(S,2)]∧(S,2)= (S,2)

对所有的确定性决策规则合并为：

（型号=B300）∧（规格=小）→ 分类为“0”；
（型号=B200）∧（规格=中）→ 分类为“0”
（型号=B100）∧（规格=小）→ 分类为“0”；
（型号=B300）∧（规格=中）→ 分类为“1”
（型号=B200）∧（规格=小）→ 分类为“1”；
（型号=B100）∧（规格=中）→ 分类为“1”
（规格=大）→ 分类为“2”

（2）增量式数据挖掘模型的决策矩阵算法的实现。增量式学习算法的主要目的是维持知识库处于动态环境中。对于数据挖掘而言，当对决策系统加入新的对象时，非常有必要对新增的数据进行增量式学习而不必重新计算旧的规则。本算法只计算由新数据构成的决策系统的决策规则。

增量式学习算法通过调整当前决策矩阵的决策规则来处理新数据而不必计算旧的数据集合。决策系统中的每一个对象的决策规则集在处理过程中均得以保持以至于在产生决策规则过程中得到更新。

① 导入增量式学习算法：

- 首先确定新的对象属于哪一个决策类$|V_d|$。如果新对象不属于目前现有的决策类，则定义一新的决策类，把它加到现有的决策类中。接下来，考虑两类决策问题，类“V”等价于$|V_d|$及类“$\sim V$”等价于$\text{OBJ}-|V_d|$。令(M_{ij}^V)是当前决策矩阵，如果只有一类则停止处理。定义新的对象为obj_k^V。
- 产生决策矩阵的新的一行M_{kj}^V：

$$(M_{kj}^V)=\{(a,a(\text{obj}_k^V)):a(\text{obj}_k^V)\neq a(\text{obj}_j^{\sim V}),\text{obj}_j^{\sim V}\notin|V_d|\}$$

- 计算obj_k^V的决策函数$B_k^V=\underset{j}{\wedge}\vee M_{kj}^V$及相关的决策规则$|B_k^V|$，将旧的决策规则$\text{RUL}(|V_d|)$更新为$\text{RUL}'(|V_d|)=\text{RUL}(|V_d|)\bigcup|B_k^V|$。
- 对于每一个目标概念$W_d\neq V_d$，通过产生决策矩阵的一个新列来更新现有的决策矩阵(M_{ij}^W)：

$$(M_{ik}^W)=\{(a,a(\text{obj}_i^W)):a(\text{obj}_i^W)\neq a(\text{obj}_k^{\sim W}),\text{obj}_i^W\in|W_d|\}$$

其中，$\text{obj}_k^{\sim W}$是属于$\text{OBJ}-|W_d|$的新的对象。接着，通过计算和简化布尔表达式将现有的决策函数B_i^W更新为$B_i^{W'}$。

$$B_i^{W'}=B_i^W\wedge\vee M_{ik}^W$$

再通过相关规则集的合并更新规则集，即$\text{RUL}'(|W_d|)=\bigcup|B_i^{W'}|$。

② 对增量式学习过程算法进行描述：

- 先判断新加入的对象与决策系统中原有对象的条件与决策属性的一致性情况。

- 若新对象与决策系统中原有对象的条件与决策属性值均相同，则决策规则知识库保持不变，提取相应的规则进行决策。
- 若新对象与决策系统中原有对象的条件与决策属性值均不同，这时将导致新的等价类产生，则按照决策矩阵的概念建立新的决策类的决策矩阵，并在原有决策类的决策矩阵上分别加入新的一列，修改相应的决策规则。
- 若新对象与决策系统中原有对象的条件属性值不同而决策属性值属于原有的决策类，则根据新对象的决策类别，在其相应类别所对应的决策矩阵中增加一行，在剩余决策类别所对应的决策矩阵中增加一列，修改相应的决策规则，更新原来的知识库。
- 若新对象与决策系统中原有某一对象的条件属性值相同而决策属性值不同时，新对象的加入将导致非确定性规则。这时，在新增对象的决策类所对应的决策矩阵上增加一行，产生一条空规则，不影响原有知识库，而在与新增对象条件值相同而决策值不同的决策类所对应的决策矩阵上增加一列，则与新增对象不相容的对象所对应的决策规则被删除，而分解成两条可能性规则，每条可能性规则成立的置信度μ由决策系统中出现的相应对象数目所支持。而在剩余决策类的决策矩阵上增加一列不影响原来的决策规则。

在前【例】中，新增对象为对象 10，其条件属性值与对象 7 相同而决策属性值不同，则对象 10 的加入必将产生非确定性规则。

在决策类为“1”的决策矩阵中增加一行：

x_{10}：$(T,2)\wedge[(T,2)\vee(S,0)]\wedge[(T,2)\vee(S,0)]\wedge[(T,2)\vee(S,0)]\wedge\phi\wedge(S,0)=\phi$

在决策类为“0”的决策矩阵中增加一列：

$x(1,10)=(T,0)$；$x(5,10)=(T,1)\vee(S,1)$；$x(7,10)=\phi$

在决策类为“2”的决策矩阵中增加一列：

$x(3,10)=(T,0)\vee(S,2)$；$x(6,10)=(T,1)\vee(S,2)$；$x(9,10)=(S,2)$

③ 知识决策规则库更新：

- 确定性决策规则：

（型号=B300）∧（规格=小）→ 分类为“0”；
（型号=B200）∧（规格=中）→ 分类为“0”；
（型号=B300）∧（规格=中）→ 分类为“1”；
（型号=B200）∧（规格=小）→ 分类为“1”；
（型号=B100）∧（规格=中）→ 分类为“1”；
（规格=大）→ 分类为“2”

- 可能性决策规则：

（型号=B100）∧（规格=小）→分类为“0”，置信度μ为 0.5；
（型号=B100）∧（规格=小）→分类为“1”，置信度μ为 0.5。

④ 增量式数据挖掘模型的决策矩阵算法的优点：

- 有效地处理了新增对象的各种情况，使知识库处于不断更新的状态。
- 对于可能性决策规则给出了置信度的表示，使学习的规则更具有实际意义。
- 通过产生多个决策矩阵，便于进行多元决策类分析。

从以上分析可知，当数据库处于动态环境时，利用分辨矩阵进行规则提取必须对原始数据集合重复进行考虑，这势必将增加算法的时间复杂度。基于决策矩阵的数据挖掘模型适应于增量式决策表的规则提取，当有新的数据加入到决策表中时，利用决策矩阵可方便地仅对增量的数据进行处理就能产生全局的规则。基于决策矩阵的增量式学习算法简便、合理，对仿真数据集合进行运算后能产生令人满意的结果。

本章小结

知识表达系统的化简是在保持知识库中原有知识的情况下消除知识库中的冗余分类，这一过程可以使我们消去知识库中所有非必要知识，仅保留真正有用的部分。本章介绍了粗糙集合的基本概念及其所属的知识表达系统，并描述了基于代数与逻辑判断的静态决策系统数据约简法及基于改进分辨矩阵的增量式动态决策系统数据约简算法。

本章习题

1. 举例说明知识表达系统中的下述概念：等价关系，粒度，上下近似，知识的简化和核，知识的相对简化和相对核，知识的依赖性。

2. 目前连续属性离散化的前沿算法有哪些？

3. 一个知识表达系统的决策表如下：

U	a	b	c	d	e
1	1	0	2	1	1
2	2	1	0	1	0
3	2	1	2	0	2
4	1	2	2	1	1
5	1	2	0	0	2

该系统中条件属性为$\{a,b,c\}$，决策属性为$\{d,e\}$，试计算条件属性相对于决策属性的简化和核，并给出最小决策算法。

第9章 机器学习

学习重点

通过本章的学习，学生应该掌握机器学习的主要策略和方法，熟知机器学习的历史，并且对决策树算法、支持向量机、贝叶斯学习算法有一定的了解，可以与之前学到的神经网络和人工智能的理论进行对比分析学习。

机器学习（machine learning）是研究计算机怎样模拟或实现人类的学习行为，以获取新的知识或技能，重新组织已有的知识结构使之不断改善自身的性能。

9.1 机器学习简史

机器学习是人工智能的核心，是使计算机具有智能的根本途径，其应用遍及人工智能的各个领域，它主要使用归纳、综合而不是演绎。

9.1.1 机器学习的发展历史

自从20世纪40年代计算机诞生以来，人们就想从人工智能的角度探究计算机能不能自己学习。人们希望计算机能够根据经验自动提升自己的性能，希望未来汽车导航系统能够从出行的经验，选择最优的出行路线，避免堵车；希望医疗诊断系统能够从医疗记录中学习和获取治疗新疾病的有效方法；希望电视助理跟踪用户的兴趣，并为其选择最感兴趣的早间新闻。要实现这些愿望，人们需要更加深入地认识和理解计算机学习，同时，透彻理解机器学习的方法，对于人类自身的学习也会有更大的帮助。

计算机学习通常称之为机器学习，是一门研究计算机如何模拟人类学习活动、自动获取知识的一门学科。机器学习是人工智能的核心，是使计算机具有智能的根本途径。近年来机器学习理论在诸多应用领域得到成功的应用与发展，已成为计算机科学的基础及热点之一。采用机器学习方法的计算机程序被成功用于机器人下棋、语音识别、信用卡欺诈监测、自主车辆驾驶、智能机器人等领域，除此之外机器学习理论方法还被用于大数据集的数据挖掘这一领域。总的来讲，在任何有经验可以积累的地方，机器学习方法均可发挥作用。

目前，计算机的学习能力与人类相比还有很大的差距。虽然，人们不知道怎样使计算机具备和人类一样强大的学习能力，但是，一些针对特定学习任务的计算机学习算法已经产生，并取得了良好的效果，同时关于学习的理论也开始逐步形成。人们开发出很多计算机程序来实现不同类型的学习，并将其应用于实际中。例如，在数据挖掘领域，机器学习算法被用来从存储有设备维护记录、借贷申请、金融交易、医疗记录等信息的大型数据库中发现有价值的信息。随着对计算机认识的日益成熟，机器学习正在计算机科学和技术中扮演越来越重要的角色。针对机器学习的研究基本上经历了以下几个发展时期：

（1）通用学习系统的研究，属于热烈时期。这一时期从20世纪50年代开始，几乎和人工智能学科的诞生同步。当时，人工智能的研究着重于符号表示和启发式方法的研究，而机器学习却致力于构造一个没有或者只有很少初始知识的通用系统，这种系统所应用的主要技术有神经元模型、决策论和控制论。其中神经元模型的研究未取得实质性进展，并在20世纪60年代末走入低谷。作为对照，一种最简单、最原始的学习方法——

机械学习，又称为死记式学习，却取得了显著的成功。该方法通过记忆和评价外部环境提供的信息来达到学习的目的。采用该方法的代表性成果是塞缪尔于 20 世纪 50 年代末设计的跳棋程序，随着使用次数的增加，该程序会积累性记忆有价值的信息，可以很快达到大师级水平。正是机械学习的成功激励了研究者们继续进行机器学习的探索性研究。

（2）基于符号表示的概念学习系统研究。从 20 世纪 60 年代中叶开始，机器学习转入第二时期，也被称为机器学习的冷静时期——基于符号表示的概念学习系统研究。当时，人工智能的研究综合了逻辑和图结构的表示，研究的目标是表示高级知识的符号描述及获取概念的结构假设。这时期的工作主要有概念获取和各种模式识别系统的应用，其中最有影响的开发工作当属温斯顿的基于示例归纳的结构化概念学习系统。也有部分研究者构造了面向任务的专用系统，这些系统旨在获取特定问题求解任务中的上下文知识。这个时期机器学习的研究者已意识到应用知识来指导学习的重要性，并且开始将领域知识编入学习系统。

（3）基于知识的学习系统研究。起始于 20 世纪 70 年代中期的第三时期，也被称为复兴时期，这一时期注重基于知识的学习系统研究。人们不再局限于构造概念学习系统和获取上下文知识，同时也结合了问题求解中的学习、概念聚类、类比推理及机器发现的工作。一些成熟的方法开始用于辅助构造专家系统，并不断地开发新的学习方法，使机器学习达到一个新的时期。

目前，机器学习成为新的边缘学科，并在高校形成一门课程。它综合应用心理学、生物学和神经生理学以及数学、自动化和计算机科学形成机器学习理论基础。

9.1.2　机器学习的概念

学习是人类具有的一种重要智能行为，但究竟什么是学习，长期以来却众说纷纭。按照人工智能大师西蒙的观点，学习是系统所作的适应性变化，使得系统在下一次完成同样或类似的任务时更为有效。西蒙对学习给出的定义本身，就说明了学习的重要作用。

什么叫做机器学习？至今，还没有统一的“机器学习”定义，而且也很难给出一个公认的和准确的定义。为了便于进行讨论和估计学科的进展，这里我们给出一个定义。机器学习就是要使计算机能模拟人的学习行为，自动地通过学习获取知识和技能，不断改善性能，实现自我完善。机器学习研究的就是如何使机器通过识别和利用现有知识来获取新知识和新技能。

那么机器的能力是否能超过人呢？很多学者持否定意见，原因是机器是人造的，其性能和动作完全是由设计者规定的，因此无论如何其能力也不会超过设计者本人。这种意见对不具备学习能力的机器来说是正确的，可是对具备学习能力的机器就难以简单地下结论了，因为这种机器的能力在应用中不断地提高，一段时间以后，设计者本人也不清楚它的能力到了何种水平。1959 年美国的塞缪尔设计了一个下棋程序，这个程序具有学习能力，它可以在不断的对弈中改善自己的棋艺。4 年后，这个程序战胜了设计者本人。又过了 3 年，这个程序战胜了美国一个保持 8 年之久的常胜不败冠军。这个程序向人们展示了机器学习的能力，提出了许多令人深思的社会问题与哲学问题。也证明了具备学习能力的机器最终有一天会战胜人类。

9.1.3　机器学习系统的基本结构

为了使计算机系统具有某种程度的学习能力，使它能通过学习增长知识，改善性能，提高智能水平，需要为它建立相应的学习系统。这里以西蒙的学习定义作为出发点，建立起如图 9-1 所示的简单的学习模型。西蒙认为学习就是系统在不断重复的工作中对本身能力的增强或者改进，使得系统在下一次执行同样任务或相类似的任务时，会比现在做得更好或效率更高。由西蒙的定义可知，一个学习系统必须具有适当的学习环境，一定的学习能力，并且能应用学到的知识求解问题，其目的是能提高系统的性能。因此，一个学习系统一般应该由环境、学习、知识库、执行与评价四个基本部分组成。各部分的关系如图 9-1 所示。

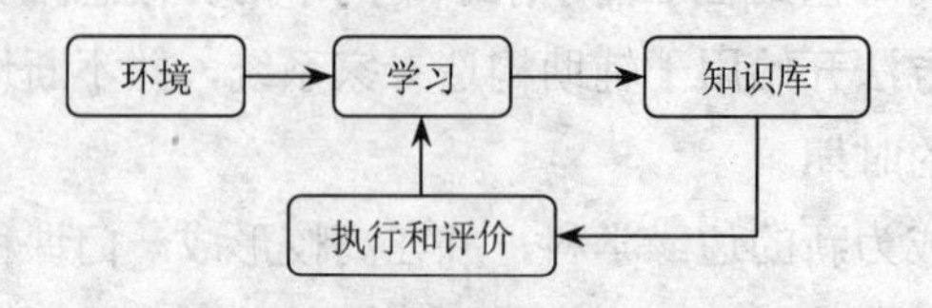

图 9-1　机器学习系统的基本模型

图 9-1 显示了学习系统的基本结构，其中箭头表示信息的流向。在构成学习系统的构件中，环境指外部信息的来源，它将为系统的学习提供有关信息；学习指系统的学习功能部分，它通过对环境的搜索取得外部信息，将收集到的信息经过分析、综合、类比、归纳等思维过程获得知识，并将这些知识存入知识库中，并应用这些知识提高系统执行部分完成任务的效能；知识库用于存储由学习得到的知识，在存储时要进行适当的组织，使它既便于应用又便于维护；执行部分根据知识库完成任务，同时把获得的信息反馈给学习部分，它主要用于处理系统面临的现实问题，即应用学习到的知识求解问题，如定理证明、智能控制、机器人行动规划、自然语言处理等；评价用于验证、评价执行环节的效果，如结论的正确性等。从执行到学习必须有反馈信息，学习将根据反馈信息决定是否要从环境中索取进一步的信息进行学习，以修改、完善知识库中的知识。

影响学习系统设计的因素很多，其中最重要的因素是环境向系统提供的信息的质量。知识库里存放的是指导执行部分动作的一般原则，但环境向学习系统提供的信息却是各种各样的。如果信息的质量比较高，与一般原则的差别比较小，则学习部分比较容易处理。但是，如果向学习系统提供的是杂乱无章的指导执行动作的具体信息，则学习系统需要在获得足够数据之后，删除不必要的细节后进行总结推广，并形成指导动作的一般原则放入知识库，这样学习部分的任务就比较繁重，设计起来也较为困难。

影响学习系统设计的另外一个重要因素就是知识库。知识的表示有多种形式，比如产生式规则、一阶逻辑语句、特征向量和语义网络等等。这些表示方式各有其特点，在选择表示方式时要兼顾以下四个方面：

（1）易于表达。在机器学习系统中，要选择恰当的和容易的表达方式来表示有关的知识。例如，如果要研究一些孤立的砖块，则可选用特征向量表示方式。但是，如果要用特征向量描述砖块之间的相互关系，比如要说明一个红色的砖块在一个黑色的砖块上面，则比较困难。这时采用逻辑语句描述是比较方便的，也是比较恰当的。

（2）易于推理。在具有较强表达能力的基础上，为了使学习系统的计算代价比较低，就需要选择合适的知识表示方式使推理较为容易。例如，在推理过程中经常会遇到判别两种表示方式是否等价的问题。在特征向量表示方式中，解决这个问题比较容易；在一阶逻辑表示方式中，解决这个问题要耗费很高的代价。因为学习系统通常要在大量的描述中查找，很高的计算代价会严重地影响查找的效率。因此如果只研究孤立的砖块而不考虑相互的位置，则应该使用特征向量表示。

（3）易于修改。学习系统的本质要求它不断地修改自己的知识库，当推广得出一般执行规则后，要将其更新到知识库中。因此学习系统的知识表示，一般都采用明确、统一的方式，如产生式规则、特征向量等，以便于知识库的修改。理论上，知识库的修改和删除是个较为困难的课题，因为新增加的知识可能与知识库中原有的知识相矛盾，这将导致整个知识库需要做全面调整，而删除某一知识也可能使许多其他的知识失效，需要做全面检查。

（4）易于扩展。随着系统学习能力的提高，单一的知识表示已经不能满足需要，一个系统有时需要同时使用几种知识表示方式。不但如此，有时还要求系统自己能构造出新的知识表示方式，以适应外界信息不断变化的需要。因此，系统需要包含如何构造表示方式的元级描述。现在，这种元级知识也被看做是知识库的一部分。这种元级知识使学习系统的能力得到极大提高，使其能够学会更加复杂的知识，使其的知识领域和执行能力不断地扩大。

学习系统不能在全然没有任何知识的情况下凭空获取知识，每一个学习系统都要具有某些知识以便用于理解环境提供的信息，进行分析比较、做出假设、检验并修改这些假设等。因此，更确切地说，学习系统是对现有知识的扩展和改进。

9.2　机器学习的主要策略和方法

20 世纪 80 年代以来，机器学习的发展极为迅速，应用亦日益广泛，诞生了很多优秀的学习方法，基本上可以分为基于符号学习方法和基于非符号学习方法。其中符号学习比较好的有机械学习、指导学习、归纳学习、类比学习、基于解释的学习。同时，人们也逐渐发现研究机器学习的最好方法是向人类自身学习，因而引入了一些模拟进化的方法来解决复杂优化的问题，其中最具代表性的是遗传算法。这种方法与传统方法大相径庭，近年来吸引了许多科学家致力于这种方法的研究。另外，基于统计学习理论而提出的支持向量机学习算法，由于其出色的学习性能尤其是泛化能力，也吸引起了很多人的关注。目前，该技术已成为机器学习界的研究热点，并在很多领域都得到了成功的应用。下面就将前面提到的各种策略做详细的介绍。

9.2.1 机械学习

机械学习又称死记式学习，是一种最原始、最简单的学习策略，它对于任何学习系统来说都是十分重要的组成部分，因为任何学习系统都必须记住它们所获取的知识以备将来使用。这种学习策略不需要任何推理过程，知识的获取以较为稳定和直接的方式进行。学习系统的任务就是把经过学习所获取的知识存储到知识库中，求解问题时就从知识库中检索出相应的知识直接用来求解问题，系统不必进行过多的加工。当机械式学习系统的执行部分解决完一个问题之后，系统就记住这个问题和它的解。机械学习在方法看上去很简单，但是由于计算机的存储容量相当大，检索速度又很快，而且记忆精确，所以也能产生人们难以预料的效果。西蒙的下棋程序就是采用了这种机械记忆策略。

这里可以把执行部分抽象地看成某一函数，这个函数在得到自变量输入值（$x_1,\cdots,x_n$）之后，计算并输出函数值（$y_1,\cdots,y_p$）。实际上它就是简单的存储联合对$[(x_1,\cdots,x_n),(y_1,\cdots,y_p)]$。在以后遇到求自变量输入值为（$x_1,\cdots,x_n$）的问题的解时，就从存储器中把函数值（$y_1,\cdots,y_p$）直接检索出来而不是进行重新计算。机械式学习过程可用模型示意如下：

（1）学习过程

$$(x_1,\cdots,x_n)\xrightarrow{\text{计算}}(y_1,\cdots,y_p)\xrightarrow{\text{存储}}[(x_1,\cdots,x_n),\ (y_1,\cdots,y_p)]$$

（2）应用过程

$$(x_1,\cdots,x_n)\xrightarrow{\text{检索}}[(x_1,\cdots,x_n),\ (y_1,\cdots,y_p)]\xrightarrow{\text{输出}}(y_1,\cdots,y_p)$$

机械学习是基于记忆和检索的方法，学习方法简单，但学习系统在设计时需要注意三个重要的问题：存储组织信息、环境的稳定性与存储信息的适用性以及存储与计算之间的权衡。机械式学习的学习程序不具有推理能力，只是将所有的信息存入计算机来增加新知识，其实质上是用存储空间换取处理时间，虽然节省了计算时间，但却占用存储空间。当因学习而积累的知识逐渐增多时，占用的空间就会越来越大，检索的效率也将随之下降。因此，在机械学习要全面权衡时间与空间的关系。

9.2.2 指导学习

指导学习比机械学习复杂一些，它又被称为嘱咐式学习或教授式学习。在这种学习方式下，由外部环境向系统提供一般性的指导或建议，系统把它们具体地转换为细节知识并存入知识库。在学习过程中要反复评价已经形成的知识，使其不断完善。对于使用指导学习策略的系统来说，外界输入知识的表示方式与内部表示方式可以不完全一致，系统在接收外部知识时需要一些推理、翻译和转换工作。MYCIN、DENDRAL 等专家系统在获取知识上都采用这种学习策略。一般地说，指导式学习系统需要通过如下步骤实现其功能：

① 请求——征询指导者的指示或建议。

② 解释——消化吸收指导者的指示或建议并将其转换为内部表示。

③ 实用化——把指导者的指示或建议转换成能够使用的表示方式。

④ 并入——把指导者的指示或建议并入到知识库中。

⑤ 执行与评价——执行动作，评价结果，并将结果反馈到第一步。

指导学习是一种比较实用的学习策略，常用于专家知识获取。

9.2.3　归纳学习

归纳学习是使用归纳推理进行学习的学习方法，是人类智能的重要体现，是机器学习的核心技术之一，也是研究最广的一种符号学习方法。它表示从提供的示例中抽象出结论的知识获取过程，是从个别到一般、从部分到整体的一类推论行为。由于在进行归纳时，多数情况下不可能考察全部有关的事例，因而归纳出的结论不能绝对保证它的正确性，只能以某种程度相信它为真，这是归纳推理的一个重要特征。在进行归纳学习时，学习者从所提供的假设或观察到的事实进行归纳推理，获得某个概念。目前，归纳学习的发展已较为成熟，在人工智能领域中已得到广泛的研究和应用。归纳学习按其有无指导者分为示例学习和观察与发现学习。

示例学习又称概念获取或从例子中学习，它指的是从环境中取得若干与某概念有关的例子，经归纳得出一般性概念或经验的学习方法，它属于有师学习，它的学习模型如图 9-2 所示。在示例学习系统中，系统需要对从环境中获取到的例子和经验进行分析、总结和推广，得到完成任务的一般规律，并在进一步工作中验证或修改这些规律，在整个过程中示例学习系统需要进行推理的情况比较多，是一种归纳学习系统。其示例学习的学习过程是：

① 从示例空间（环境）中选择合适的训练示例。

② 经分析、归纳出一般性的知识。

③ 再从示例空间（环境）中选择更多的示例对它进行验证，直到得到可实用的知识为止。

在示例学习系统中有两个重要概念：示例空间和规则空间。示例空间是指我们向系统提供的训练例集合，规则空间是指例子空间所潜在的某种事物规律的集合。学习系统应该从大量的训练示例中自行总结出这些规律。可以把示例学习看成是选择训练例去指导规则空间的搜索过程，直到搜索出能够准确反映事物本质的规则为止。

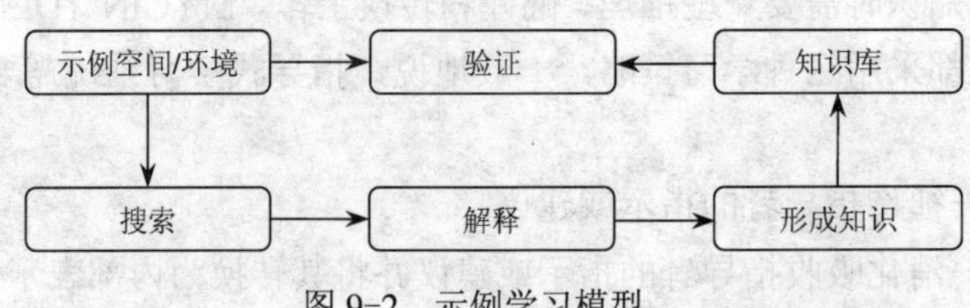

图 9-2　示例学习模型

观察与发现学习属于无师学习，它被分为观察学习与机器发现两种。观察学习用于对事例进行概念聚类，形成概念描述；机器发现用于发现规律，产生定律或规则。概念聚类是观察学习中的一个重要技术，其基本思想是把事例按一定的方式和规则分组，如划分为不同的种类、不同的层次等，使不同的组代表不同的概念，并且对每一个分组进行特征概括，得到一个概念的语义符号描述。

例如，喜鹊、麻雀、布谷鸟、乌鸦、鸡、鸭、鹅……。我们可以根据它们是否家养分为如下两类，鸟={喜鹊,麻雀,布谷鸟,乌鸦…}，家禽={鸡,鸭,鹅,…}，这里，“鸟”和“家禽”就是由分类得到的新概念，而且根据相应动物的特征还可得知：“鸟有羽毛、有翅膀、会飞、会叫、野生”，“家禽有羽毛、有翅膀、不会飞、会叫、家养”，如果把它们的共同特性抽取出来，就可进一步形成“鸟类”的概念。

机器发现是指从观察的示例或经验中归纳出规律或规则，这是一种最困难、最富有创造性的学习方法。它可以分为经验发现与知识发现两种。前者是指从经验数据中发现规律和定律；后者是指从已观察的示例中发现新的知识。

归纳学习在协助获取专家知识方面起到很好的作用。由于专家多年来积累的经验通常是“隐性知识”，甚至只是一种直觉，难以表述和提取，但专家经验来源于实践，是对大量实例和现象的归纳。因此，使用归纳学习方法来获取专家知识恰到好处，它为解决专家系统的知识获取这个瓶颈问题提供了重要的手段。

归纳学习也存在一些困境，比如归纳学习仅通过实例之间的比较来提取共性与不同，因此它难以区分重要的、次要的和不相关的信息，常常出现跳步问题。此外，归纳学习要求必须有多个实例，对有些领域来说给出多个实例是比较困难的，这也限制了归纳学习使用的范围。

9.2.4　类比学习

类比是人类认识世界的一种重要手段，也是引导人类学习新事物、进行创造性思维的重要手段。类比学习是一种获取新概念、新技巧的重要方法，它把类似这些新概念、新技巧的已知知识转换为适合新情况的形式。在类比学习过程中，首先是从记忆中找到类似的概念或技巧，然后把它们转换为新形式以便用于新情况。例如人类的一种重要学习方式是先由老师教学生解例题，再给学生留习题。学生通过寻找例题和习题之间的对应关系，利用解决例题的知识去求解习题。学生经过一般化归纳推出原理，以便以后使用。这种类比学习方式是人类常用的。

类比学习的基础是类比推理。类比推理，是指由新情况与记忆中的已知情况在某些方面类似，从而推出它们在其他方面也相似。显然类比推理就是在两个相似域之间进行的。

（1）已经认识的域。它包括过去曾经解决过且与当前问题类似的问题及相关知识，称为源域，记为 S。

（2）当前尚未完全认识的域。它是指遇到的新问题，称为目标域，记为 T。类比推理就从 S 中选出与当前问题最近似的问题以及求解方法来求解当前的问题，或者建立目标域中已有命题间的联系，形成新知识。

在类比学习过程中一般包括以下几个步骤：

① 输入。首先将一个已解决问题的全部已知条件输入系统，然后对于一个给定的新问题，根据问题的描述，提取其特征，形成一组未完全确定的条件并输入系统。

② 匹配。根据输入的两组条件，按某种相似性的定义在问题空间中搜索，找出与已解决问题相似的有关知识，并对新老问题进行部分匹配。

③ 检验。按相似变换的方法，将已解决问题的概念、特性、方法、关系等映射到新问题上，以判断已解决问题的已知条件与新问题的相似程度，即检验类比的可行性。

④ 修正。除了将已解决问题的知识直接应用于新问题求解的特殊情况外，一般说来，对于检验过的已解决问题的概念或求解知识要进行修正，才能得出关于新问题的求解规则。

⑤ 更新知识库。对类比推理得到的新问题的知识进行校验，验证正确的知识将存入知识库中，而暂时还无法验证的知识只能作为参考性知识，置于数据库中等待验证。

在设计类比学习系统的过程中要注意以下几个方面：

（1）灵活定义类比的匹配机制。在匹配过程中，为了确定两个问题是否相似，就要将两个问题的各个部分对应起来。但是在类比活动中，并不是所有部分都能完全匹配。因此，在类比推理中，匹配机制应当是灵活的，而不是严格的。

（2） 适时调整类比的相似性。类比学习的关键是相似性的定义与度量。相似定义的依据随着类比学习目的不同而变化，若学习的目的是获得求解新问题的方法，则应依据新问题的各个状态间的关系与已解决问题的各个状态间的关系来进行类比；若学习的目的是获得新问题的某种状态，则定义相似性应依据新、老问题的其他状态间的相似对应关系。相似变换一般要根据新、老问题间以何种方法进行相似类比而决定，常用的相似性的度量方法有：权系数方法、语义距离方法、规则方法、空间方法等。

（3） 谨慎处理类比的修正。类比学习虽有许多优点，但它属于不保真的方法。在类比学习中，经过合理的变换与重构后，可能产生一些无用的甚至是失效的知识。这不仅会造成存储量过大，检索速度减慢，甚至导致类比学习的失效。因此对类比学习的修正必须谨慎处理。

9.2.5 解释学习

解释学习是指通过运用相关领域知识，对当前的实例进行分析，从而构造解释并产生相应知识的一种学习方法。基于解释的学习是通过运用相关领域知识及一个训练实例对某一目标概念进行学习，并生成这个目标概念的可形式化表示的一般性知识。

在进行解释学习时，要向学习系统提供一个实例和完善的领域知识。在分析实例时，首先建立关于该实例是如何满足所学概念的一个解释。由这个解释所识别出的实例的特性，被用来作为一般性概念定义的基础，然后通过学习系统的后续练习，发现并总结出更一般性的概念和原理。在这个过程中，学习系统必须设法找出实例与后续练习之间的因果关系，并应用实例去练习，把练习结果上升为概念和原理，并存储起来供以后使用。一个解释学习系统求解含有先例的问题的过程大致如下：

（1）用一个与被解释的关系或动作对应的链来匹配练习与先例。

（2）把解释样板从先例转换至练习。

（3）跟踪被转换解释样板的路径，检查被解释的链是否由已有的链支持。

① 如果期望的结论获得支持，就宣布成功。

② 否则，使用其他先例，检查系统是否能够判断需要的但暂缺的链，如能做到，则宣布成功。

③ 否则，宣布失败。

9.2.6 其他学习策略

除了前文所介绍的机器学习策略外，下面所介绍的这几种学习策略也是现阶段比较流行的机器学习策略。

支持向量机（support vector machine，SVM）学习策略。传统的统计模式识别方法只有在样本趋向无穷大时，其性能才有理论的保证。而统计学习理论（statistical learning theory，SLT）是研究有限样本情况下的机器学习问题，是支持向量机的理论基础。

根据统计学习理论，机器学习的实际风险由经验风险值和置信范围值两部分组成。传统的统计模式识别方法在进行机器学习时，强调经验风险最小化，没有最小化置信范围值，因此其推广能力较差。Vapnik 提出的支持向量机以训练误差作为优化问题的约束条件，以置信范围值最小化作为优化目标，是一种基于结构风险最小化准则的学习方法，其推广能力明显优于一些传统的学习方法。

由于 SVM 的求解最后转化成二次规划问题的求解，因此 SVM 的解是全局唯一的最优解。SVM 在解决小样本、非线性及高维模式识别问题中表现出许多特有的优势，并能够推广应用到函数拟合等其他机器学习问题中

基于遗传算法的学习策略。遗传算法是建立在自然选择和群体遗传学机理基础上随

机迭代和进化，具有广泛适用性的搜索方法，具有很强的全局优化搜索能力。它模拟了自然选择和自然遗传过程中发生的繁殖、交配和变异现象，根据适者生存、优胜劣汰的自然法则，利用遗传算子选择、交叉和变异逐代产生优选个体，最终搜索到较优的个体。遗传算法本质上是基于自然进化原理提出的一种优化策略，在求解过程中，通过最好解的选择和彼此组合，则可以期望解的集合将会愈来愈好。

多智能体学习策略。随着网络和分布式计算技术的发展，一些现实系统往往异常复杂、庞大，并呈现出分布式特性，以至于单智能体因个体所拥有的知识、计算资源和视图的限制而力不能及，因此对多 Agent 的研究迅速发展，逐渐成为人工智能研究的热点。多 Agent 学习已经成为人工智能和机器学习研究方向发展最迅速的领域之一。它和传统体系的显著区别在于其自主性、反应性、协作性。由于环境的未知性，所以多 Agent 的学习过程是不可避免的，采用强化学习作为多 Agent 系统的学习方法。多 Agent 技术主要涉及复杂和并发系统的建立与管理、流动访问与管理、信息搜集与处理、语言处理、工业制造、飞行器控制、监控、分布式计算与协同工作、电子商务、用户界面和中间件以及机器人等。

强化学习策略。学习一词来自于行为心理学，该理论把学习行为看成是反复试验的过程，通过这一过程把环境状态映射成相应的动作。所谓强化学习，就是智能系统从环境到行为映射的学习，以使奖励信号函数值最大。强化学习中由环境提供的强化信号是对产生动作的好坏作为一种评价。由于外部环境提供的信息很少，强化学习系统必须靠自身的经历进行学习。通过这种方式，强化学习系统在行动—评价的环境中获得知识，改进行动方案以适应环境。强化学习理论是从动物学习、参数扰动自适应控制等理论发展而来。其基本原理可简述为：如果智能体的某个行为策略导致环境正的奖赏（强化信号），那么智能体以后产生这个行为策略的趋势便会加强。

9.3　几种常用的机器学习算法

本节列举了机器学习的三种算法，学生需将每种算法的原理掌握。

9.3.1　决策树算法

分类技术是一种根据输入数据集建立分类模型的方法，它一般是用一种学习算法确定分类模型，该模型可以很好地拟合输入数据中类标号和属性集之间的联系。因此，训练算法的主要目标就是要建立具有很好泛化能力的模型，也就是建立能够准确地预测未知样本类标号的模型。决策树就是一个基于概率统计的有效的机器学习分类方法，它首先对数据进行处理，利用归纳算法生成可读的规则和决策树，然后使用决策树对新数据进行分析。本质上决策树是通过一系列规则对数据进行分类的过程。

例如，在贷款申请中，要对申请的风险大小做出判断，图 9-3 就是为了解决这个问题而建立的一棵决策树，从中我们可以看到决策树的基本组成部分：决策结点、分支和叶子。决策树中最上面的结点称为根结点，是整个决策树的开始。每个分支是一个新的决策结点，或者是树的叶子。每个决策结点代表一个问题或者决策。通常对应待分类对象的属性。每个叶结点代表一种可能的分类结果。在沿着决策树从上到下的遍历过程中，在每个结点都有一个测试。对每个结点上问题的不同测试输出导致不同的分枝，最后会达到一个叶子结点。这一过程就是利用决策树进行分类的过程，利用若干个变量来判断属性的类别。

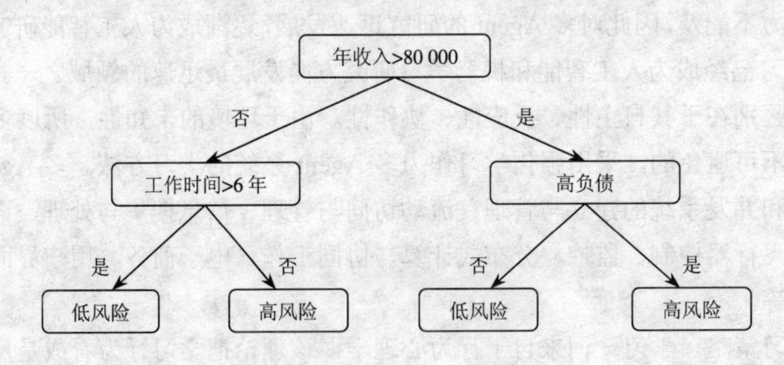

图 9-3　一颗简单的决策树

使用决策树进行机器学习有以下几个优点：

（1）推理过程容易理解，决策推理过程可以表示成 If… Then 形式。

（2）推理过程完全依赖于属性变量的取值特点。

（3）可自动忽略对目标变量没有贡献的属性变量，也可作为判断属性变量的重要性，减少变量的数目提供参考。

与决策树相关的算法，最早产生于 20 世纪 60 年代，是由 Hunt 等人在 1966 年研制的 CLS 学习算法，它主要用于学习单个概念。到了 70 年代末期，J.R.Quinlan 又发明出了 ID3 算法，并在 80 年代对 ID3 进行了总结和简化，使其成为决策树学习算法的典型。到了 1986 年，Schlimmer 等人对 ID3 进行改造，在每个可能的决策树结点创建缓冲区，使决策树可以递增式生成，从而得到了 ID4 算法。到 80 年代后期，Utgoff 又在 ID4 基础上提出了 ID5 学习算法，进一步提高了学习的效率。90 年代初期，Quinlan 进一步发展了 ID3 算法，改进成为 C4.5 算法。

这里我们简单介绍决策树算法中最具影响和最为典型的算法 ID3 算法。ID3 算法的核心是在决策树的各级结点上，使用信息增益方法作为属性的选择标准，来帮助确定生成每个结点时所应采用的合适属性。这样就可以选择具有最高信息增益属性作为当前结点的测试属性，以便使用该属性所划分获得的训练样本子集进行分类所需信息最小。

定义 9.1　设 U 是论域，$\{X_1,\cdots,X_n\}$ 是 U 的一个划分，其上有概率分布 $p_i = P(X_i)$，则称：

$$H(X)=-\sum_{i=1}^{n} p_i \log p_i \tag{9.1}$$

$H(X)$为信源 X 的信息熵，其中对数取以 2 为底，而当某个 p_i 为零时，则可以理解为 $0\cdot\log 0=0$。

定义 9.2　设 $Y=\begin{Bmatrix} Y_1 Y_2 \cdots Y_n \\ q_1 q_2 \cdots q_n \end{Bmatrix}$ 是一个信息源，即 $\{Y_1,Y_2,\cdots,Y_n\}$ 是 U 的另一个划分，$P(Y_j)=q_j$，$\sum_{j=1}^{n} q_j=1$，则已知信息源 X 是信息源 Y 的条件熵 $H(Y|X)$定义为

$$H(Y \mid X)=\sum_{i=1}^{n} P(X_i) H(Y \mid X_i) \tag{9.2}$$

其中，$H(Y \mid X_i)=-\sum_{j=1}^{n} P(Y_j \mid X_i) \log P(Y_j \mid X_i)$ 为事件 X_i 发生时信息源 Y 的条件熵。

在 ID3 算法分类问题中，每个实体用多个特征来描述，每个特征限于在一个离散集中取互斥的值。ID3 算法的基本原理如下：设 $E=F_1 \times F_2 \times \cdots \times F_n$ 是 n 维有穷向量空间，其中 F_i 是有穷离散符号集。E 中的元素 $e=<V_1,V_2,\cdots,V_n>$ 称为样本空间的例子，其中 $V_j \in F_i$，$(j=1,2,\cdots,n)$。为简单起见，假定样本例子在真实世界中仅有两个类别，在这种两个类别的归纳任务中，PE 和 NE 的实体分别称为概念的正例和反例。假设向量空间 E 中的正、反例集的大小分别为 P、N，由决策树的基本思想，ID3 算法是基于如下两种假设：

（1）在向量空间 E 上的一棵正确的决策树对任意样本集的分类概率同 E 中的正、反例的概率一致。

（2）根据定义 9.1，一棵决策树对一样本集做出正确分类，所需要的信息熵为

$$I(P,N)=-\sum\left(\frac{P}{P+N}\log\frac{P}{P+N}-\frac{N}{P+N}\log\frac{N}{P+N}\right) \tag{9.3}$$

如果选择属性 A 作为决策树的根，A 取 V 个不同的值 $\{A_1,A_2,\cdots,A_V\}$，利用属性 A 可以将 E 划分为 V 个子集 $\{E_1,E_2,\cdots,E_V\}$，其中 $E_i(1 \leqslant i \leqslant V)$ 包含了 E 中属性 A 取 A_i 值的样本数据，假设 E_i 中含有 p_i 个正例和 n_i 个反例，那么子集 E_i 所需要的期望信息是 $I(p_i,n_i)$，以属性 A 为根所需要的期望熵为

$$E(A)=\sum_{i=1}^{V} \frac{p_i+n_i}{P+N} I(p_i,n_i) \tag{9.4}$$

$$I(p_i,n_i)=-\frac{p_i}{p_i+n_i}\log\frac{p_i}{p_i+n_i}-\frac{n_i}{p_i+n_i}\log\frac{n_i}{p_i+n_i} \tag{9.5}$$

其中，以 A 为根的信息增益是：

$$\mathrm{Gain}(A)=I(P,N)-E(A) \tag{9.6}$$

ID3 算法选择 Gain(A) 最大的属性 A^* 作为根结点，对 A^* 的不同取值对应的 E 的 V 个子集 E_i 递归调用上述过程生成的 A^* 的子结点 $B_1, B_2, \cdots, B_V$ 。

实际上，能正确分类训练集的决策树不止一棵，但 ID3 算法能得出结点最小的决策树。在 ID3 算法的每一个循环过程中，都对训练集进行查询以确定属性的信息增益，但此时的工作只是查询样本的子集而没有对其分类。为了避免访问全部数据集，ID3 算法采用了称为窗口的方法，窗口随机地从数据集中选择一个子集。采用该方法会大大加快构建决策树的速度。

ID3 算法的主算法非常简单，首先，从训练集中随机选择一个窗口，对当前的窗口形成一棵决策树；其次，对训练集（窗口除外）中例子用所得到的决策树进行类别判定，找出错判的例子。若存在错判的例子，把他们插入窗口，转到建树过程，否则停止。

算法每迭代循环一次，生成的决策树将会不同。ID3 算法以一种从简单到复杂的爬山策略遍历整个假设空间，从空的树开始，然后逐步考虑更加复杂的假设。通过观察搜索空间和搜索策略可以发现，它同时存在着一些优点和不足。

ID3 算法的优点：

（1）ID3 算法的假设空间包含所有的决策树，搜索空间也是完整的假设空间。对于每个有限离散值函数可以被表示为某个决策树，因此，它避免了假设空间可能不包含目标函数的风险。

（2）ID3 算法在搜索的每一步都使用当前的所有训练样本，以信息增益的标准为基础决定怎样简化当前的假设。使用信息增益这一统计属性的一个优点是大大降低了对个别训练样例错误的敏感性，因此，通过修改算法可以很容易地扩展到处理含有噪声的训练样本。

（3）ID3 算法采用自顶向下的搜索策略，搜索全部空间的一部分，确保所作的测试次数较少，分类速度较快。算法的执行时间与样本例子个数、特征个数、结点个数三者的乘积呈线性关系。

（4）ID3 算法与最基础的决策树算法一样，非常适合处理离散值样本数据，并且利用树型结构的分层的效果，可以轻而易举地提取到容易理解的 If-Then 分类规则。

ID3 算法存在的不足之处有如下几个方面：

（1）ID3 算法使用的基于互信息的计算方法依赖于属性值数目较多的属性，但是属性值较多的属性不一定是分类最优的属性。

（2）ID3 算法在搜索中不进行回溯，每当在树的某一层选择了一个属性进行测试，它不会再回溯重新考虑这个选择。这样，算法容易收敛到局部最优的答案，而不是全局最优的。

（3）用信息增益作为属性选择量存在一个假设，即训练例子集中的正，反例的比例应与实际问题领域里正、反例比例相同。一般情况不能保证相同，这样计算训练集的信息增益就有偏差。

（4）ID3 算法是一种贪心算法，对于增量式学习任务来说，由于它不能增量地接受训练样例，使得每增加一次实例都必须抛弃原有的决策树，重新构造新的决策树，造成极大的开销。所以，ID3 算法不适合于渐进学习。

（5）ID3 算法对噪声较为敏感。Quinlan 定义噪声未训练样本数据中的属性值错误和分类类别错误。

（6）ID3 在建树时，每个结点仅含一个属性，是一种单变元的算法，属性间的相关性强调不够。虽然它将多个属性用一棵树连在一起，但联系还是松散的。

总的来说，ID3 算法由于理论清晰、方法简单、学习能力较强，适于处理大规模的学习问题，是机器学习领域中的一个极好范例，也不失为一种知识获取的有用工具。

9.3.2　支持向量机

现实世界中存在大量我们尚无法准确认识但却可以进行观测的事物，如何从一些观测数据出发得出目前尚不能通过原理分析获得的规律，进而利用这些规律预测未来的数据，这是统计模式识别需要解决的问题。统计是我们面对数据而又缺乏理论模型时最基本的、也是唯一的分析手段。Vapnik 等人早在 20 世纪 60 年代就开始研究有限样本情况下的机器学习问题，但这些研究长期没有得到充分的重视。到 20 世纪末，有限样本情况下的机器学习理论逐渐成熟起来，形成了一个较完善的统计学习理论体系。同时，神经网络等较新兴的机器学习方法的研究则遇到一些重要的困难，比如如何确定网络结构的问题、过拟合与欠拟合问题、局部极小点问题等。在这些情况下，试图从更本质上研究机器学习的统计学习体系逐步得到重视。

20 世纪 90 年代终于在统计学习理论的基础上 Vapnik 等成功构造出支持向量机（SVM）算法。SVM 算法在解决小样本、非线性及高维模式识别问题中表现出许多特有的优势，并能够推广应用到函数拟合等其他机器学习问题，从而逐渐成为继模式识别和神经网络研究之后机器学习领域中新的研究热点，并将推动机器学习理论和技术有重大的发展。

对于机器学习中的分类问题，单层前向网络可解决线性分类问题，多层前向网络可解决非线性分类问题。但这些网络仅仅能够解决问题，并不能保证得到的分类器是最优的；而基于统计学习理论的支持向量机方法能够从理论上实现对不同类别间的最优分类，通过寻找最“坏”的向量，即支持向量，达到最好的泛化能力。

SVM 是从线性可分情况下的最优分类面发展而来，因此支持向量机算法的目的就是寻找一个超平面 $H(d)$，该超平面可以将训练集中的数据分开，且与类域边界的沿垂直于该超平面方向的距离最大，故 SVM 法亦被称为最大边缘算法。

超平面，是一类线性函数，这类线性函数能够将样本完全正确的分开。从表现形式上是 n 维欧氏空间中余维度等于一的线性子空间，是平面中的直线、空间中的平面的推广。所谓最优超平面就是要求超平面不但能将两类正确分开，而且使分类间隔最大；使分类间隔最大实际上就是对模型推广能力的控制，这是 SVM 的核心思想所在。

下面介绍 SVM 算法中最常用到的算法，支持向量分类（SVC）算法。该算法按照样本是否线性可分，被分为两种情况。

1．线性可分情形

在 d 维空间中，线性判别函数的一般形式为 $g(x)=w^T x+b$，分类面方程是 $w^T x+b=0$。这里，我们将判别函数进行归一化处理，使两类所有样本都满足 $|g(x)|\geqslant 1$，此时离分类面最近的样本的 $|g(x)|=1$，为了将所有样本都能正确分类，就是要求它满足

$$y_i(w^T x_i+b)-1\geqslant 0 \qquad i=1,2,\cdots,n \tag{9.7}$$

在式（9.7）中，能够使等号成立的那些样本叫做支持向量（support vectors）。两类样本的分类空隙（margin）的间隔大小：

$$\text{Margin}=2/\|w\| \tag{9.8}$$

因此，最优分类面问题可以表示成如下的约束优化问题，即在条件（9.7）的约束下，求函数式（9.9）的最小值。

$$\varphi(w)=\frac{1}{2}\|w\|^2=\frac{1}{2}(w^T w) \tag{9.9}$$

为此，可以构造如下的 Lagrange 函数：

$$L(w,b,\alpha)=\frac{1}{2}w^T w-\sum_{i=1}^{n}\alpha_i(y_i(w^T x_i+b)-1) \tag{9.10}$$

其中，$\alpha_i\geqslant 0$ 为 Lagrange 系数，我们的问题是对 w 和 b 求 Lagrange 函数的最小值。把式（9.10）分别对 w、b、α_i 求偏微分并令它们等于 0，得

$$\begin{aligned}
&\frac{\partial L}{\partial w} &&=0\Rightarrow w=\sum_{i=1}^{n}\alpha_i y_i x_i\\
&\frac{\partial L}{\partial b} &&=0\Rightarrow \sum_{i=1}^{n}\alpha_i y_i=0\\
&\frac{\partial L}{\partial \alpha_i} &&=0\Rightarrow \alpha_i(y_i(w^T x_i+b)-1)=0
\end{aligned}$$

以上三式加上原约束条件可以把原问题转化为如下凸二次规划的对偶问题：

$$\begin{cases}
\max\sum_{i=1}^{n}a_i-\frac{1}{2}\sum_{i=1}^{n}\sum_{j=1}^{n}\alpha_i\alpha_j y_i y_j(x_i^T x_j)\\
s.t \qquad a_i\geqslant 0 \quad i=1,\cdots,n\\
\qquad\quad \sum_{i=1}^{n}a_i y_i=0
\end{cases} \tag{9.11}$$

其解是最优化问题的整体最优解。解出 α_i^* 后利用 $w=\sum_i a_i^* y_i x_i$ 确定最优超平面，应该注意只有支持向量所对应的 Lagrange 乘子 α_i^* 才不是 0。若 α_i^* 为最优解，则

$$w^* = \sum_{i=1}^{n} \alpha_i^* y_i x_i \tag{9.12}$$

b^*可由约束条件 $\alpha_i(y_i(w^T x_i + b) - 1) = 0$ 求解，由此求得的最优分类函数是：

$$f(x) = \mathrm{sgn}((w^*)^T x + b^*) = \mathrm{sgn}(\sum_{i=1}^{n} a_i^* y_i x_i^* x + b^*) \tag{9.13}$$

2．非线性可分情形

当用一个超平面不能把两类点完全分开时（只有少数点被错分），可以引入松弛变量 $\xi_i(\xi_i \geqslant 0, i=1,\cdots,n)$，使超平面 $w^T x + b = 0$ 满足：

$$y_i(w^T x_i + b) \geqslant 1 - \xi_i \tag{9.14}$$

当 $0<\xi_i<1$ 时样本点 x_i 仍旧被正确分类，而当 $\xi_i \geqslant 1$ 时样本点 x_i 被错分。为此，引入以下惩罚函数：

$$\varphi(w,\xi) = \frac{1}{2} w^T w + C\sum_{i=1}^{n} \xi_i \tag{9.15}$$

其中，C 是一个正常数，称为惩罚因子。

此时 SVM 可以通过二次规划（对偶规划）来实现。求解这个二次规划，最终推导所得的对偶问题与线性可分的情况类似如式（9.11）所示，唯一的区别在于对 α_i 加了一个上限限制。

$$\begin{cases} \max \sum_{i=1}^{n} a_i - \frac{1}{2}\sum_{i=1}^{n}\sum_{j=1}^{n} \alpha_i \alpha_j y_i y_j (x_i^T x_j) \\ s.t \quad 0 \leqslant a_i \leqslant C, i=1,\cdots,n \\ \quad \sum_{i=1}^{n} a_i y_i = 0 \end{cases} \tag{9.16}$$

9.3.3　贝叶斯学习算法

贝叶斯统计分析源于英国数学家贝叶斯撰写的一篇论文 *An Essay Towards Solving a Problem in the Doctrine of Chances*。贝叶斯算法以贝叶斯统计分析为基础，是一种在已知先验概率与类条件概率的情况下的模式分类方法，待分样本的分类结果取决于各类域中样本的全体。贝叶斯算法使用理论统计学研究概率推论，即根据已经发生的事件来预测将来可能发生的事件。贝叶斯理论假设，如果过去试验中事件的出现的概率已知，那么根据数学方法可以计算出未来试验中事件出现的概率。贝叶斯理论指出，如果事件的结

果不确定，那么量化它的唯一方法就是事件的发生概率。

贝叶斯定理的描述如下：

对于一个统计实验ε，样本空间 s 是所有可能结果的集合，并且$\{B_1,B_2,\cdots,B_r\}$是 s 的一个划分。令$\{p(A);\ A\subseteq s\}$表示定义在 s 中所有事件上的一个概率分布，则对于 s 中的任意事件 A 和 B，有 $p(A)>0$，$p(B\mid A)=p(A\cap B)/p(A)$表示条件概率，即在已知 A 发生的情况下 B 发生的概率。贝叶斯定理可以表示为

$$p(B_i\mid A)=p(A\mid B_i)p(B_i)/p(A)\qquad (i=1,\ 2,\ \cdots,\ r)\tag{9.17}$$

其中，$p(A)>0$，由全概率公式可得

$$p(A)=\sum_{j=1}^{r}p(A\mid B_j)p(B_j)\tag{9.18}$$

在式（9.17）中，$p(B_i|A)$为后验概率，$p(A\mid B_i)$为似然概率，$p(B_i)$为先验概率。

Duda 和 Hart 于 1937 年提出了基于贝叶斯公式的朴素贝叶斯分类算法。朴素贝叶斯分类算法是一个简单有效而且在实际使用中比较成功的分类算法。朴素贝叶斯分类算法假设一个指定类别中各属性的取值是相互独立的。这一假设也被称为：类别条件独立。即每个属性变量都以类变量作为唯一的父结点。它可以帮助有效减少在构造贝叶斯分类器时所需要进行的计算量。

朴素贝叶斯分类算法过程如下：

（1）每个数据样本用一个 n 维特征向量 $\boldsymbol{X}=\{x_1,x_2,\cdots,x_n\}$表示，分别描述对 n 个属性 $A_1,A_2,\cdots,A_n$ 样本的 n 个度量。

（2） 假定有 m 个类 $C_1,C_2,\cdots,C_m$。给定一个未知的数据样本 X（即没有类标号），分类法将预测 X 属于具有最高后验概率（条件 X 下）的类。即是说，朴素贝叶斯分类将未知的样本分配给类 C_i，当且仅当

$$P(C_i\mid X)>P(C_j\mid X),1\leqslant j\leqslant m,j\neq i\tag{9.19}$$

这样，最大化 $P(C_i\mid X)$。其 $P(C_i\mid X)$ 最大的类 C_i 称为最大后验假定。根据贝叶斯定理 $P(H\mid X)=\dfrac{P(X\mid H)P(H)}{P(X)}$。

$$P(C_i\mid X)=\frac{P(X\mid C_i)P(C_i)}{P(X)}\tag{9.20}$$

（3）由于 $P(X)$对于所有类为常数，只需要 $P(X\mid C_i)P(C_i)$ 最大即可。如果类的先验概率未知，则通常假定这些类是等概率的，即 $P(C_1)=P(C_2)=\cdots=P(C_m)$。并据此只对 $P(X\mid C_i)$ 最大化。否则，最大化 $P(X\mid C_i)P(C_i)$。注意，类的先验概率可以用 $P(C_i)=s_i/s$ 计算其中 s_i 是类 C_i 中的训练样本数，而 s 是训练样本总数。

（4）给定具有许多属性的数据集，计算 $P(X\mid C_i)$ 的开销可能非常大。为降低计算 $P(X\mid C_i)$ 的开销，可以做类条件独立的朴素假定。给定样本的类标号，假定属性值相互

条件独立，即在属性间，不存在依赖关系。这样，

$$P(X \mid C_i) = \prod_{k=1}^{n} p(X_k / C_i) \tag{9.21}$$

概率 $P(X_1 \mid C_i), P(X_2 \mid C_i), \cdots, P(X_n \mid C_i)$ 可以由训练样本估值，其中：

① 如果 A_k 是分类属性，则 $P(X_k \mid C_i) = s_{ik}/s_i$，其中 s_{ik} 是在属性 A_k 上具有值 x_k 的类 C_i 的样本数，而 s_i 是 C_i 中的训练样本数。

② 如果 A_k 是连续值属性，则通常假定该属性服从高斯分布，因而，

$$P(X_k \mid C_i) = g(x_k, \mu_{C_i}, \sigma_{C_i}) = \frac{1}{\sqrt{2\pi\sigma_{C_i}}} e^{\frac{\left(x_k - \mu_{C_i}\right)^2}{2\sigma_{C_i}^2}} \tag{9.22}$$

其中，给定类 C_i 的训练样本属性 A_k 的值，$g\left(x_k, \mu_{C_i}, \sigma_{C_i}\right)$ 是属性 A_k 的高斯密度函数，而 μ_{C_i}, σ_{C_i} 分别为平均值和标准差。

（5）为对未知样本 X 分类，对每个类 C_i，计算 $P(X \mid C_i)P\left(C_i\right)$。样本 X 被指派到类 C_i，当且仅当 $P(X \mid C_i)P(C_i) > P(X \mid C_j)P(C_j), 1 \leqslant j \leqslant m, j \neq i$ 时，换言之，X 被指派到其 $P(X \mid C_i)P(C_i)$ 最大的类 C_i。

贝叶斯分类方法在理论上论证得比较充分，在应用上也是非常广泛的。贝叶斯方法的薄弱环节在于，在实际情况下，类别总体的概率分布和各类样本的概率分布函数（或密度函数）常常是不知道的。为了获得它们，就要求样本足够大。此外，当用于文本分类时，贝叶斯分类方法要求表达文本的主题词相互独立，这样的条件在实际文本中一般很难满足，因此该方法往往在效果上难以达到理论上的最大值。

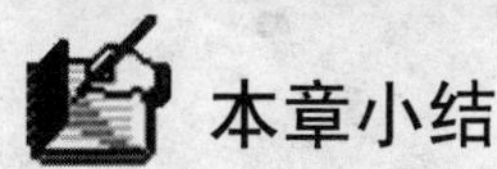

本章小结

本章主要介绍了机器学习的主要策略以及常用的机器学习算法。本章首先介绍机器学习的相关知识包括：机器学习诞生和发展过程、机器学习的概念、机器学习的主要分类方法以及构建机器学习系统的基本结构，随后重点介绍机器学习的主要策略以及方法，最后介绍了机器学习的几种常用的算法。通过本章的阅读，读者可以对机器学习一个基本认识，了解机器学习的基本概念、相关策略以及实现算法，为后续的学习和研究建立基础。

本章习题

1. 什么是机器学习？它的研究发展共分为哪几个阶段？
2. 机器学习的基本结构由哪几部分组成？每部分都有哪些功能？
3. 机械学习的策略是什么？它用函数如何表达？

4. 指导学习过程有哪些步骤？每步要做什么工作？
5. 类比学习过程都包含哪些步骤？设计一个类比学习系统要注意哪些问题？
6. 基于决策树的机器学习有哪些优点？
7. 支持向量机有哪些优点？
8. 朴素贝叶斯分类算法的过程是什么？

第10章 multiagent 多智能体

学习重点

通过本章的学习，学生主要多马尔科夫决策过程、多智能体环境下的强化学习、TD算法、Dyna算法和Q学习等五种多智能体强化学习的算法进行掌握，了解多智能体的概念和博弈学习。

多智能体系统是多个智能体组成的集合，它的目标是将大而复杂的系统建设成小的、彼此互相通信和协调的、易于管理的系统。它的研究涉及智能体的知识、目标、技能、规划以及如何使智能体采取协调行动解决问题等。研究者主要研究智能体之间的交互通信、协调合作、冲突消解等方面，强调多个智能体之间的紧密群体合作，而非个体能力的自治和发挥，主要说明如何分析、设计和集成多个智能体构成相互协作的系统。同时，人们也意识到，人类智能的本质是一种社会性智能，人类绝大部分活动都涉及多个人构成的社会团体，大型复杂问题的求解需要多个专业人员或组织协调完成。要对社会性的智能进行研究，构成社会的基本构件物——人的对应物，智能体理所当然成为人工智能研究的基本对象，而社会的对应物——多智能体系统，也成为智能系统研究的基本对象，从而促进了对多智能体系统的行为理论、体系结构和通信语言的深入研究，这极大地繁荣了智能体技术的研究与开发。

10.1 多智能体的概念与发展过程

在学习多智能体前，需要对智能体的相关知识有所了解，下面将进行主要讲解。

10.1.1 智能体的定义

智能体（agent）的概念源于人工智能学科，最早出现于 20 世纪 70 年代并于 80 年代后期得到了深入研究。伴随着计算机网络的发展，Agent 引起了科学界、教育界、工业界和娱乐界的广泛兴趣，现在Agent已经成为AI研究乃至整个计算研究议程中的热点。关于 Agent 一词，本身含有“代理”之意，指被授权代表别人行事的人，或直接接收某人的委托并代表他执行某种功能的人。Agent 就是从它的这个含义中引申出来的。

Agent 目前没有一个统一明确的定义，一般认为智能体是一个软硬件实体，它能够与环境交互信息，并能作用于自身和环境。对于机器 Agent，其传感器为眼睛，耳朵和其他器官，其执行器为手、脚、嘴和其他身体部分。对于软件 Agent，则通过编码位的字符串进行感知和作用。Agent 一般具有如下特征：

（1）自主性：没有人或其他事物干预，一个 Agent 能够自行运行并且对它的内部状态和动作具有一定的控制。

（2）社会能力：通过 Agent 通信，Agent 可以和其他 Agent（或者人类）交互。

（3）反射性：Agent 感知它所处的环境，对环境中发生的变化在一定时限内有所反应。

（4）前瞻性：Agent 不仅仅是被动地响应环境，它还表现出主动地实现目标的行为。

（5）理性：Agent 采取动作是为了实现自己的目标，而不会去阻止自己的目标被实现。

除了这些基本特征之外，某些 Agent 还表现出一些其他的特性：

（6）长寿性：传统程序由用户在需要时激活，在不需要时或者运算结束后关闭。Agent 与之不同，它应该至少在“相当长”的时间内连续地运行。

（7）移动性：Agent 可以从一个地方移动到另一个地方而保持其内部状态不变。

（8）推理能力：Agent 可以根据其当前的知识和经验，以理性的、可再生的方式推理或预测。

（9）规划能力：根据目标、环境等的要求，Agent 能够对自己的短期行为做出规划。虽然 Agent 设计人员可以提供一些常见情况的处理策略，但策略不可能覆盖 Agent 将遇到的所有情况。

（10）学习适应能力：Agent 可以根据过去的经验积累知识，并且修改其行为以适应新的环境。

Agent 可以看成一个黑箱，通过传感器感知环境，通过效应器作用于环境。大多数 Agent 不仅要与环境交互，更主要的是能够处理和解释接受的信息，达到自己的目的。一旦 Agent 接受外部的信息，信息处理过程成为 Agent 的核心。信息处理的目的是解释可用的数据，形成具体的规划。当要求与环境交互时，动作模块将使用合适的交互模块。控制执行也是动作模块的任务。

10.1.2　多智能体的发展历史和研究领域

Agent 的历史可以追溯到 20 世纪 70 年代前期马萨诸塞理工大学一系列关于分布式人工智能的研究。在这些研究中，人们发现把一些简单的信息系统集合起来，使之相互作用可以产生集团智能。人们曾试图建立一种综合人工智能系统，这种系统并不提高模块个体的处理能力，而在模块的相互作用上下功夫，以提高整体系统的处理能力。早期研究由于没有能够满足人们过高的期望值，一度冷却下来。人们把精力投入到较容易出成果的专家系统等技术上。Agent 软件的进展实际上是在网络技术发展基础上内含有人工智能思想的软件发展的新阶段。

多智能体系统研究领域，主要包括：多智能体规划、学习、推理、协商、交互机制等等理论，及其实际应用。多智能体系统适合于复杂的、开放的分布式系统。它们通过智能体的合作来完成任务的求解，实现多智能体系统的关键是多个智能体之间的通信和协调。

目前许多国家和地区都开展了对多智能体技术的研究，这些研究是针对不同的领域进行的，下面是智能体技术针对不同方面进行的一些研究。

1. 多智能体之间的协调

多智能体最典型的研究领域是智能机器人，目前，美国、英国、法国和澳大利亚等国家都在从事该方向的研究。在智能机器人的研制过程中，信息集成和协调是一项关键性技术，它直接关系到机器人的性能和智能化程度。一个智能机器人应包括多种信息处理子系统，如二维或三维视觉处理、信息融合、规划决策以及自动驾驶等。各子系统是相互依赖、互为条件，它们需要共享信息、相互协调，才能有效地完成总体任务。Lane

等设计的单个机器人的多智能体系统，采用实时黑板智能体作为框架的核心，实现了分布式黑板结构，并采用分布式问题求解、实时知识库及实时推理技术，以提高机器人的实时响应速度，该机器人已成功地应用于自主式水下车辆的声纳信号解释。在多机器人系统中，当多个机器人同时从事同一项或多项工作时，很容易出现冲突。利用多智能体技术，将每个机器人作为一个智能体，建立多智能体机器人协调系统，可实现多个机器人的相互协调与合作，完成复杂的并行作业任务。

交通控制也是一个重要的研究领域。交通控制的拓扑结构具有分布式的特性，很适合应用多智能体技术，尤其对于具有剧烈变化的交通情况（如交通事故），多智能体的分布式处理和协调技术更为适合。以城市交通控制系统为例，Goldman 等提出了采用增量相互学习方法来协调交叉路口的两个控制器；Adomi 等给出了汽车行驶路径规划的方法。除了公路交通之外多智能体技术同样应用于其他交通控制系统，包括飞行交通控制、铁路交通控制和海洋交通控制。

2．复杂系统的调度和控制

多智能体技术也可应用于制造系统领域，为解决动态问题的复杂性和不确定性提供新的思路。在制造系统中，各加工单元可看作单个智能体，使加工过程构成一个半自治的多智能体制造系统，完成单元内加工任务的监督和控制。多智能体技术可用于制造系统的调度。Ramos 建立了制造系统的动态调度协议，采用两类智能体分别完成任务安排和资源管理，通过智能体间的交互来解决生产任务调度，采用合同网协议来处理调度过程中时间上的约束，根据资源情况动态安排任务，使系统能够处理诸如设备故障等不确定性因素引起的实时调度问题。

3．分布式系统

利用多智能体技术所具有的特性可以解决分布式系统的决策问题。Avouris 采用智能体技术将多个专家系统的决策方法有机地结合起来，建立了基于多智能体协调的环境决策支持系统。Kuroda 等利用多智能体技术建立了智能体消息交互的合同网模型，实现了决策过程中的协调，从而实现化工批量生产操作的分散式协调动态决策。

4．产品设计

目前，利用智能体技术来构造设计系统已成为一个研究热点。设计问题涉及多目标的约束求解和设计过程的协调。以超大规模集成电路的设计（VLSI）为例，它需要有关电路、逻辑门、寄存器、指令集、结构以及装配技术等方面的知识。为了降低 VLSI 设计的耗费，提高设计的速度，利用多智能体系统的并行处理技术将不同的任务分解，分别分布在不同的智能体上。每类智能体服务器分别对 VLSI 的某一部分进行设计，完成不同的设计功能，然后再互相组合，得到全局一致的设计结果。

5．网络管理

目前，网络管理也是多智能体研究和应用的一个重要领域。在网络管理过程中通过定义不同类别的智能体，可构成网络的不同智能成员（包括网络单元智能体、管理对象智能体和操作系统智能体），实现网络管理。基于智能体的网络管理方法具有以下特点：

（1）网络能主动地分析和推理，给网络管理注入了智能化的功能，具备一定的智能决策能力。

（2）具有较好的开放性和扩充能力，能扩展网络管理的结构和功能；

10.1.3 多智能体与自治智能体

多 Agent 系统（multi-agent System，MAS）是由异构、分布、动态、大规模、自治 Agent 松散耦合所构成的大型复杂系统，通过这些 Agent 相互作用可以解决由单一个体不能处理的复杂问题。多 Agent 系统的研究源于分布式人工智能（distribute artificial intelligence，DAI）。分布式人工智能是计算机科学的一个分支，它研究分布、松散耦合的 Agents 之间的协同或协作问题的求解，涉及通信与交互、规划与学习等多个方面。自治 Agent 是指 Agent 能不受人或外界因素的干涉而独立地运行，利用自治 Agent 可以有效提高多 Agent 系统的性能。与单 Agent 系统相比，多 Agent 系统有如下特点：

（1）由多个 Agent 构成，且每个 Agent 都有目标和行为模型。

（2）每个 Agent 只具有不完全的信息和问题求解能力，知识和数据分散，多 Agent 系统存在全局控制，计算过程是异步、并发或并行的。

（3）每个 Agent 的行为都可以导致环境变化，所以多 Agent 系统本质上是一个动态系统。

（4）多 Agent 系统中的 Agent 通过交互求解问题。

由 MAS 的特点可以看出，MAS 着重研究 Agent 的行为管理，主要研究由多个 Agent 构成复杂系统的原理和 Agent 之间的协调与交互机制，以使 Agent 能选择有利于系统整体目标的行为。因此，多 Agent 系统更多应用在具有动态、开放、复杂性的领域。

按照人类思维的层次模型，可以将 MAS 中的智能体分为认知智能体、反应智能体和复合智能体等三种类型。从构成系统的单智能体种类出发，可分为同构、异构以及同异构混合型三种方式。MAS 中多个智能体可以是模型结构和功能完全相同的，这种 MAS 称为同构的多智能体系统；也可以由性质和功能完全不同的智能体构成，每个智能体可以有不同的子目标，系统的整体目标在各个子目标的实现过程中被实现，这样的系统称为异构的多智能体系统；或者由上面两种智能体有机的结合在一起，形成同异构混合型的多智能体系统。

从运行的控制角度来看，MAS 可分为集中式、分布式、集中与分布相结合的三种类型。集中式系统有一个核心 Agent 和多个与之在结构上分散的、独立的协作 Agent 构成。核心 Agent 负责任务的动态分配与资源的动态调度，协调各协作 Agent 间的竞争与合作，该类系统比较容易实现系统的管理、控制和调度；分布式系统中各 Agent 彼此独立、完全平等、无逻辑上的主从关系，各 Agent 按预先规定的协议，根据系统的目标、状态与自身的状态、能力、资源和知识，利用通信网络相互间通过协商与谈判，确定各自的任务，协调各自的行为活动，实现资源、知识、信息和功能的共享，协作完成共同的任务，以达到整体目标，该系统具有良好的封装性、容错性、开放性和可扩展性。

Agent 能模拟人的行为，具有智能性、社会性等人类的特性，建造这样一个智能 Agent 既是人工智能的最初目标，也是人工智能的最终目标。对开放、自适应的多智能体系统而言，由于 Agent 与人和外界环境以及系统内部的其他 Agent 之间存在大量、频繁的信息交互和信息共享，因而学习能力是 Agent 必不可少的能力之一。真正强健的 Agent 应该具有强大的自我学习能力，能提高执行的正确性和系统性能以适应动态变化的环境。

10.1.4　智能体的学习

在 MAS 中，智能体有两种类型的学习方式：一种是集中的独立式学习，如单个智能体创建新的知识结构或通过环境交互进行学习；另一种是分布的汇集式学习，如一组智能体通过交换知识或观察其他智能体行为的学习。前者归于单个智能体的学习中，对于单智能体的模型构建具有重要的作用。多智能体系统的学习指的是后者。

从广义上讲，可以把 MAS 中智能体的学习分为两类，即学习某个事务是真是假的信念和相对于某个输出标准来评价某个动作方案是否有效。下面就分别从基于信念的学习、基于性能的学习和强化学习三方面阐述智能体学习的不同方法。

1. 智能体知识的产生与更新

智能体通过以下两种方式来了解和理解外部世界，从而产生和更新其内部知识状态。

（1）主动式学习。主动式学习包含了自治智能体在推出一个结论或规划，以及采纳所收集到的数据时的所有活动。包括目标分解方法/演绎方法，经验或归纳学习和概率学习。

（2）被动式学习。被动式学习是基于机制的，本质上是被动的，并且没有任何关于观察什么和学习什么的明确描述。具体方法包括基于神经网络的学习方法、事件学习方法、随众学习方法、多路信道学习方法、选择学习方法等。

2. 基于性能的学习

前面介绍的学习方法主要关注的是对知识的学习，没有考虑优化系统某种性能的学习。下面将介绍基于性能的学习。

（1）基于结果的学习。这类学习通过应用一个或一系列动作所产生的结果的持续评估来驱动，以图确定动作的合适与否。具体方法有强化学习方法和进化学习方法等。

（2）竞争驱动的学习。当智能体不能再得到部分或全部它所必需的生存条件时，竞争学习就由其他智能体所触发。

（3）资源驱动的学习。资源驱动的学习和竞争驱动的学习类似，但这种学习中触发因素来自环境而不是智能体。触发因素经常逐渐改变，但它们可以被预测，从而可以进行规划。如果其他的智能体在共享一些资源，那么性能标准将会保持不变以便维持智能体的相对性能；但另一方面，如果资源的缺乏影响到了智能体的性能，那么标准将被迫改变。

（4）基于补偿的学习。这种学习策略是机会驱动的，因为智能体通过局部或临时降低其性能期望来优化其性能。

（5）合作式学习。这种学习策略实际上是寻找一个可以明显提高智能体性能的联盟，因为所有同盟中的智能体在付出——获取关系上相互依靠，由于其他智能体可以改变它们的性能标准，那么在竞争学习和合作式学习中保持良好的平衡是很重要的。

（6）环境切换驱动的学习。当以上的触发条件都不明显存在，而智能体又无法通过基于结果的学习获取最佳性能的情形下，智能体必须修改其动作和性能标准。

3. 强化学习

强化学习是 Agent 通过试错法和动态环境交互而获得行为的方法。这是一种从环境到行为的映射学习，其目的是使得标量的回报或者增强的信号最大化。该方法不同于监督学习技术那样通过正例、反例来告知采取何种行为，而是通过试验从中发现采取哪一个行为可以得到最大的回报。一个行为的选择不仅影响到直接的回报，而且会影响到下一个环境，以及随之而来的以后的所有回报。试错法搜索和延迟的回报，是强化学习最显著的特色。

强化学习通过奖惩来激励 Agent，并且无须说明任务是如何成功的。强化学习中要解决的关键问题包括：通过马尔可夫决策理论建立该领域的基础、从延迟的强化中学习、建立经验模型来加速学习、探索和利用的折中，以及一般化和层次化的利用等。

解决强化学习问题主要有两种策略。第一种是在行为空间内搜索以找到在环境中执行得很好的一个行动。这种方法和其他更多新颖的搜索技术一样，已经被应用于遗传算法和遗传设计。第二种方法是使用统计学技术和动态规划方法估计在给定世界状态下所采取的行为的效用。到底哪一种技术更好更有效则要取决于具体的应用问题。

但是应用强化学习有一定的局限性。例如，智能体可能很难识别其所处的状态。即使智能体知道其当前状态，有时仍难于经历所有的可能状态并在正确的时间得到正确的奖励信号。此外，在一些任务中，智能体的目标是动态变化的，因而智能体就必须重复的学习。

10.2　多智能体强化学习

本节主要对多智能体强化学习中的过程、环境及算法进行讲解。

10.2.1　马尔可夫决策过程

在 Agent 进行决策时，总是要与一个过程相联系，Agent 要在过程中做出合适的选择，将过程的发展引入对自身有利的方向，就必须要了解描述过程发展变化的知识。相对于穷举所有的变化，如果某些知识不止一次被用来推断过程发展，那么这些知识就成为规律。

马尔可夫过程（Markov processes）就是具有一类普遍共性的过程。马尔可夫过程的原始模型是马尔可夫链，由俄罗斯数学家 Markov 于 1907 年提出。该过程具有如下特性：某阶段的状态一旦确定，则此后过程的演变不再受此前各状态的影响。也就是说，当前的状态是此前状态的一个完整总结，此前状态只能通过当前的状态去影响过程未来状态的改变。在现实世界中，有很多过程都是马尔可夫过程，如液体中微粒所做的布朗运动、传染病的感染人数、车站的候车人数等。这里以一只蜜蜂的采蜜来形象化说明马尔可夫过程：蜜蜂按照它自己的想法从一朵花跳到另一朵花上，因为蜜蜂是没有记忆的，它处在当前的位置时，下一步跳向哪一朵花和它之前路径无关。如果用 $X_0,X_1,\cdots,X_n$ 分别表示蜜蜂的初始花朵号码以及第 1 次至第 n 次的花朵号码，则$\{X_0,X_1,\cdots,X_n\}$就是马尔可夫过程。

马尔可夫决策过程（Markov decision processes，MDP）是基于马尔可夫过程理论的随机动态系统的最优决策过程。马尔可夫决策过程是指决策者周期地或连续地观察具有马尔可夫过程性的随机动态系统，序贯地做出决策。即根据每个时刻观察到的状态，从可用的行动集合中选用一个行动做出决策，系统下一步的状态是随机的，并且其状态转移概率具有马尔可夫过程性。马尔可夫决策过程与马尔可夫过程的本质区别就是多了 Agent，即决策者的介入。在人工智能领域中，经典的决策方法一般是基于确定性的环境，如盲目搜索、启发式搜索等，这类方法在现实应用中有很大的局限性。面对现实中的决策问题，Agent 对环境的认知以及自己行动的结果往往带有不确定性，马尔可夫决策过程的模型则可以处理类似的问题。20 世纪 50 年代，Bellman 研究动态规划时和 Shapley 研究随机对策时已经出现了马尔可夫决策过程的基本思想。Howard 和 Blackwell 等人的研究工作奠定了马尔可夫决策过程的理论基础。

马尔可夫决策过程是描述 Agent 与环境之间相互作用的一种模型，如图 10-1 所示。Agent 接受环境的状态作为输入，并产生动作作为输出，而这些动作会影响环境的状态。在马尔可夫决策过程的理论框架中，Agent 是具有完全的感知能力，Agent 的行动会对环境产生不确定的影响。

图 10-1　马尔可夫决策过程的基本模型

基本马尔可夫决策过程的模型是一个四元组（S,A,T,R）：

S：表示可能的世界状态的有限集合；

A：表示可能的行动的有限集合；

T：是状态转移函数，用 $T(s'|s,a)$表示在状态 s 执行行动 a 到达状态 s'的概率，即 $T(s' \mid s,a) = P\left\{s_{t+1} = s' \mid s_t = s, a_t = a\right\}$；

R:是立即收益函数,用 $R(s,a)$表示 Agent 在状态 s 执行行动 a 可以获得的立即收益。

在图 10-1 中当前世界状态是指在某一时间点对该世界或该系统的状态描述。一般来说，定义的当前世界状态必须包括所有当前世界中可以让 Agent 做出决策的信息。最一般化的表示状态的方式是平铺式的表示，即对所有可能的世界状态进行标号，用类似 $S_1, S_2, S_3, \cdots, S_n$ 这样的方式表示。这种情况下，标号状态的数目也就代表了状态空间的大小。

通常使用概率的方法来处理 Agent 对自己所处的当前世界状态认知的不确定性。随机变量从状态集合中取值，随机变量受过去的状态影响。图 10-2 所示的是一个离散的、随机的动态系统，图中的每个结点表示在某一时刻的某一状态。连接两个结点的弧，表示前一状态对后一状态有直接的概率影响，随机变量 s_t，$P(s_t|s_0,s_1,\cdots,s_{t-1})$为一条件概率。

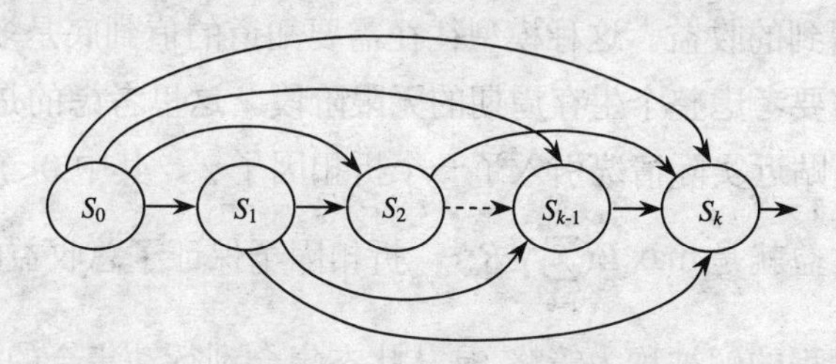

图 10-2　一般随机过程

图 10-3 中表示的是马尔可夫过程，每一个状态只依赖于它的前一个状态，而与之前的其他状态都没有关系，即 $P(s_t \mid s_0, s_1, \cdots, s_{t-1}) = P(s_t \mid s_{t-1})$。

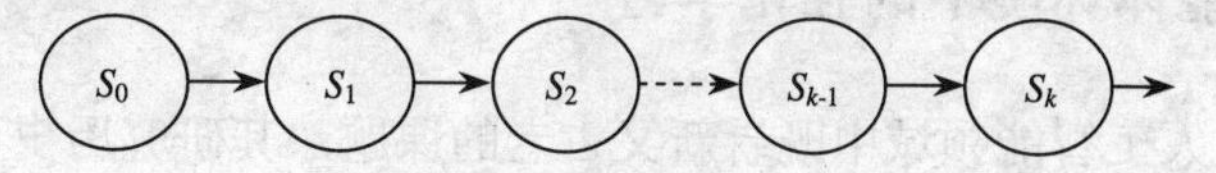

图 10-3　马尔科夫过程

Agent 的行动会影响并改变当前的世界状态，马尔可夫决策过程模型的一个重要部分就是 Agent 用于做决策的行动集合。当某一行动被执行，该状态将会发生改变，随机的转换为另一状态，不过与所执行的行动有关。在每一个时刻，都会对应一个状态以及一个行动集合 A_{s_t}，在该时刻执行行动 a 后，后继状态的概率分布为 $P\{s_{t+1} \mid s_t = s, a_t = a\}$。

状态转移函数描述了系统的动态特性，确定环境和随机环境下的行动具有以下的区别：

确定环境下的行动：$T: S \times A \rightarrow S$，在某个状态 s 执行行动 a 可以得到一个确定的状态；

随机环境下的行动：$T:S\times A\rightarrow P(S)$，在某个状态 s 执行行动 a，得到的是一个状态的概率分布，记做 $T(s'|s,a)$。

图 10-4 中显示了一个给定某个行动后，状态间的转移情况。在一些简单问题中，状态转移函数可以用表的形式来记录。

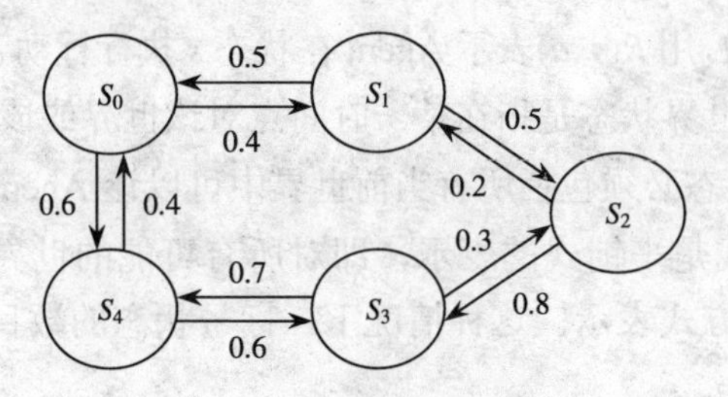

图 10-4　状态间的转移

这里希望 Agent 能够按照某个标准来选择动作以使长期收益达到最大化。比如有限阶段的最优准则，要求最大化有现阶段的期望总收益最大，也就是 $\max E(\sum_{t=0}^{k-1} R_t)$，其中 R_t 为 Agent 在第 i 步得到的收益。这种模型往往需要知道的值到底是多少，如果需要得到更理想的结果，就需要考虑整个生存周期的无限阶段。这里考虑的是 Agent 在整个过程中的总收益，为了更贴近实际情况引入了一个折扣因子 γ，其中 $0<\gamma<1$。这样 Agent 选择动作所得到的总收益就是 $\max E(\sum_{t=0}^{k-1}\gamma^t R_t)$，折扣因子保证了总收益的收敛性。

马尔可夫决策过程的解被称为策略，是从状态集合到行动集合的一个映射，$\pi:S\rightarrow A$。按照策略解决问题的过程是：Agent 首先需要知道当前所处的状态 s，然后执行策略对应的行动 $\pi(s)$，并进入下一状态，重复此过程直到问题结束。

10.2.2　多智能体环境下的强化学习

强化学习是人工智能领域中既崭新又古老的课题，其研究历史可粗略地划分为两个阶段：第一阶段是 20 世纪 50 年代至 60 年代，可以称为强化学习的形成阶段；第二阶段是 20 世纪 80 年代以后，可以称为强化学习的发展阶段。

在第一阶段，“强化”和“强化学习”这些术语由 Minsky 首次提出。在控制理论中，由 Waltz 和付京孙于 1965 年分别独立提出这一概念。从而确立强化学习研究的新纪元。这些词用于描述了通过奖励和惩罚的手段进行学习的基本思想。学习是通过“反复试验"（trial-and-error）的方式进行，当一个行为带来正确（或错误）的结果时，这种行为就被加强（或削弱）。在 20 世纪六七十年代，强化学习研究进展较缓慢。进入 80 年代以后，随着人们对人工神经元网络的研究不断地取得进展，以及计算机技术的进步，人们对强化学习的研究又出现了高潮，逐渐成为机器学习研究中的活跃领域。

在基于多智能体环境下，Agent 是工作和学习的单元，因此 Agent 的能力关系到整个系统的功能的实现。智能系统的主要任务在于如何实现具有灵活自治性和适应性的Agent，来处理动态变化的外部环境，但环境的变化往往是不可预知的，因此系统在设计时无法做出完善的对策，这就要求 Agent 在运行过程中具备学习的能力，能够从经验中获得有利于实现自身目标的知识。

强化学习可以简化为图 10-5 所示的结构。图中，强化学习系统接受环境状态的输入 s，根据内部的推理机制，系统输出相应的行为动作 a。环境在系统动作作用 a 下，变迁到新的状态 s'。系统接受环境新状态的输入，同时得到环境对于系统的瞬时奖惩反馈 r。对于强化学习系统来讲，其目标是学习一个行为策略 $\pi: S \to A$，使系统选择的动作能够获得环境奖赏的累计值最大。

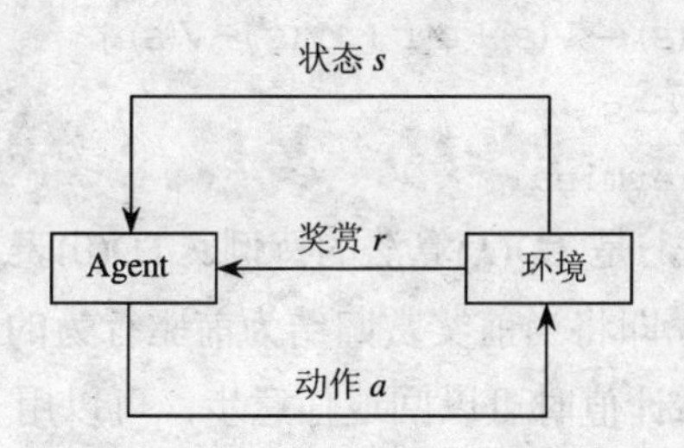

图 10-5　强化学习模型

在多智能体环境下，强化学习的过程就是 Agent 与环境不断交互的过程，Agent 对感知到的环境状态以一定的原则选择动作，环境接收该动作后发生变化，同时产生一个强化信号（通常是一个奖励或惩罚信号）反馈给 Agent，Agent 再根据强化信号和环境当前状态再选择下一个动作，选择的原则是使收到正的报酬的概率增大，选择的动作不仅影响立即强化值而且还影响下一时刻的状态及最终强化值。Agent 不断修改自身的动作策略以获得较大的奖励或较小的惩罚，利用环境给予的延迟回报强化好的行为，弱化差的行为，从而得到优化的行为策略，使得 Agent 在运行中所获得的累计报酬值最大。

强化学习结合了监督学习和动态规划两种技术，具有较强的机器学习能力，对于解决大规模复杂问题具有巨大的潜力。强化学习的特点就是不要求环境有精确的数学模型，计算量小，不需要人工干预，是一种在线的学习方法。到目前为止，研究者们提出了很多强化学习算法，较有影响的强化学习算法有瞬时差分算法 TD、Q—学习算法、Sarsa 算法、Dyan 算法、R 学习算法、H 学习等。其中 Q 学习算法和 TD 算法是无模型的学习算法。

10.2.3　TD 算法

在动态规划的策略迭代中，算法每次必须求解一系列线性方程。在自适应在线学习中，这是无法实现的。相反，Agent 的状态值可以通过下式进行估计。

$$V(s) = V(s) + \alpha(r + \gamma V(s') - V(s)) \tag{10.1}$$

这种算法称为自适应启发式评价算法（AHC），又可称为 TD(0)算法。其结构包含了两个组成部分：一个评价模块和一个强化学习部分。AHC 在当前固定策略下给出策略的最优状态值估计，而强化学习部分是在固定策略的估计值下优化智能体的策略。下面给出 TD(0)的基本算法：

```
Initialize V(s) arbitrarily, π to the policy to be evaluated
Repeat (for each episode)
   Initialize s
   Repeat(for each step of episode)
      Choose a from s using policy π derived from V
         Take action a, observer r, s′
            V(s)←V(s)+α[r+γV(s′)−V(s)]
            s←s'
   Until s is terminal
```

上面提到的 TD(0)算法，是 TD(λ)算法的特例。TD(0)表示智能体在获得奖赏并调整估计值的时候，之后退一步，即将当前奖赏归结为前驱行为的结果。TD(λ)规则则比 TD(0)更加一般化，在更新状态估计值时可以回退任意步，可以用下面表达式来说明：

$$V(u)=V(u)+\alpha(r+\gamma V(s')-V(s))e(u) \tag{10.2}$$

状态 s 的合适度 $e(u)$是指其在最近被访问的程度，可以定义如下：

$$e(s)=\sum_{k=1}^{l}(\lambda\gamma)^{l-k}\delta_{s,s_k},\delta_{s,s_k}=\begin{cases}1 & \text{if } s=s_k\\ 0 & else\end{cases} \tag{10.3}$$

当智能体收到一个强化时，该强化被用来依据合适程序更新最近访问过的所有状态。当 λ 取 0 时等价于 TD(0)，当 λ 取 1 时，等价于运行结束时根据状态被访问的次数更新所有的状态。可以根据具体情况适当地在线更新合适度。

10.2.4 Dyna 算法

在马尔可夫决策过程模型中，T 和 R 为智能体的模型知识，记四元组(s, a, s', r)为智能体的学习经验。显然 TD 算法以及后面将提到的 Q 学习算法可以使智能体直接从经验中学习优化策略，它们采用的是无模型学习方法，每次迭代只需要很少的计算量，但是由于没有充分利用每一次的学习经验中获取的知识，算法需要很长的迭代时间才能够得到收敛。而 Dyna 算法是综合了动态规划和 TD 算法，使智能体分三步学习优化策略。首先智能体使用学习经验来建立模型，其次使用经验来调节策略，最后使用模型来调节策略。具体的算法描述如下：

（1）在状态 s 选择动作 a。

（2）智能体观察状态转移到 s'和奖赏值 r，即智能体得到学习经验(s, a, s', r)。

（3）根据学习经验集，采用概率统计技术建立关于环境的模型，即 T 函数和 R 函数的估计。

（4）利用新模型更新当前策略下状态—行为对的值函数估计。

（5）利用新模型更新其他任意 k 个状态—行为对的值函数估计。

（6）智能体选择一个优化动作，转回第（2）步。

10.2.5　Q 学习

Q 学习算法是强化学习中的一个重要里程碑，Q 学习是 Watkins 在 1989 年提出的一种无模型强化学习算法，也可以被看做是一种异步动态规划方法。它使得 Agent 可以通过执行行为序列，来学习在马尔可夫环境下应该如何优化地行动。Q 学习算法有众多优点，如扩展性强，能够在线训练自动寻优等。

在多智能体环境下，Q 学习可以通过直接优化一个可迭代计算的动作值函数 $Q(s,a)$ 来找到一个策略使得期望折扣报酬总和最大。于是，Agent 在每一次的迭代中都需要考察每一个行为，可确保学习过程收敛。这里的动作值函数 $Q(s,a)$被定义为：它的值是从状态 s 开始并使用 a 作为第一个动作时可获得的最大期望折算积累回报。也就是说 Q 值是从状态 s 执行动作 a 的立即回报加上遵循最稳定最优策略的值。

Q 学习过程如下：在某个状态 s 下，Agent 可以尝试执行一个行为 a，然后根据智能体所收到的关于该行为执行的奖赏值和当前状态值的估计来对行为的结果进行评估。对所有状态下的所有行为进行同样的重复，智能体通过对长期的折扣奖赏的判断，就可以学习到总体比较好的行为。

Q 学习是一种简单的学习形式，它是许多其他复杂学习方法的基础，并且已经证明了 Q 学习算法对于 MDP 是收敛的。设智能体在有限环境下运动，它的每一个步骤都可以从有限的行为集合中选取行为。这样这个环境就构成了一个受控的马尔可夫过程，而智能体就是控制器。在某个步骤，设智能体处于状态 s，并且选择了相应的行为 a，智能体得到奖赏 $r(s, a)$，并且根据状态迁移概率分布函数 $T(s, a, s')$迁移到下一个状态 s'。动态规划理论指出，上述问题中智能体从状态 s 开始执行时，至少存在一个优化的固定策略 π^*。当已知 $r(s, a)$和 $T(s, a, s')$的值时，可以利用有模型的学习方法来求解，而 Q 学习方法的是在不知道这些值的时候确定一个策略 π^*。定义策略 π 的状态行为对的值为

$$Q^{\pi}(s,a) = r(s,a) + \gamma \sum_{s'} T(s,a,s') V^{\pi}(s') \tag{10.4}$$

Q 值表示智能体在状态 s 下执行行为 a，且此后执行策略 π 的期望折扣奖赏。Q 学习的目标就是要估计优化行为的 Q 值。基本算法如下：

```
Initialize Q(s,a) arbitrarily
Repeat(for each episode)
    Initialize s
    Repeat(for each step of episode)
        Choose a from s using policy derived from Q
            Take action a, observer r, s'
```

```
            Q(s,a) ← Q(s,a) + α[r + γmax_a' Q(s',a') - Q(s,a) ]
            s ← s'
    Until s is terminal
```

10.3 博弈学习

博弈论作为一门学科而确立的标志是美国数学家冯·诺依曼与奥斯卡·摩根斯坦恩在 1944 年所出版的论著《博弈论与经济行为》。20 世纪 80 年代以后，博弈论得到迅速发展，成为经济学中发展最迅速和影响最大的分支学科。在短短的 30 多年时间里，博弈论从一种不为一般经济学家知晓的应用数学理论，一跃而成为主流经济学最核心的内容，成为几乎所有领域经济学家的基本分析工具和共同语言。博弈论获得如此巨大成功的根本原因，在于经济事物或者它们背后的人类行为中包含了丰富的博弈关系，只有博弈模型才能够准确描述这些关系，只有博弈分析才能深刻揭示这些关系背后的内在规律，因此博弈论的产生和发展是经济理论发展的必然结果。但是，博弈论在获得巨大成功的同时，也逐渐暴露出它所隐含的一些问题，其中对博弈论的发展威胁最大的，也是最严重的问题是它的理性基础，也就是它对人们理性和行为能力基本假设方面的问题。

博弈论又称对策论，是研究理性的主体之间冲突及合作的理论。博弈论研究的主要内容包括理性主体的行为是如何相互影响的，以及理性主体是如何在相互依存中做出自己的行为选择和行为决策的。相互依存是指博弈中任何一个局中人受到其他局中人的行为影响，反过来他的行为也影响其他的局中人。理性一般不是指道德标准，从参加博弈的局中人来看，理性是指他们试图实施自己认为可能最好的行为。由于局中人的相互依存性，博弈中一个理性的决策必定建立在预测其他局中人的反应之上。一个局中人将自己置身于其他局中人的位置并为他着想从而预测其他局中人将选择的行动，在这个基础上该局中人决定自己最理想的行动。这是博弈论方法的本质和精髓。

博弈论的基本要素包括：局中人、博弈的规则、信息、策略、博弈涉及的均衡等。其中，局中人、博弈的规则、策略、得失和博弈涉及均衡是描述一个博弈所需要的最少组成要素。博弈分析的目的是使用博弈规则预测均衡。

（1）局中人：在一场竞赛或博弈中，每一个有决策权的参与者成为一个局中人。只有两个局中人的博弈现象称为“两人博弈”，而多于两个局中人的博弈称为“多人博弈”。

（2）规则：对博弈做出具体规定的集合。它包括参与者行动顺序的规定、当某个参与者行动是他知道的信息、有什么样的行动可供选择、选择之后会得到什么样的结果，等等。

（3）策略：一局博弈中，每个局中人都有选择实际可行的完整的行动方案，即方案不是某阶段的行动方案，而是指导整个行动的一个方案，一个局中人的一个可行的自始至终全局筹划的一个行动方案，称为这个局中人的一个策略。如果在一个博弈中局中人都总共有有限个策略，则称为“有限博弈”，否则称为“无限博弈”。

(4) 得失：一局博弈结束时的结果称为得失。每个局中人在一局博弈结束时的得失，不仅与该局中人自身所选择的策略有关，而且与全局中人所取定的一组策略有关。所以，一局博弈结束时每个局中人的“得失”是全体局中人所取定的一组策略的函数，通常称为支付（payoff）函数。

(5) 均衡：均衡是平衡的意思，在经济学中，均衡意即相关量处于稳定值。在供求关系中，某一商品市场如果在某一价格下，想以此价格买此商品的人均能买到，而想卖的人均能卖出，此时该商品的供求达到了均衡。

博弈学习是指在多智能主体的环境下，为了实现问题求解的最优化，多智能主体之间通过“协作”、“竞争”和“谈判”的过程进行互相学习从而优化下一步求解策略空间的学习行为。博弈学习理论主要包括三类常用的学习模型：虚拟行动、部分最优反应动态和复制者动态。在虚拟行动模型中，参与人仅观察到他们自己匹配的结果，并且对行动的历史频率做出最优反应，该模型较多地应用于非对称群体。在部分最优反应动态模型中，群体中固定部分的参与人，每一阶段都将他们当前的行动转换为对前一阶段总体统计结果的最优反应，代理人被假定具有计算最优反应所需的全部信息。在复制者动态模型中，使用每一种策略的参与人在群体中所占的比例以与该策略当前的支付成比例的速率增长，所以相对于前一时期总体统计结果而言具有最大效用的策略增长得最快，而具有最小效用的策略下降得最快，通常在考虑大群体和随机匹配的环境时应用这种动态。

总的来说，博弈学习理论审视并修正了新古典经济学关于完全理性、利润最大化和静态均衡等假设，克服了其机械和还原的观念，对微观经济个体采用有限理性假说，重视经济问题中的随机因素和筛选机制，在调整过程和时间问题上，强调描述尘埃是如何落定的而不仅仅是尘埃落定之后的世界。对于现实经济问题，博弈学习理论采用试验、模仿等基本概念，以惯例搜寻和选择机制作为其研究的基础。

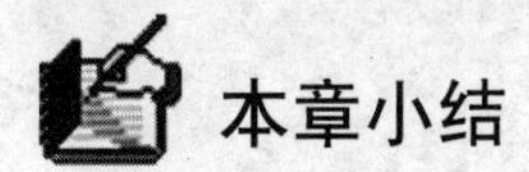

本章小结

本章主要介绍智能体以及多智能体的一些基本知识，其中多智能体强化学习是本章的重点内容。本章首先介绍了智能体以及多智能体的一些基本概念和发展历程，包括：智能体的定义、多智能的发展历史、多智能体与自治智能体的关系以及智能体的学习等。随后重点介绍多智能体强化学习的一些主要方法和算法，包括马尔可夫决策过程、TD 算法等。本章的最后部分简要介绍了一种比较新型的多智能体学习方法——博弈学习。读者通过对本章的学习可以对多智能体的基本概念以及多智能体的学习算法有基本的了解，为将来深入学习和研究建立基础。

 本章习题

1. 什么是智能体？它有哪些特征？
2. 什么是多智能体？它的特点有哪些？
3. 什么是强化学习？强化学习有哪些策略？
4. 马尔可夫决策过程模型由哪些部分组成？每部分的含义是什么？
5. 多智能体环境下，如何进行强化学习？
6. Dyna 算法如何执行？
7. 什么是 Q 学习？它有什么优点？
8. 博弈论的基本要素都包括哪些？其中哪些要素是博弈论的基本要素？

第11章 自然语言与感知

学习重点

通过本章的学习，对自然语言有一定的了解。通过对自然语言的词法、句法和语义分析的学习，可以对自然语言理解的研究内容以及研究方法建立基本的认识。

随着计算机和物联网的广泛应用，计算机可处理的自然语言文本数量空前增长，面向海量信息的文本挖掘、信息提取、跨语言信息处理、人机交互等应用需求急速增长，自然语言处理研究必将对人们的生活产生深远的影响。本章讨论自然语言理解的关键问题。

11.1　自然语言理解的概念和发展过程

本节主要对自然语言的概念、自然语言理解的概念及发展历史进行详细阐述。

11.1.1　自然语言的概念

语言是词汇和语法的体系，是人类最重要的传递信息、交际和思维的工具。它随着人类社会的产生而产生，随着人类社会的发展而发展，经过了漫长的发展过程，从而成为一种极其复杂的、特殊的、充满灵活性和不确定性的社会现象。人类的逻辑思维以语言为形式，人类的绝大部分知识也是以语言文字的形式记载和流传下来。因此，人类的多种智能都与语言有着密切的关系，语言是人工智能的一个重要的甚至核心的组成部分。

自然语言在这里指的是人类进行交际所使用的语言。人类使用的语言种类很多，有汉语、英语、俄语、日语等。这些语言都属于“自然语言”。“自然语言”是相对于“机器语言”而提出来的。所谓“机器语言”，是人类按照一定的规律，用二进位制数码，为电子计算机编制的机器指令的集合。与自然语言相对来讲，机器语言是一种特殊的形式语言，是一种经过严格定义的形式化的符号语言。由于“自然语言”和“机器语言”是作为矛盾的对立面而提出来的，因此，在讨论“自然语言”特点的时候，可以把这两种语言对比着进行讨论。自然语言相对机器语言的特点，主要表现在下面四个方面：

（1）自然语言中充满歧义，而机器语言的歧义是可以控制的。

（2）自然语言的结构复杂多样，而机器语言的结构则相对简单。

（3）自然语言的语义表达千变万化，迄今还没有一种简单而通用的途径来描述它。而机器语言的语义则可以由人来直接定义。

（4）自然语言的结构和语义之间有着错综复杂的联系，一般不存在一一对应的同构关系，而机器语言则常常可以把结构和语义分别进行处理，机器语言的结构和语义之间有着整齐的一一对应的同构关系。

11.1.2　自然语言理解的概念

自然语言理解又被称为自然语言处理或计算机语言学，它是人工智能领域中的前沿难题之一，是研究计算机如何理解人类语言的学问。它是人工智能的一个分支，是研究如何能让计算机理解并生成人们日常所使用的语言，如汉语、英语。它的研究目的在于建立起一种人与机器之间的密切而友好的关系，使机器能够进行高度的信息传递与认知活动。

自然语言理解主要有两种途径：一是利用各种语言规则对句子进行分析，得到句子的结构。但具体依赖于何种语法语义理论，到目前还没有一个准确的标准，没有一种理论可以解决全部语言现象。局限到某种特定的语言，也没有一个占据主导地位的分析理论。基于规则的分析方法可以称之为自然语言理解中的"理性主义"。另一种分析方法是基于数据的分析方法，被称为自然语言理解中的"经验主义"，它主要利用大规模的语料库，采用概率的方法得到各语言现象共存的概率，在分析新语料时以共存概率的大小来确定语言成分之间的关系。

基于规则的方法本质是一种确定性的演绎推理方法，其优点在于可以根据上下文对确定事件的进行定性描述，能够充分利用现有的语言学成果。它的缺点是对一些不确定的事件则无能为力，同时规则的相容性和适应性也存在着限制。基于统计的方法是一种非确定性的定量分析方法，其优势在于它的全部知识都是通过对大规模的语料库加工分析而得到的，可以获得很好的一致性和覆盖性。由于这种定量分析是基于概率的，因此其必然会掩盖小概率事件的发生。对于有些统计方法无法解决的问题，利用规则却可以很容易解决。所以，在进行句子的分析理解时常常把统计和规则有机地结合起来使用。

语言的分析和理解过程是一个层次化的过程，它主要包括如下四个层次：语音分析、语法分析、语义分析、语用分析。其中，语法分析又可分为词法分析和句法分析。语音分析是根据音位规则，从语音中区分出一个个独立的音素，再根据音位形态规则找出一个个音节及其对应的词素或词。词法分析的主要目的是找出词汇的各个词素，从中获得语言学信息。需要说明的是，在汉语中找出词素容易，汉语分析难在词的切分。句法分析是对句子和短语的结构进行分析。句法分析的方法有很多，格语法、扩充转移网络和功能语法等。分析的目的就是找出词、短语等的相互关系以及各自在句子中的作用等，并以一种层次结构来加以表达。这种层次结构可以是从属关系、直接成分关系和语法功能关系。语义分析就是通过分析找出词义、结构意义及其结合意义，从而确定语言所表达的真正含义或概念。语用分析，就是对语言符号与语用符号使用者之间联系的研究分析。

11.1.3　自然语言理解的发展历史

对于自然语言理解的研究工作最早可以追溯到 20 世纪 40 年代。1948 年，Shannon 把离散马尔可夫过程的概率模型应用于描述语言的自动机，同时又把"熵"的概念引用到语言处理中。同一时期，Kleene 研究了有限自动机和正则表达式。1956 年，Chomsky 提出了上下文无关语法。这些工作导致了基于规则和基于概率两种不同的自然语言处理方法的诞生，使该领域的研究分成了基于规则方法的符号派和基于概率方法的随机派两大阵营，进而引发了数十年有关这两种方法孰优孰劣的争论。

1956 年，人工智能诞生以后，自然语言处理迅速融入了人工智能的研究。随机派学者在这一时期利用贝叶斯方法等统计学原理取得了一定的进展；而以 Chomsky 为代表的符号派也进行了形式语言理论、生成句法和形式逻辑系统的研究。由于这一时期，多数学者注重研究推理和逻辑问题，只有少数学者在研究统计方法和神经网络，所以符号派的势头明显强于随机派的势头。1967 年，美国心理学家 Neisser 提出了认知心理学，把自然语言处理与人类的认知联系起来。

20 世纪 70 年代初，由于自然语言处理研究中的一些问题未能在短时间内得到解决，而新的问题又不断地涌现，许多研究人员丧失了信心，自然语言处理的研究进入了低谷时期。尽管如此，一些发达国家的学者依旧继续研究。基于隐马尔可夫模型的统计方法和话语分析在这一时期取得了重大进展。80 年代，在人们对于过去的工作反思之后，有限状态模型和经验主义的研究方法开始复苏。

20 世纪 90 年代以后，随着计算机的速度和存储量大幅增加，语音和语言处理的商品化开发成为可能；同时，网络技术的发展和 1994 年 Internet 商业化使得基于自然语言的信息检索和信息抽取的需求变得更加突出。自然语言处理的应用领域不再局限于机器翻译、语音控制等领域。

从 20 世纪 90 年代末到 21 世纪初，人们逐渐认识到，仅用基于规则的方法或仅用基于统计的方法都是无法成功进行自然语言处理的。基于统计、基于实例和基于规则的语料库技术在这一时期开始蓬勃发展，各种处理技术开始融合，自然语言处理的研究又开始兴旺起来。

目前，自然语言理解研究已经取得了令人瞩目的成绩，在某些方面的研究成果已达到了实用化的程度，但自然语言理解并未取得根本性的突破。要使计算机达到人对自然语言的理解力，目前在技术上还面临着艰巨的挑战。

首先，自然语言是极其复杂的符号系统。一个人虽然可以将自己的母语运用自如，但却无法将自己母语的构成规律、含义的表达规律以及语言使用的规律用计算机可以接受的方式彻底解释清楚。

其次，自然语言的各个层次上都含有极大的不确定性。在语音和文字层，有一字多音、一音多字的问题；在词法和句法层，有词类词性、词边界、句法结构的不确定性问题；在语义和语用层，有大量的因种种原因造成的内涵、外延、指代、言外之义的不确定性。这些不确定性在语言学上被称为“歧义”。歧义一般不能通过发生歧义的语言单位自身获得解决，而必须借助于更大的语言单位乃至非语言的环境、背景因素和常识来解决。要使计算机具备像人类一样强大的常识推理能力和依靠整体消除局部不确定性的能力，还有很长的路要走。

最后，自然语言是人们交流思想的工具。既然交流的是思想，那思想本身在计算机里的组织结构就显得格外重要。在人工智能里，这就是“知识表示”的问题。可以说，在知识表示问题上的突破，对于自然语言理解的进展将产生决定性的影响。

11.2　自然语言理解研究的关键问题

在自然语言理解的研究中，可能会存在一些关键性的问题，具体内容将在下面的小节中进行讲解。

11.2.1　词法分析

语言学上通常将“词”定义为“能够独立运用的，有意义的最小语法单位”。词法分析在自然语言理解中的重要性主要体现在以下两个方面：

(1)“词”是组成句子的基本单位，只有在对“词”的分析的基础上，才可能进行更高一个层次的句法分析。

(2)计算机关于自然语言的知识很大一部分是以机器语言词典的形式表示和存储的。

因此，词法分析是句法分析的基础。词法分析的主要任务是把接收到的自然语言进行切分，也就是自动分词，然后为每个切分的词加上词性标记。为了能够达到快速准确的自动分词和词性标注，在各个环节中还要考虑自动分词中歧义的消除、未登录词的识别、兼类词性的消除等问题。

不同的语言对词法分析的要求不同。例如，英语和汉语在词法分析处理方面就存在着很大的差异。英语语言中，单词之间是以空格自然分开的，因此不需要自动分词的过程，而汉语则不具备以空格划分单词的特点，其单词的切分是非常困难，不仅需要构词的知识，还需要解决可能遇到的切分歧义。对于词性分析和判断，英语单词由于有词性、数、时态、派生、变形等繁杂的变化和多种解释，导致英语单词的词义判断非常困难，仅仅依靠查词典常常是无法实现。而汉语中的每个字就是一个词素，因此找出词素是非常容易的。可见，在自然语言理解的词法分析处理中，汉语、日语等语言的词法分析的难点在于分词切词，而英语、德语等语言的难点则是词素区分。汉语自动分词是汉语语言处理中的关键技术，也是中文信息处理发展的瓶颈，其困难主要在三个方面：首先，“词”的概念缺乏清晰的界定；其次，未登录词的识别；第三，歧义切分字段的处理。

分词按照分词工作的主体分为人工分词与机器自动分词两种。人工分词存在分词不一致和处理速度慢的缺陷。因此，人们尝试使用计算机代替人工分词，称为自动分词。自动分词是现代汉语进行句法分析的第一步，是后续语法和语义分析的基础。计算机从事句法分析所依据的语法知识是机器词典和句法规则库。其中，机器词典收录了每个词条的词法、句法和语义知识。句法规则库则是以词、词类、语义等知识为基础构造而成。因此，一连串的汉字组成的句子必须先进行分词，才能利用机器词典和规则库，也才有可能进行句法分析。

汉语自动分词研究最早可追溯到 20 世纪 50 年代后期的俄汉翻译机的研制时期，苏联学者首先提出了“6-5-4-3-2-1”的分词方法。这种方法中的匹配思想成为后来众多分词方法的基础。目前汉语自动分词方法有十几种，其中最常见的有：正向最大匹配法、反向最大匹配法、双向最大匹配法等等。这些方法虽然名称各异，分词速度也各有优劣，但从本质上可将它们归为两类：一类是基于统计的机械分词方法；一类是基于规则的分词方法。由于这两类都存在切分错误，需要进行人工干预，因此，它们又可进一步归纳为：

（1）机械分词+歧义校正。

（2）知识分词+人工干预。

在使用机械分词方法切分单词时，首先是查字典进行匹配，然后再适当地利用部分词法规则进行歧义校正。机械分词，按扫描方向可分为正向扫描、反向扫描、双向扫描三种；而按匹配原则又可分为最大匹配和最小匹配。机械分词方法的形式化描述模型 DAM(d,a,m)，其中，$d \in D=\{+1,-1\}$，+1 是正向的，–1 是反向的；$a \in A=\{+1,-1\}$，+1 是增字的，–1 是减字的；$m \in M=\{+1,-1\}$，+1 是最大匹配，–1 是最小匹配。现有的研究成果认为汉语自动分词一般不宜采用最小匹配及减字匹配方法，原因是减字匹配提供可利用的信息较少；最小匹配切分法将导致大量单个汉字，而这些汉字常常是词素而不是词。由此看来，DAM(d,a,m)模型中有些组合没有使用价值。此外，DAM(d,a,m) 模型还未包括双向扫描情况。

机械分词+歧义校正属于机械分词方法的一种改进。它主要利用词法规则对歧义进行校正，以提高切分精度。事实证明：这种改进是有效的，而且这种改进最终导致了知识分词方法的出现。

知识分词与机械分词方法的根本区别在于它不仅仅只是通过词典匹配，而且还要利用词法、句法甚至语义等方面的知识。知识分词不仅利用知识的范围更广，而且还利用人工智能技术进行推理，并且将分词与“歧义校正”合为同一过程，而不是像机械分词加歧义校正法那样先分词再校正。此外，知识分词中的分词程序和知识库设计更具相对独立性，有利于知识库的维护。

1. 自动分词算法

正向最大匹配法（maximum matching method，MM 方法）的具体算法可以描述如下：

设待切分语料串为 string，其长度为 stringlen，取词变量为 str，分词字典为 D，maxlen 表示词典中的最长词的长度。

Step1　从待切分语料串 string 中取字长为 maxlen 的字串 str，令 LEN=maxlen。

Step2　把 str 与 D 中的词相匹配。

Step3　若匹配成功，则认为该字串 str 为词：指向待切分语料的指针向前移 LEN 个汉字，返回到 Step1。

Step4　若匹配不成功。

① 如果 LEN>1 则把 LEN 减 1，从待切分语料串中取字长为 LEN 的字串 str，返回到 Step2。

② 否则，得到长度为 1 的单字词，指向待切分语料的指针向前移 1 个汉字，返回到 Step1。

注意：在 Step1 中，如果待切分语料的字串长度 stringlen<maxlen，则取 str 为待切分语料。在 Step4 中，如果得到的单字不是词，是语素字的话时，则需要进行未登录词识别。

正向最大匹配法的优点如下：

（1）该法扫描方向是从左到右，从长到短的顺序进行匹配。

（2）该法的原理简单，易于在计算机上实现，时间复杂度也比较低。

正向最大匹配法的缺点如下：

（1）存在忽视“词中有词”的现象，可导致切分错误。

（2）最大词的长度难于确定，如果定得太长，则匹配时花的时间多，算法的时间复杂度明显提高。

反向最大匹配法（revers maximum matching method，RMM 方法）的原理与 MM 方法相同，只是扫描方法是自右到左，在此不再重复介绍。

2．双向匹配法

双向匹配法就是对同一个字符串分别采用 MM 法、RMM 法两种方法进行切分处理，如果所得结果相同，则认为切分成功，否则认为有疑点，此时可利用上下文信息，根据切分歧义规则进行排歧：或者进行人工干预，选取一种切分为正确的切分。

优点：此法克服了 MM 方法中的忽视“词中有词”的弊端。如用双向匹配法对“幼儿园地节目”进行切分处理时分别使用 MM 方法和 RMM 方法得到的两个切分结果是“幼儿园/地/节目”和“幼儿/园地/节目”，切分系统会报错误，而不是将错就错。

缺点：首先是算法的复杂度较高。其次，为了支持正向和逆向两种顺序的匹配和搜索，词典的结构比一般的切词词典要复杂得多。

3．改进的正向最大匹配法

前面提到的 MM 算法在减字过程中，每减一字都有许多重复的匹配操作，大大降低了分词效率。利用词表中同一首字下的词条按升序排列这一条件，在找到某一字串后，在其后增加一个字得一新字串，如果新字串在词典中出现，那么新字串一定在原字串的后面，且相隔位置不会太远。基于这一事实，提出一种改进的 MM 方法。

该算法首先将减字 MM 算法改为增字 MM 算法，增字 MM 算法的流程如下：

（1）取待切分字符串 string 的首字，记为 str，与词典 D 中的词匹配，如匹配成功，则 strsave=str，转（1）；如匹配不成功，转（2）。

（2）在 str 后增加一字并赋予 str，与词典 D 中的词匹配，如匹配成功，则 strsave=str；

转（1）；如匹配不成功，转（2），循环直至 strlen=stringlen 结束；其中，strlen 为字符串 str 的长度，stringlen 为待切分字符串的长度，转（3）；

（3）从字符串 string 中切分下 strsave，指针前移 strsavelen 个单位，重复上述步骤，直至分词结束；

考虑当前待切分的中文字串 $string = CC_0\ CC_1 \cdots CC_L$（$L$ 为汉字个数），根据 CC_0 可以计算出在词表中以 CC_0 为首字第一个词的地址 Addr，并可得到以 CC_0 为词首字的词数 m 及指向所有词条：$W_{i0}, W_{i1}, \cdots, W_{im-1}$ 的指针 P_i。如果某个词条为 str 的前缀，则称该词条被完全匹配，最终的目标是找到长度最长且完全匹配的词条。

在实际匹配过程中，先在词表中查询子串 CC_0，得到索引项地址 Addr，如果 CC_0 不在词表中，取最接近 CC_0 且排在其前的索引号，然后在 Addr 之后寻找最长且完全匹配的词条。

分词之后的工作是对词语进行词性标注。词性标注的方法基本上可分为基于规则的方法、基于统计的方法和混合方法三大类。词法分析作为汉语分析的基础，分析结果的准确性将在很大程度上影响后来的句法分析和语义分析。要提高词法分析的准确性，需要在其过程中注意以下问题：

（1）切分排歧。歧义处理是自动切分的难题之一，一般把切分歧义分为两种结构类型：交集型歧义和组合型歧义。当前，能够较好处理切分歧义的分词算法有：交叉歧义检测法、基于记忆的交叉歧义排除法、n 元语法和最大压缩方法等。

（2）未登录词识别。未登录词是指没有包括在分词词表中但必须切分出来的词，包括各类专有名词、术语、缩略词和新词等。未登录词的识别对于各种汉语处理系统不仅有直接的实用意义，而且起到基础性的作用。

（3）词性消歧。词性兼类是词性标注面对的主要问题，进行词性标注时的难点在于兼类词的消歧。汉语中词的应用非常灵活，可充当不同的句子成分，所以词性兼类现象很普遍。在具备大规模标注语料库的情况下，统计方法（如隐马尔可夫模型）可用于解决词性标注问题，而且结果通常较好。

11.2.2　句法分析

句法分析是自然语言理解的关键步骤，它是对句子中的词语语法功能进行分析，把句子的词语序列映射为句法成分的层次结构。句法分析的作用主要有两个：一是确定输入语句的句法结构；二是使句法结构规整化。

目前主要的句法理论有 Chomsky 的短语结构语法、woods 的扩充转移网络、Bresman 的词汇功能语法、Kay 的功能合一文法等。

1．短语结构语法（phrase structure grammar，PSG）

美国语言学家 Chomsky 在 20 世纪 50 年代创造了形式文法，形式文法是以数学方法研究自然语言和人工语言的语法理论。一个形式文法 G 是一个四元组 $<V_N,V_T,S,P>$，其中：

（1）V_N 为文法 G 的非终结符号集合，包括一些用以表示文法的中间符号，V_N 不出现在 G 所表示的语言集合的句子中。

（2）V_T 称为文法 G 的终结符号集合，它包含的词是语言中的最小单位，不能进一步推导，G 所表示的语言的句子由 V_T 中的元素组成。

（3）$V_N \cup V_T$，合称为词汇表 V，V_N 与 V_T 的交集为空集。

（4）S 代表句子符号，$S \in V_N$。

（5）P 代表产生式规则集，每个产生式可表示为：$\alpha \to \beta$，α 是 V 中一个或多个符号构成的序列，β 是 V 中零个或多个符号构成的序列。

Chomsky 形式文法可以分为四类，统称为短语结构语法。

（1）3 型文法（又称为正则文法）。正则文法分为左线性文法和右线性文法。在左线性文法中，重写规则的形式为：“$A \to Bt$”或“$A \to t$”，在右线性文法中，重写规则为：“$A \to tB$”或“$A \to t$”，其中，A、B 是非终结符号，t 是终结符号。

正则文法是短语结构语法中生成能力最弱的一个，一些常见的语言现象都不能用正则文法来生成。例如对任意符号“x”两边成对匹配添加括号，通过不断嵌套的方式可以实现生成一系列句子：“$x,(x),((x)),\cdots$”。要生成这种前后对称的句子，必须知道“x”前面已经生成了多少个“(”，以便能生成同样数量的“)”来匹配。而对于正则文法，无论是左线性文法还是右线性文法，都只能独立地生成“x”某一侧的符号，无法进行前后匹配。

（2）2 型文法（又称上下文无关文法）上下文无关文法的重写规则为：“$A \to x$”，其中，A 是非终结符号，$x \in V^*$，V^* 为 V 的自反闭包。这种规则不依赖于 A 出现的上下文环境中，因此称为上下文无关文法。

上下文无关文法比正则文法具有更强的生成能力，能反映更多的自然语言现象。但是，在某些情况下自然语言现象并不能由上下文无关文法来描述，它的一些重写规则的应用还是受上下文制约的。

（3）1 型文法（又称上下文有关文法）。上下文有关文法的重写规则为：“$x \to y$”，其中，$x,y \in V^*$，且 y 的长度总是大于或等于 x 的长度。上下文有关文法的重写规则也可以表示为：“$A \to y/x\_z$”，其中，A 是非终结符号，$y \in V+$，$V+$ 为 V 的正闭包，$x,z \in V^*$。在 1 型文法中，可以很明显地看出所谓上下文有关的含义是：如果 A 出现在上下文 x_z 中，即前面紧挨着符号串 x，后面紧挨着符号串 z，则 A 可重写为 y。因此，A 可重写为 y 是有上下文约束的。

（4）0 型文法（又称无约束短语结构文法）。0 型文法的定义对规则没有任何约束，其定义的语言可以不是递归的，因而就不可能设计一个程序来判别一个输入的符号串是不是 0 型语言中的一个句子，所以 0 型语言很少被用来处理自然语言。

在 Chomsky 形式文法中，如果一种语言可以被一部 $i(i=0,1,2,3)$型文法所生成，就称它为 i 型语言。由于在 Chomsky 形式文法中，文法的型号越高，对重写规则所附加的限制也就越多，所以 3 型语言是 2 型语言的一个子集，2 型语言是 1 型语言的一个子集，1 型语言又是 0 型语言的一个子集。从文法的生成能力看，0 型语言最强，1 到 3 型依次减弱，3 型语言最弱。

在 Chomsky 形式文法中，上下文无关文法是自然语言理解的重要研究对象。由于它的描述能力强，能够描述自然语言中的大部分结构，同时又是递归结构，可以构造有效的句法分析器来对句子进行分析。因此，目前大多数计算机处理文法都以上下文无关文法为基础。

2．扩充转移网络（augmented transition network，ATN）

1969 年，美国人工智能专家伍兹（W.A.Woods）提出了扩充转移网络模型，作为自然语言语法的一种多功能表示及语言自动分析方法，这种方法的出现对自然语言信息处理领域产生了重要影响。

扩充转移网络从根本上来讲是一种有限状态机，它具有识别语句的功能。在利用扩充转移网络识别中，如果决定从一个状态转移到另一个状态的输入不是一个个字母，而是一个个的词，那么扩充转移网络就可以用来识别自然语言中的短语和句子。给出一个状态转移模式，就可以使一个扩充转移网络识别符合这种模式的句子。

3．词汇功能语法（lexicon function grammar，LFG）

词汇功能语法由 Bresman 等人于 20 世纪 70 年代提出，该方法是通过对 Chomsky 的上下文无关语法加入一些限制条件，消除了由于转换规则引入而产生的生成能力过强的问题。词汇功能语法认为句子由两个层次的信息来描述，这两个层次分别为成分结构层次和功能结构层次。成分结构层次描述句子成分之间满足的规则，功能结构层次描述句子的主语、谓语等部分要满足的语法功能关系。这种语法功能关系用特征结构来描述，特征结构可表示为属性和属性值组成的偶对<attribute,value>。在具体进行句法分析时，只有同时满足两个层次的规则要求的特征结构偶对才能成为合法的句法信息。

4．功能合一文法（functional unification grammar，FUG）

功能合一文法是 M.Kay 在 1985 年提出。功能合一文法的主要理论是词汇的功能描述。一个功能描述由一组对于词的描述元组成，每个描述元表示为“F_i=value$_i$”，是一个“属性—值”偶对。功能合一文法系统使用复杂特征集来定义词汇、句法规则、语义规则和整个句子的描述，并定义了一系列的运算规则对复杂特征集进行并、交等处理，其中典型的规则是合一运算。FUG 认为句子的信息是由更小的单位，如词汇或短语合并而得到，首先将词汇或短语表示为复杂特征集，然后通过合一运算来实现合并等功能。合一运算同时考虑了语法规则信息和语义信息等，可以将句子的语法结构和语义表示较好地结合起来。

虽然各种句法理论的形式相差很大，不过在句法分析的过程中采用的分析算法都是类似的。句法分析可分为两大类，一类基于形式文法，一类基于扩充转移网络。常用的句法分析算法有：自顶而下分析算法、自底而上分析算法、左角分析算法、CYK 算法、Marcus 确定性分析算法、Chart 算法等。其中自顶向下分析算法和自底向上分析算法是最基本的算法。

11.2.3　语义分析

结构相同的句子，语义往往不同，如果不进行语义分析，整个分析工作难于进行。语义分析的作用主要有三个方面：

（1）理清句子的语义结构；

（2）把句子的各个构成成分的语义组合成为一个完整的句子的语义，并把它映射为一个由形式语言来表示的语义表达式；

（3）说明句子中词语搭配上存在的各种语义限制条件。

在语言学的研究领域里将现代语义理论主要分为结构语义学、解释语义学、生成语义学 Fi11more 的语义理论、逻辑-数理语义学等几大流派。人工智能专家主要借鉴了这几大流派中解释语义学、生成语义学、Fillmore 的语义理论和逻辑-数理语义学的思想，将其应用到自然语言理解中，提出了一系列计算机语义分析理论。目前提出的语义理论主要有义素分析法、格语法、语义网络、优选语义学、蒙格塔语法等。下面分别介绍其中几种语义分析理论。

1．义素分析法

义素分析法最早由丹麦语言学家 Hjemlslev 提出，并于 20 世纪 70 年代传入我国。义素与词典学中的义位是两个不同的概念。义素是分解词义得到的最小意义单位，也就是词义的区别特征。义位与词典学中的义项是同一个概念，义项指词典中词语按意义列举的项目，在语义学中，把词义的每个义项称为一个义位。义素是语义分析时进行义位描述的术语，是构成义位的最小意义单位。任何一个义位总是由一个以上的义素构成的。

进行义素分析，有两个操作步骤。义素分析的第一个操作步骤是确定语义场。要对语言中的一个词义 A 进行义素分析，首先需要替 A 寻找同 A 关系最密切的另一个或几个词义，从而使这几个词构成一个最小语义场。在确定最小子场时，可以参考有关对象的分类，在许多情况下，最小子场大多与某一类对象的最小类别相对应。例如，要分析表示重量的词，就要参考重量的分类，要分析表示颜色的词，就要参考颜色的分类，等等。义素分析的第二个操作步骤是通过对语义场中几个词义的比较分析找出义素。目前，义素分析主要用来分析实词的部分名词、少量动词和形容词，其中主要是部分类义词。

2. 格语法

语义格的思想是由美国语言学家菲尔墨（Fillmore）于 1968 年提出，并把该理论称为“格语法”。格语法是从句子的深层结构表示来推导句子的表层结构，较好地解决了句法与语义相结合的问题，而且格语法比较适用于计算机的自动分析，因此格语法在自然语言理解领域中使用的非常普遍。

菲尔墨的格语法理论与传统语法理论不同，语义格也不同于传统语法中表示句法关系的“格”。传统语法中的格是指句子表层结构方面的现象，而语义格是指深层结构方面的语义现象。格语法是从句法语义关系方面对传统理论的一种修正。传统理论以句法结构为主、语义为辅，格语法则提出语义为主、句法结构为辅。传统理论认为表层结构和深层结构各有各的主语、宾语，格语法认为主语和宾语等只是表层中的关系，深层中动词和名词的语义关系则是格关系。Fillmore 提出的格关系有施事、客体、承受、工具、源点、终点等，他给每个动词规定一个格框架，即这个动词所处句中主语和宾语具有的格特征，然后通过“转换”规则使一个格转换成主语，使别的格转换成其他的表层句法关系。因此，表层的句法可以从深层的格推出，也就是说，语义结构通过转换可以直接生成表层句法结构，语法不需通过解释规则把语义和句法挂起钩来。

3. 语义网络（semantic network）

语义网络是将义位关系、格关系统一在一个网络框架中描述并进行推理。它最早由 Quillian 于 1968 年提出，并在 1970 年正式提出语义网络这个概念。

语义网络在形式上是一个有向图，由一个结点和若干条弧构成，结点和弧都可以有标号。结点表示一个问题领域中的物体、概念、事件、动作或状态，弧表示结点间的语义联系。语义网络用来表达复杂的概念及其之间的相互关系，从而形成一个由结点和弧组成的语义网络描述图。语义网络包括了两个方面的内容，即语义网络的知识表示，语义网络的逻辑推理。名词性概念之间的语义关系包括四种类型：实体、泛化、聚集和属性联系。实体联系用于表示类结点与实例结点之间的联系，通常用“ISA”标识。一个实例结点可以通过“ISA”连接多个类结点，多个实例结点也可以通过“ISA”与一个类结点相连接。通过类结点表示实例之间的相关性，并使同类实例结点的共同特征通过与此相连的类结点来描述，从而实现了知识的共享，简化了网络结构。泛化联系用于表示类结点与抽象层次更高的类结点之间的联系，通常用“AKO(a kind of)”来标识。通过“AKO”可以将不同抽象层次的类结点组织成一个“AKO”层次网络，泛化联系允许低层类结点继承高层类结点的属性，因而一些共同的属性不必在每个低层类结点中重复，从而节省了空间。聚集联系用于表示某一个个体与其组成成分之间的联系，通常用“Part of”表示。属性联系用于表示个体、属性及其取值之间的联系，通常用有向弧表示属性，用这些弧指向的结点表示各自的值。

除了上述四种基本的语义关系之外，语义网络还引入了以动词作为句子驱动的格语法的思想，可以用动作行为的“事件”来描述语义网络中的结点与结点之间的关系。用语义网络来描述事件时，采用了格语法中的施事、受事、工具等各种语义格。

4．优选语义学（preference semantics）

优选语义理论是由英国人工智能专家 Wilks 在 20 世纪 70 年代初研制一个英法机器翻译系统时建立。wilks 定义了语义元素、语义公式和语义模版等来进行语义分析。在这个系统中完全通过语义分析的方法，用语义公式表示词的意义，突破了以句子为处理单位的界限，扩大到以成段文章为处理单位；在语义分析上，采用优选的方法，同时解决了语义内容和结构的形式问题。

11.2.4　语言的自动生成

自然语言生成（natural language generation）是人工智能和计算机语言学的分支，是生成可理解文本的计算机技术。自然语言生成技术也是人工智能中最为活跃的技术之一，它是研究如何把在计算机内部以某种形式存放的需要交流的信息，以自然语言的形式表达出来。它的工作过程与自然语言分析相反，是从抽象的概念层次开始，通过选择并执行一定的语义和语法规则来生成文本。自然语言生成过程一般分为两个阶段：

（1）建立一种结构，以表达出需要交流的信息。

（2）以适当的词汇和一定的句法规则，把要交流的信息以句子形式表达出来。

常见的自然语言生成技术有如下几种。

1．模板生成技术（template-based generation）

又称 Schema 技术。模板生技术是一种非常简单的技术，这种生成技术的原理类似于填充方法，系统事先设计好几种可能出现的语言情况，构造几个相应的模板，每个模板包括一些常量和一些变量，当用户输入一定的信息后，文本生成器将这些信息嵌入到模板中替代变量。这种生成器因为它的处理只是在字符串的水平上，没有在深层次上进行语言处理，所以生成的文本有一定的不完备性，所以又被称为非语言的文本生成器。这种技术虽然思路简单，但生成的文本质量不高。不过它目前仍具有十分广泛的用途。例如很多应用软件中都采用该技术处理出错信息、警示信息。

该方法的优点是效率高、实现手段简单。缺点是生成的文本质量不高，难以满足人们多变的需要，不能根据具体问题分析生成文本。其次，使用模技术的系统维护、修改或扩充都十分困难。

2．模式生成技术（schema-based generation）

Schema 技术是基于语言学中的修辞谓词（predicate）来表达文本结构的一种方法，它采用 Predicate 来描述文本结构的规律，也就是文本的骨架表示，在该表示中也明确了话语中主题的表达顺序。这种方法将文本中的句子功能进行分类，并把标准模式和修辞性谓语相结合，使它们具有完备性。文本都是由命题题组成的，命题是指一个句子或者一个从句，Predicate 根据文本中的命题进行分类，每个命题都被归纳为特定的 Predicate。对一些特定的文本而来说，存在着一些标准的 Predicate 组合模式来表示文本的基本结构，这种模式就称为 Schema。其相应结构树中结点一般分为五种类型：Root，Schema，Predicate，Argument 和 Modifier。其中，Root 是树的根结点，表示一篇文章。每个 Root 下面有若干个 Schema 子结点，一个 Schema 表示一个段落或几句话，Schema 下面的子结点可以继续是 Schema，也可以是 Predicate。而一棵以 Predicate 为根的树表示一个句子，它是文章的基本单位，句子中每一个基本语义成分均是 Predicate 的子结点，用 Argument 表示。若 Argument 有修饰成分，则用子结点 Modifier 标志。Argument 或 Modifier 是树的叶子结点，树中每个结点都包含若干个槽，用来标志各种信息以供生成使用。

模式生成技术的优点是具有较好的维护性，输出的文本质量较高。它的缺点是只用于固定结构段落，生成的文本不灵活。

3. 短语/规则扩展技术

又称 RST 生成技术，RST（rhetorical structure theory）生成技术是基于描述文本结构的修辞结构理论，RST 理论认为一篇文章的各个组成部分无论是句子、段落甚至更大的组成单位之间都是由一些为数不多、反复出现的关系按照一定的层次内聚在一起的。多数 NLG（natural language generation）生成系统都包含一个修辞关系集，而与具体应用相对应的关系集是其子集。到目前为止，RST 包含的基本关系有 Nucleus-Satellite 和 Multi-Nucleus 两种模式。其中 Nucleus-Satellite 模式包括核心部分（nucleus）和附属部分（satellite），核心部分表达基本命题，附属部分表达一个附属命题，常常用于描述目的、因果、转折、递进、背景等关系；Multi-Nucleus 模式涉及一个或多个语段，它没有附属部分，多用于描述顺序、并列等关系。

RST 技术比 Schema 技术的灵活性更强，在子树的生成过程中，同时也就生成了文本的基本框架结构。RST 的主要缺点是它的基本数据结构、文本规则库的建立有一定难度，因为句子之间有很多语法和语义上面的联系，所以，对句与句之间内部关系必须仔细考虑它们之间的限制，从而防止不恰当的扩展。

4. 属性特征生成技术

属性特征生成技术是指将自然语言中每一个细小的变化都由一个简单的属性特性表示出来。例如，输出的一句话的语气是主动还是被动，它的语气动作是问题还是命令或者是一个疑问。这些细节都将被属性特征表示出来，输出的每个单元都与一个特定的唯一的属性特征集相连，从而达到一一对应，要做到这些需要做大量细致的工作。而且输出过程是对要生成的每个信息部分增加相应的属性特征，一直到能够唯一地决定一个输出结果为止。然后在经过一个线性的处理过程，将一串属性特征集变成线性的符号串。

属性特征生成技术的优点是概念简单，任何一种不同的语言都能轻易地作为特征加入属性特征集。属性特征生成技术生成的文本相当灵活。它的缺点是很难维护各属性之间的内容关系，难以控制特征集的选择，并且工作量很大。

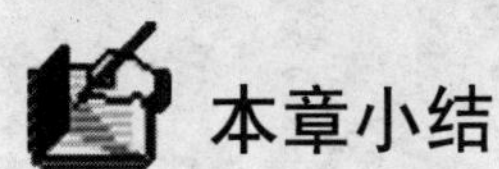

本章小结

本章共分为两大部分,第一部分介绍自然语言理解的基本概念以及发展历程,包括：自然语言的概念、自然语言理解的概念以及人们对自然语言理解研究的发展历程。第二部分是本章的重点部分，主要介绍了自然语言理解中的四个关键问题，包括：语言的词法分析、语言分析、语义分析以及自然语言的自动生成等内容。读者通过阅读本章可以对自然语言理解的研究内容以及研究方法建立基本认识，为进一步深入研究自然语言理解奠定基础。

本章习题

1. 什么是自然语言？自然语言与机器语言比较有什么特点？
2. 自然语言理解的途径有哪些？具体如何理解？
3. “词”是什么？词法分析的任务是什么？
4. 正向最大匹配法是什么？它有什么特点？
5. 对比分析 Chomsky 形式文法中 0 型文法与 3 型文法的区别？
6. 试论述主流的语义分析理论的原理。
7. 试论述模板生成技术与模式生成技术的原理

第12章 知识工程和数据挖掘

学习重点

数据挖掘是知识发现的一部分，但是数据挖掘技术提供了推动知识发现过程的算法。通过本章的学习，学生可以对知识工程的发展过程、数据挖掘、知识发现和数据仓库有详细的了解，掌握常用的数据挖掘方法，为以后进一步深入学习打下理论基础。

人工智能与计算机技术的结合产生了所谓“知识处理”的新课题。即要用计算机来模拟人脑的部分功能，或解决各种问题，或回答各种询问，或从已有的知识推出新知识，等等。为了进行知识处理，当然首先必须获取知识，并能把知识表示在计算机中，能运用它们来解题。本章的主要教学内容是知识工程的基本概念及数据挖掘的常用算法。

12.1　知识工程简介

本节主要就知识工程的相关知识进行介绍，并对知识管理与信息管理的区别和联系进行探讨。

12.1.1　知识工程的相关概念和发展过程

自有人类历史以来，人类一直孜孜不倦地研究与探索着知识，自然科学家研究着如何获取具体的知识，而哲学家则研究着有关知识的一般特性与规律。到 20 世纪中叶以后，这种研究格局发生了变化，由于知识在人类文明中所起的作用越来越大，不仅哲学家、逻辑学家和心理学家，计算机科学家也在认真地研究知识的一般特性与规律。这是因为人类已经进入了信息化社会，而且正在向知识化社会前进。人类对知识的掌握和使用很大程度上依赖于这些汪洋大海般的知识是否能够通过计算机和计算机网络操作和使用的。计算机科学家的任务是要研究处理各种复杂知识的理论与方法。

知识工程学是一门新兴的学科，至今只有 30 多年的历史。知识工程学是从知识的本源上来探讨知识的产生和使用，进而建造有效的知识系统。它的目的是使人们能够有效地掌握、存取、传播和应用知识，提高人们认识自然和改造自然的能力。

1. 知识工程学的发展历史

知识工程（knowledge-based engineering）这个概念最早诞生在 1977 举办的第五届国际人工智能会议上，它是由美国斯坦福大学计算机科学家费根鲍姆教授提出的一个新概念。他认为，知识工程是人工智能的原理和方法，对那些需要专家知识才能解决的应用难题提供求解的手段。恰当运用专家知识的获取、表达和推理过程的构成与解释，是设计基于知识的系统的重要技术问题。这类以知识为基础的系统，就是通过智能软件而建立的专家系统。由此出现了知识工程学，并在近年来获得迅速的发展。知识工程学的发展从时间上划分大体上经历三个时期：

（1）从 20 世纪 60 年代至 20 世纪 70 年代，称为 DENDRAL 时期。人工智能的研究表明，专家之所以成为专家，主要在于他们拥有大量的专业知识，特别是长时期地从实践中总结和积累的经验技能知识。因此 1965 年费哥巴姆教授与其他科学家合作，研制出 DENDRAL 专家系统。这是一种推断分子结构的计算机程序，该系统贮存有非常丰富的化学知识，它所解决问题的能力达到专家水平，甚至在某些方面超过同行化专家的能力，其中包括它的设计者。DENDRAL 系统标志着“专家系统”的诞生。

（2）从 1975 至 1980 年为实验性系统时期。20 世纪 70 年代中期 MYCIN 专家系统研制成功，这是一种用医学诊断与治疗感染性疾病的计算机“专家系统”。MYCIN 专家系统是规范性计算机专家系统的代表，许多其他专家系统都是在 MYCIN 专家系统的基础上研制而成的。MYCIN 系统不但具有较高的性能，而且具有解释功能和知识获取功能，可以用英语与用户对话，回答用户提出的问题，还可以在专家指导下学习医疗知识，同时，该系统还使用了知识库的概念和不精确推理技术。MYCIN 系统对计算机专家系统的理论和实践，都有较大的贡献。

（3）1980 年以来为知识工程的“产品”在产业部门开始应用的时期。知识工程引起全球学者的关注，自 20 世纪 80 年代以来，诞生了很多知识工程的产品，并被人们所接受。

2．知识工程学涉及的基本概念

知识工程学的研究过程中涉及有关数据、信息、知识等一系列基本的概念。

（1）数据。数据指的是客观事物的属性、数量、位置及其相互关系等的抽象表示。而且要特别强调这些属性、数量、位置及其相互关系等可能是模糊的。如“30 岁左右”、“大约 40”、“很年轻”、“不太高”、“点 A 与点 B 靠得很近”等词语中虽包含着数量，但这些数量是模糊的。此外，因为任何一张图，不论它是精确的还是模糊的，都在某种意义上可认为是表示一些对象之间的某种关系，所以在知识处理中也可以把它认为是一种数据。由此可见，在知识处理中数据的范围很广。但是，不管什么样的数据，它只表示一种数量及关系概念，没有具体的含义。

（2）信息。信息指的是数据所表示的含义，也可以认为信息是对数据的解释，是加载在数据之上的含义。所以，反过来也可以认为数据是信息的载体。如“10”在一种具体场合可以解释为“10 个桃子”，而在另一种特定场合又可以解释成“10 栋大楼”、“10 个 X”等。对表述模糊的数据也一样，例如“20 左右”这个模糊数，既可能代表年龄“20 岁左右”，也可代表日期“20 日前后”等。可见信息是带有具体含义的数据。

（3）知识。知识指的是以各种方式把一个或多个信息关联在一起的信息结构。如果把“不与任何其他信息关联”也认为是一种特殊的关联方式，则单个的信息也可以认为是知识的特例，称之为“原子事实”。例如“天气很闷热”、“天气很阴”、“天要下雨”等都是一些孤立的信息或“原子事实”。然而，如果把这两个信息用“如果，且，则”这种因果关系联系起来就成了一条知识：如果“天气很阴且天气很闷热”则“天要下雨”，多半如此。以上陈述中的“频繁”、“多半如此”等都表示一些模糊概念。

（4）智力。智力指运用知识解决问题的能力。知识可以存储在书本里，或计算机的磁盘和磁带中，这时，它是一种静止的死东西，本身并不会再生知识。然而智力却是一种动态概念。“智力”与“知识”有着密切的关系，但“知识”与“运用知识的能力”是两个不同的概念。

（5）智能。智能指知识的集合与智力的综合，是静态的知识和动态的智力综合所体现的一种能力。

（6）知识库和知识处理器。知识库是指经过分类组织存放在计算机中的“一个知识集合”。知识处理器是指智力在计算机上的一种具体实现机制。一般专家系统中都具有一个存放知识的知识库和一个运用知识的推理机，因此，按这种定义就可以认为专家系统是一个具有某种智能的系统。

3．知识工程学科研究的内容

知识工程这个学科自创立以来，它的研究内容主要围绕着知识的获取、知识的表示以及知识的运用和处理这三个方面。

（1）知识的获取。知识获取要研究的主要问题包括：对专家或书本知识的理解、认识、选择、抽取、汇集、分类和组织的方法；从已有的知识和实例中产生新知识，包括从外界学习新知识的机理和方法；检查或保持已获取知识集合的一致性和完全性约束的方法；尽量保证已获取的知识集合无冗余的方法。知识获取分主动式或被动式两大类。

① 主动式知识获取是知识处理系统根据领域专家给出的数据与资料利用诸如归纳程序之类软件工具直接自动获取或产生知识，并装入知识库中，也称为知识的直接获取。

② 被动式知识获取是指知识是间接通过一个中介或采用知识编辑器之类的工具，把知识传授给知识处理系统，也称为知识的间接获取。

知识处理系统在获取知识时有两种工作方式，分别为交互式和自主式两种。

① 交互式知识获取是指在获取过程中要不断与其他人进行交互，或提供解释，或要求输入信息，或提问求答，或请求验证，等等。交互式的知识获取，对用户或知识工程师有较大的透明度和控制能力，比较适合于从专家大脑中获取知识。

② 自主式知识获取则是在获取过程中完全由知识处理系统自主完成，例如输入的是一段文字或一段话，输出的便是从中抽取出来的知识。

（2）知识的表示。要将知识与交互，或在计算机之间进行传递，必须将知识以某种形式表示出来，并最终编码到计算机中去，这就是所谓的知识的表示。不同的知识需要用不同的形式和方法来表示。它既要能表示事物间结构关系的静态知识，又要能表示如何对事物进行各种处理的动态知识；它既要能表示各种各样的客观存在着事实，又要能表示各种客观规律和处理规则；它既要能表示各种精确的、确定的和完全的知识，还应能表示更加复杂的、模糊的、不确定的和不完全的知识。因此，一个问题能否选择合适的知识表示方法往往成为知识处理成败的关键。而且知识表示的好坏对知识处理的效率和应用范围影响很大，对知识获取和学习机制的研究也有直接的影响。

知识表示的方法很多，例如，谓词逻辑表示，关系表示，框架表示，产生式表示，规则表示，语义网表示，与或图表示，过程表示，面向对象表示，以及包含以上多种方法的混合或集成表示等。这些表示方法适用于表示各种不同的知识，从而被用于各种应用领域。对于“知识面”很窄的专家系统，往往可以根据领域知识的特点，从中选择一种或若干种表示方法就可以解决问题。但是为了开发具有较宽知识领域的系统，例如协同式专家系统和分布式多功能知识处理系统等，仅用简单的几种知识表示方法是难以适应要求的。

4. 知识的运用和处理

为了让已有的知识产生各种效益，使它对外部世界产生影响和作用，必须研究如何运用知识。运用知识来设计建筑、建造水坝、推断未来、探索未知、管理社会，乃至运用知识来作曲、绘画或写文章等都是使用知识来解决问题和改造世界的活动。显然，知识处理学不能研究这些具体运用知识的过程或方法，而是要研究在上述各种具体的知识运用中都可能用到的一些方法，主要包括推理、搜索、知识的管理及维护、匹配和识别等。

推理是指各种推理的方法与模式的研究，研究前提与结论之间的各种逻辑关系及置信度的传递规则等。

搜索是指各种搜索方式与方法的研究。研究如何从一个浩瀚的对象空间中搜索满足给定条件或要求的特定对象。

知识的管理及维护包括对知识库的各种操作，如检索、增加、修改或删除，以保证知识库中知识的一致性和完整性约束等的方法和技术。

匹配和识别是指在数据库或其他对象集合中，找出一个或多个与给定“模板”匹配的数据或对象的各种原理和方法，以及在仅有的不完全的信息或知识的环境下，识别各种对象的原理与方法。

目前，知识工程学还处在不断发展和完善阶段，它的一些内容也在不断探索之中，如何借助计算机使机器具有人的记忆、思维和判断能力，如何提高机器的智能，如何用知识工程学的概念、理论和方法来设计控制系统等都在研究和发展当中。

12.1.2　知识管理与信息管理

1. 知识管理的含义

知识管理（knowledge management，KM）是伴随着知识经济而产生的一个名词，关于知识管理的定义，不同的学者从不同的角度提出了自己的见解，各种不同的见解都反映出知识管理具有以下特征：

（1）强调信息向知识价值增值过程。

（2）既重视知识增值的技术实现手段，又关注人的信息习惯与素养。

（3）承认知识管理不同于信息管理，也不同于人力资源管理，三者之间互相联系。

（4）知识管理必须建立在信息技术条件基础上。

因此对于知识管理的定义，总的来讲是将得到的各种信息转化为知识，并将知识与人联系起来的过程，是对知识进行规范管理，以利于知识的获取、利用和创新。知识管理的内容可以从广义和狭义方面去认识。广义的知识管理内容，包括对知识、知识工具、知识人员、知识活动等诸多要素的管理；狭义的知识管理内容则指对知识本身的管理。其中，狭义的知识管理即对知识本身的管理，应该成为知识管理研究的核心内容。所谓对知识本身的管理，包含三方面的含义：

（1）对显性知识的管理，体现为对客观知识的组织管理活动。显性知识又称明晰知识，指的是能明确表达的知识，即人们可以通过口头传授、教科书、参考资料、期刊杂志、专利文献、视听媒体、软件和数据库等方式获取，可以通过语言、书籍、文字、数据库等编码方式传播，容易被人们学习。

（2）对隐性知识的管理，主要体现为对人的管理；隐性知识指的是指有些无法轻易描述与传授的知识。

（3）对显性知识和隐性知识之间相互作用的管理，即对知识变换的管理，体现为知识的应用或创新的过程。

2. 知识管理的过程

知识管理的关键在于知识的转化与创新，这决定了知识管理必然以人的知识过程为主要内容。知识管理过程是由一系列知识活动构成的动态的、递增的流程，是使知识不断增值的过程。这些知识过程包括知识的积累、应用、共享、交流和创新。

（1）知识积累。知识的积累是根据需求对现有显性知识、隐性知识的获取、表示、评价、筛选、分类与存储，包含知识的外化和综合化。为了便于知识的检索与再现，通常建立知识库，并使用知识地图标识和导航。

（2）知识应用。知识的应用是利用积累的显性知识、隐性知识解决问题的过程。在问题解决过程中不断积累技能和经验，促使显性知识的转化为隐性知识，能够不断扩展自身隐性知识的储备。

（3）知识共享。知识的共享是知识的静态传播，主要是通过书籍、报刊、收音机、电视、网络等工具来传播显性知识的简单过程，能扩展个体显性知识的储备。

（4）知识交流。知识的交流是知识的动态传播，主要是通过即时聊天工具、聊天室等会话、协作、合作的方式来传播隐性知识的复杂过程，能扩展个体隐性知识的储备。

（5）知识创新。知识的创新是指知识储备的扩展并产生新概念新思想的过程。知识创新是积累、应用、共享和交流活动相互作用的结果。知识创新的过程就是知识活动的循环过程，创新的知识应用于生产便是知识创造价值的过程。知识活动并非和知识转化过程一一对应，各项知识活动也并不是孤立发生的，而是都包含了对显性知识、隐性知识及其相互转化的处理。

3. 知识管理与信息管理的关系及区别

信息管理是对信息资源及其相关资源如信息设备、信息技术、信息投资和信息人员等进行规划、预算、组织、指挥和控制的全过程。信息管理过程始于信息工程人员对用户的信息需求的分析，以此为起点，经过对信息源的分析、信息的采集与转换、信息组织、信息存储、信息检索、信息开发和信息传递等环节，最终满足用户的信息需求。信息管理的核心是对信息资源的开发和利用，而信息资源的开发和利用过程又自然构成了信息资源的生命周期，这个周期是与人类认识世界和改造世界的过程相吻合，这也是信息管理思想的灵魂。

信息是由信息载体、信息符号和编码及信息内容构成的。它是独立于行动和决策之外，容易被转让，也可以被复制。而知识是一种无形的产品，它与行动和决策又有着密切的关系，它必须经过学习才能被转让，同时它又是无法被复制的。信息与知识之间存在着紧密的联系，人们不断地将已获得的知识转换成为各种形式的信息或通过获得其他方面的信息来增加他们的知识，连续不断地从知识到信息和从信息到知识的转换是知识创新的关键要素。信息管理是知识管理的基础，知识管理是信息管理的高级阶层。它们之间的联系表现在：

（1）两者都以信息及信息技术为基础。信息管理的一切研究都以信息为基础。信息技术既为信息管理提供了新的解决方案和思路，同时也引发了一系列新问题，因而成为当前信息管理研究的核心之一。信息是知识创新的原材料和源泉，信息技术是知识管理的重要工具。

（2）知识管理与信息管理研究相互促进。知识管理需要以信息管理为基础，并对信息管理提出了更高的要求。反之，信息管理研究理论和实践中的重大突破也必然为知识管理的研究提供新思路、新方法，因而两者是相互促进、共同发展的。

由于信息与知识之间的密切联系，有人认为知识管理就是信息管理。实际上“信息管理是知识管理的基础，知识管理是信息管理的高级层次”，知识管理不仅仅是利用电脑或电信网络搜集、整理和传递知识信息，更重要的是挖掘存在于人脑中的知识，实现知识的创造和利用，实现人本身的创新能力与信息技术的有机结合。两者的区别主要有：

（1）信息管理以电子信息的组织、管理、保存和服务为核心，以显性知识为主要的管理对象，是一种对有形产品的管理。管理的目标是将大量分散的数据通过系统搜集、加工和处理，使其成为高度相关、便于查询、检索和获得的资源。

（2）知识管理是以用户需求和行动决策为核心，以隐性知识为主要管理对象，是一种对无形产品的管理。它注重作为概念附着于个人的，或作为整体附着于组织的意会知识，它的管理是一种动态的过程。知识是一种财富，知识创新和知识的运用是知识管理追求的直接目标。知识管理不是某种具体的方法、技术或管理方案，它是一种知识的业务重组，所体现的是组织机构的一种管理思想。知识管理的核心就是要创造一种显性知识与隐性知识互动的平台和机制，把人力资源与信息资源整合起来，推动知识的创新和运用。

4. 信息管理到知识管理的提升

从信息管理上升到知识管理，需要经历一个学习的过程。这个学习过程包括：

（1）将隐性知识转化为隐性知识。这是在个人间分享隐性知识的过程，是知识社会化的过程。主要通过观察、模仿和亲身实践等形式使隐性知识得以传递。师传徒受就是个人间分享隐性知识的典型形式。

（2）将隐性知识转化为显性知识。这是对隐性知识的显性描述，将其转化为别人容易理解的形式，这个转化所利用的方式有类比、隐喻和假设、倾听和深度会谈等。

（3）将显性知识转化为隐性知识，这是典型的知识共享过程。例如，企业的显性知识转化为企业中各成员的隐性知识。也就是说，知识在企业员工间传播，员工接收了这些新知识后，可以将其用到工作中去，并创造出新的隐性知识。

（4）将显性知识转化显性知识。这是一种知识扩散的过程，通常是将零碎的显性知识进一步系统化和复杂化。将这些零碎的知识进行整合并用专业语言表述出来，个人知识就上升为了组织知识，能更容易地为更多人共享和创造组织价值。

12.2 数据挖掘和知识发现

本节就知识发现和数据挖掘这两个内容进行了分析和探讨，学生可从内容中详细理解。

12.2.1 数据挖掘与知识发现的概念、过程及方法

此小节主要介绍数据挖掘与知识发现的概念过程和方法。

1. 数据挖掘与知识发现的概念

自从 20 世纪 60 年代以来，信息和数据库系统技术已经从处理最原始的文件处理演化到功能强大的、逻辑复杂的数据库管理系统。随之，数据库管理系统中所积累的数据也越来越多。而激增的数据背后隐藏着许多重要的信息，人们希望能够对其进行更高层次的分析，以便更好地利用这些数据。目前的数据库系统可以高效地实现数据的录入、查询、统计等功能，但无法发现数据中存在的关系和规则，无法根据现有的数据预测未来的发展趋势。缺乏挖掘数据背后隐藏的知识的手段，导致了“数据爆炸但知识贫乏”的现象。

面对这种情况，数据挖掘技术逐渐发展起来。数据挖掘是从数据集中识别出有效的、新颖的、潜在有用的以及最终可理解的模式的非平凡过程，也就是从大量的、不完全的、有噪声的、模糊的、随机的实际应用数据中发现隐含的、规律性的、人们事先未知的但又是潜在有用的并且最终可以被人们所理解的信息和知识的过程。

数据挖掘的诞生是人们对数据库技术进行长期研究的结果，而数据挖掘技术发展的同时又反过来促使数据库技术进入了一个更高级的阶段。传统的数据环境基本上是数据操作型的，传统的信息系统只负责数据的增加、删除及修改操作，而在数据库的基础上可实现的功能就是联机事务处理。现在由于数据积累的不断增多，人们需要分析型的数据环境，于是就出现了由数据库导出的数据仓库，以此为基础则可以实现联机分析处理。

随着海量数据搜集的可能、计算机处理技术的增强和先进数据挖掘算法的提出，数据挖掘技术不仅能对过去的数据进行查询和遍历，而且能够找出过去数据之间潜在有价值的联系，并以一定的形式表现出来，从而极大地满足了人们对知识的迫切需求，也为企业、商家的决策者提供了有效的决策支持。

知识发现(knowledge discovery in database，KDD)是知识信息处理的关键问题之一。它是一个从大型的数据库中智能地和自动地抽取有用的、可信的、有效的和可以理解的模式的过程。广义上的数据挖掘代表了数据库中的知识发现的整个过程，狭义上的数据挖掘是数据库中知识发现的一个处理过程，也是知识发现的一个重要的环节。

2．知识发现与数据挖掘的过程

在不产生歧义的情况下，我们认为知识发现和数据挖掘是同一个过程。

知识发现的过程可由以下几个步骤的迭代序列组成，如图 12-1 所示。

(1) 数据清理（data cleaning)，这一阶段的主要工作是消除噪音数据或不一致数据。

(2) 数据集成（data integration)，这一阶段的工作是将来自多种数据源的数据集成在一起，以便进行统一的访问。

(3) 数据选择（data selection)，这一阶段的主要工作是从数据库中提取与分析任务相关的数据，去掉与挖掘主题明显无关的数据。

(4) 数据变换（data transformation)，这一阶段的主要工作是将待分析的数据变换或统一成适合挖掘的形式，如汇总或聚集操作。

(5) 数据挖掘（data mining)，这是知识发现中最重要最基本的步骤，其工作是使用智能方法提取数据模式或规律知识。

(6) 模式评估（pattern evaluation)，这一阶段的工作是根据某种评估标准，识别提供知识的真正有价值的模式。

(7) 知识表示（knowledge presentation)，这一阶段的工作是使用可视化和知识表示技术，将数据挖掘的结果呈现给用户。

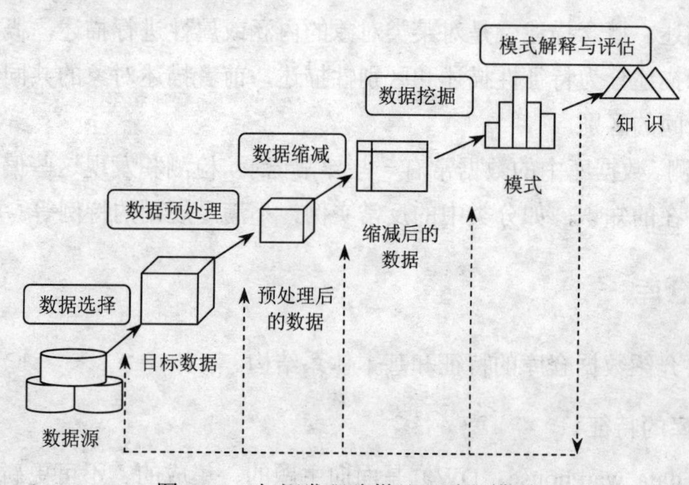

图 12-1　知识发现阶梯处理过程模型

3. 数据挖掘的方法

数据清理、数据集成、数据选择和数据变换是数据预处理的不同阶段，为数据挖掘准备数据。数据挖掘步骤可与用户或知识库交互。有价值的模式提供给用户，或作为新的知识存放在知识库中。数据挖掘的方法很多，主要有聚类、分类、关联规则、时间序列模式、概念描述、偏差检测等。具体如下：

（1）聚类分析。数据库中的记录可以被划分为一系列有相似意义的子集，即聚类。聚类可以增强人们对客观现实的认识，是概念描述和偏差分析的先决条件。聚类技术主要包括：传统的模式识别方法和数学分类学。聚类与分类不同，它是在事先不规定分组规则的情况下，将数据按照其自身特征划分成不同的群组。在聚类分析过程中，要求是在不同群组的数据间要有明显差别，而每个群组内部的数据尽量相似。

（2）分类分析。分类可以解决的问题是为一个事件或对象归类，在使用上既可以用此模型分析已有的数据，也可以用它来预测未来的数据。分类分析首先从完整的数据集合中划分出一部分数据作为训练集合，通过训练找到合适的映射函数 H：$f(x) \to C$ 来表示模型，然后为这个训练集合中的每一个记录分配一个标记，即对训练集合进行了一次划分。接着检查这些标定的记录，描述具有同类标记的子集的特征或重要的相关因素，形成分类规则。最后将发现的重要因素运用到数据集合的整体上，从而完成数据集合的分类工作。

（3）关联分析。数据关联是数据中存在的一类重要的可被发现的知识。若两个或多个变量的取值之间存在着某种规律性，就称为关联。关联可分为简单关联、时序关联、因果关联等。关联分析的目的是找出数据中隐藏的关联关系网。数据间的关联函数有时并不稳定，因此关联分析生成的规则一般带有可信度。

（4）时间序列模式。与关联模式相似，它把数据之间的关联性与时间联系起来。为了发现序列模式，不仅需要知道事件是否发生，而且需要确定事件发生的时间。最典型的例子是市场预测问题，数据挖掘使用过去有关历史数据来寻找未来投资中回报最大的用户。

（5）概念描述。概念描述就是对某类对象的内涵或属性进行描述，概括这类对象的有关特征。概念描述分为特征性描述和区别性描述，前者描述对象的共同特征，后者描述不同类的对象间的区别。

（6）偏差检测。数据库中的数据常有一些异常记录，检测和发现这些偏差很有意义。偏差包括很多潜在的知识，如分类中的反常实例，不满足规则的特例等。

12.2.2　数据仓库

此小节主要介绍数据仓库的特征和基本体系结构。

1. 数据仓库的特征

数据仓库（data warehouse，DW）是面向主题的、集成的、不可更新的、随时间不断变化的数据集合。数据仓库组织和管理数据的方法与普通数据库不同，主要表现在三个方面：数据仓库依据决策要求，只从数据库中抽取需要的数据并进行一定的处理；数据仓库是多维的，即数据仓库的数据的组织方式有多层的行和列；数据仓库支持决策处理，不同于普通的事务处理。

数据仓库本质上是一个使用其自身数据库管理系统的数据库系统，该数据库系统从其他支持日常业务的数据库中获取数据。利用不同的传播和复制方法保持数据在所有数据库中的一致性、实现从一个数据库向另一个数据库抽取和加载。数据仓库具有如下特征：

（1）面向主题（subject-oriented）。面向主题是数据仓库最重要的特征之一。传统数据库是面向应用的，数据与应用紧密相连；数据仓库的数据则面向主题。主题是一个抽象的概念，是在较高层次上的信息系统中的数据综合，归类，并进行分析利用的抽象对象，在逻辑意义上，它是对应某一宏观分析领域所涉及的分析对象。

（2）集成性（integrated）。数据仓库中的数据是在对不同数据源中的数据抽取、转换、加工、装载，这是数据仓库建立过程中关键的步骤。在这个过程中，要保证各个数据源中数据的一致性。

（3）稳定性（non-volatile）。数据仓库中的数据主要供决策之用，所以数据仓库中的数据一般反映的是一段相当长的时间内历史数据的内容，以及基于这些数据的统计、综合信息，所以它是比较稳定的，极少或根本不修改。

（4）反映历史的。数据仓库中的数据并不是反映企业当前状态的数据，而是存储的是某一段历史数据，时间点的选择是以满足决策支持分析需求为主。

2. 数据仓库的基本体系结构

数据仓库从多个分布式的数据源中获取原始数据，经整理加工后，存储在数据仓库的内部数据库中通过数据仓库访问工具，向数据仓库的用户提供统一、协调和集成的信息环境，支持深入的综合和决策过程。一个数据仓库的基本体系结构一般来说包括八个主要组成部分：

（1）源数据（source data）：为数据仓库提供源数据。

（2）数据抽取（extraction）、转换（transformation）、装载（load）工具：其功能是从数据源中抽取数据，对数据进行检验和整理，并根据数据仓库的设计要求对数据进行重新组织和加工，然后装载到数据仓库的目标数据库中。除此之外，数据仓库还可以周期性的刷新数据仓库，以反映数据源的变化以及将数据仓库中的数据做转储。

（3）数据建模工具（modeling tools）：用于为数据仓库的源数据库和目标数据库建立信息模型，以描述数据检验、整理、加工的需求和相应过程及步骤。

（4）元数据仓库（metadata repository）：用户存储数据模型和源数据。其中，元数据描述了数据仓库中源数据和目标数据本身的信息，定义了从源数据到目标数据的转换过程。

（5）数据仓库监控（monitoring）和管理（administration）工具：对数据仓库的运行提供监督和管理。

（6）数据仓库和数据集市（data marts）的目标数据（target database）：存储经过检验、整理、加工和重新组织后的数据。数据仓库是企业级的，能为整个企业各部门的运行提供决策支持，而数据集市是部门级的，一般只为某个局部范围内的管理人员服务。

（7）OLAP 服务：是功能强大的多用户的数据操纵引擎，特别用来支持和操作多维数据。

（8）前端数据访问和分析工具：供业务分析和决策人员访问目标数据库中的数据，并用做进一步的深入分析。

12.3 常用的数据挖掘方法

本节介绍几种常用的数据挖掘方法，学生应对每种方法的原理思路有所了解。

12.3.1 关联规则

1. 关联规则及关联规则挖掘

关联规则（association rule）挖掘就是在数据库中进行关联分析，是数据挖掘的众多方法中最为典型的一种。关联分析来自于统计学中经常用到的一个术语，指的是对两个或者更多变量之间可能存在的关联关系的介绍。从广义的角度说，这种关系还可以是因果关系或者时序关系等。

1994 年，Agrawal 等提出了关联规则挖掘的经典算法 Apriori，其后诸多研究人员和学者投入到关联分析的研究工作当中，其中包括对 Apriori 算法进行优化，提高了算法挖掘规则的效率；同时关联规则挖掘的对象从最初的购物篮数据扩展到其他数据格式，规则的含义也越来越多样化，关联规则的应用范围扩展到零售业、电信业、财务金融业、保险业及医疗服务业等很多行业。目前，关联规则挖掘是数据挖掘中最成熟、最主要、最活跃的研究内容之一。

定义 12.1 事务、项目：关联规则挖掘的数据集，记为 D(一般为事务型数据库)，$D=\{t_1,t_2,\cdots,t_k,\cdots,t_n\},t_k=\{i_1,i_2,\cdots,i_m,\cdots,i_p\},t_k(k=1,2,\cdots,n)$ 称为事务（transactions），$i_m(m=1,2\cdots,n)$称为项目（item）。

定义 12.2 项目集、k—项目集：设 $I=\{i_1,i_2,\cdots,i_m\}$ 是 D 中全体项目组成的集合，I 的任何子集 X 称为 D 中的项目集（itemset），若有$|X|=k$，则称集合 X 为 k 项目集(k-Itemset)。

设 t_k 和 X 分别为 D 中的事务和项目集，如果 $X\subseteq t_k$，称事务 t_k 包含项目集 X。

定义 12.3 关联规则、规则前件、规则后件：关联规则是描述数据集 D 中数据项目之间存在的潜在关系的规则，形式为 $X\Rightarrow Y$，其中 $X\subset I$，$Y\subset I$，且 $X\cap Y=\varnothing$，X 称为规则前件，Y 称为规则后件。项集之间的关联表示：如果 X 出现在一条事务中，那么 Y

在该事务中同时出现的可能性比较高。

定义 12.4　支持数、支持度：项目集 X 在数据集 D 中的支持数是 D 中包含 X 的事务数，记做 X.count；项目集 X 在数据集 D 中的支持度是 X 的支持数与 D 中总事务数之比，记做

support(X)，则有 $\text{support}(X)=\dfrac{X.\text{count}}{|D|}$，其中{$D$}是数据集 D 中的总事务数。

定义 12.5　置信度：关联规则 $X\Rightarrow Y$ 的置信度是数据集 D 中包含 $X\cup Y$ 的事务数与包含 X 的事务数之比，记为 confidence($X\Rightarrow Y$)，即

$$\text{confidence}(X\Rightarrow Y)=\frac{(X\cup Y).\text{count}}{X.\text{count}}\frac{\text{support}(X\cup Y)}{\text{support}(X)}$$

通常用户为了达到一定的要求，需要指出关联规则的最小支持度（minsup）和最小置信度（minconf）。

定义 12.6　频繁项目集、强规则：对于项目集 X，若 support(X)$\geqslant$minsup，则称 X 为频繁项目集，否则称非频繁项目集，若频繁项目集 X 为 k—集，称为频繁 k—，所有频繁 k—的集合，为 L_k；对于关联规则 $X\Rightarrow Y$，若 support($X\Rightarrow Y$)$\geqslant$minsup，且 confidence($X\Rightarrow Y$)$\geqslant$minconf，则 $X\Rightarrow Y$ 为强规则，否则为弱规则。

关联规则挖掘的主要任务就是在事务数据库 D 中挖掘出所有的强关联规则，即在 D 中找出所有具有用户指定最小支持度和最小置信度的关联规则。这样，每一条被挖掘出来的关联规则就可以用一个蕴含式和两个阈值唯一标识。

支持度是对关联规则重要性的衡量表示规则的频度，规则的支持度说明它在所有事务中有多大的代表性，其值越大，说明关联规则就越重要。置信度是对关联规则正确程度的衡量，表示规则的强度，如果关联规则的置信度很高，但支持度很低，说明该关联规则实用机会很小；如果支持度很高，而置信度很低，则说明该规则不可靠。

2．关联规则挖掘的步骤

关联规则的挖掘可以分两步来进行：

① 找出所有的频繁项集：根据前面定义，这些项集出现的频率最少和预定义的最小支持度是一样的。即找出满足条件 support(X)$\geqslant$minsup 的项集 X。

② 利用步骤一获得的频繁项集，产生相应的强关联规则。对于每个频繁项集 X，对任意 $Y\subset X$ 且 $Y\neq\varnothing$，若有 $\dfrac{\text{support}(X\cup Y)}{\text{support}(X)}\geqslant\text{minconf}$，则有强关联规则 $Y\Rightarrow(X-Y)$，其中，support(X)与 $\dfrac{\text{support}(X\cup Y)}{\text{support}(X)}$ 分别为关联规则 $Y\Rightarrow(X-Y)$ 的支持度与置信度。

3．关联规则挖掘的算法

目前各种关联规则挖掘算法大致可分为以下几类：

（1）采样算法。采样算法的主要思想是先从事务数据库选择一个能放入主存的小样本，再从这个样本中确定频繁项目集。如果这些频繁项目集能够构成数据库的频繁项集的超集，那么可以通过扫描数据库的其余部分来确定真正的频繁项目集，便能计算超集项目集的准确支持度。频繁项目集的超集通常可以通过降低最小支持度，从而在样本中找到。

（2）搜索算法。搜索算法的主要思想是在读入数据集中每个事务时，对该事务中包含的所有项目集进行相应的处理，因此搜索算法需要计算所有项目集的支持度。该类算法只适合于项集数量相对较小的数据集中的关联规则挖掘。

（3）层次算法。以 Apriori 算法为代表的层次算法的主要原理是按项目数从小到大的顺序寻找频繁项目集。以 Apriori 算法为代表的层次算法可以产生相对比较小的候选项目集。Apriori 算法所需要扫描数据集的次数等于最大频繁项目集的项目数。因此，这类层次算法比较适合于最大频繁项目集相对较小的数据集中的关联规则的数据挖掘。

（4）基于划分的算法。基于划分的算法的原理是：首先把数据库从逻辑上分成几个互不相交的块，每次单独考虑一个分块并对它生成所有的频集，然后把产生的频集合并，用来生成所有可能的频集，最后计算这些项集的支持度。这里分块的大小选择要使得每个分块可以被放入主存，每个阶段只需被扫描一次。而算法的正确性是由每一个可能的频集至少在某一个分块中是频集保证的。该算法是可以高度并行的，可以把每一分块分别分配给某一个处理器生成频集。产生频集的每一个循环结束后，处理器之间进行通信来产生全局的候选 k—项集。

12.3.2 时间序列分析

时间序列是一种常见而又重要的数据类型，它普遍存在于许多重要应用领域中，比如 DNA 序列、金融数据、股票、传感器网络监控数据等都可以视为时间序列。如何在海量的时间序列中发现其背后隐藏的知识，分析出时间序列变化规律，并利用它对问题做出科学的决策成为人们关注的问题。因此人们提出了时间序列数据挖掘（time series data mining，TSDM）。

时间序列数据挖掘的目的就是从时间序列中检测出用户感兴趣的模式，这些模式可以帮助人们更好地认识时间序列中蕴含的规律，加深人们对时间序列背后的系统和现象的理解。时间序列数据挖掘的许多技术来源于传统时间序列分析的理论与技术。两者的研究对象与目的也基本相似，即发现时间序列数据中蕴含的规律。所不同的是时间序列数据挖掘更加关注海量时间序列的处理技术且更加强调时间序列的形态特征，通常用形态特征来刻画时间序列中蕴含的规律，而传统时间序列分析技术通常用解析函数或者统计量来刻画时间序列中蕴含的规律。

时间序列是按时间顺序的一组数字序列，时间序列数据库是指由随时间变化的序列值或事件组成的数据库。这些值或事件通常是在等时间间隔测得的。以数学方式表述如下：

定义 12.7　一组时间序列数据是指一系列记录集，$\{r_j\}_{j=1}^{N}$，N 为序列值的个数，其中每个记录为 m+1 维数据，即 $r_j=\{a_1,a_2,\cdots,a_m,t_j\}$，$a_i$ 为特性值，可以是连续实数也可以是离散数据，可以与时间有关联也可以没有。如果某特性值与时间有关，则该特性值为动态特性，否则为静态特性，一般时间序列的研究主要是针对动态特性。

定义 12.8　对于定义 12.7 中的特性值 a_i 可以定义为特性函数 f_i，其 f_i 是时间的函数，函数的系数可以从特性值 a_i 中得到，其函数表达式为 $f_i(t_x)=a_i$，其中 $t_x\in t_j$。

时间序列挖掘的基本思路为：针对实际的大量时间序列数据，根据应用目的，选用相应的挖掘方法，从序列数据中发现隐含的规则，再以这些规则对序列未来的变化进行预测或描述。时间序列挖掘的一般方法是，首先对序列进行分割并抽取各个子序列的特征，根据这些特征进行聚类，得到少数几个模式，将模式进行符号替换，然后采用序列模式发现算法实现关联规则的发现。目前时间序列数据挖掘算法大致可分为以下几类：

1．趋势分析

时序序列可以用时序序列图来表示，它描述了数据序列随时间变化的情况。时间序列模式根据数据随时间变化的趋势预测将来的值。这里要考虑到时间的特殊性质，像一些周期性的时间定义，如星期、月、季节、年等，特殊的时间如节假日可能对时间序列造成的影响。时间本身的计算方法也存在一些需要特殊考虑的地方，如时间前后的相关性等。只有充分考虑这些因素，利用现有数据序列，才能更好地预测将来的值。如何处理时间序列数据，目前一般有四种主要的变化用于时间序列数据分析：

（1）长期或趋势变化。它主要用于反映一般变化方向，其时序图是在较长时间间隔上的数据变化。这种变化反映为一种趋势线。确定该趋势线的典型方法包括加权移动平均方法和最小二乘法。

（2）循环变动或循环变化。循环性即趋势曲线或趋势线在长期时间内呈摆动现象，它可以是周期性的，也可以不是周期性的，即在相等时间间隔之间，循环不需要沿着同样的模式演进。

（3）非规则或随机变化。它反映的是由于随机或偶然事件引起的零星时序变化，如干旱、洪水或企业内发生的人事变动等。

2．时序分析中的相似搜索

通常对数据库的查询是要找出符合查询的精确数据，而对于时序序列中的相似搜索是找出与给定查询序列最接近的数据序列。整体序列匹配是找出彼此间相似的序列，而子序列匹配是找出与给定序列相似的所有子数据序列。进行时序数据的相似分析时，通常采用欧式距离作为相似性计算的依据。当它们之间存在足够多的非重叠的相似子序列的时序对时，两序列被认为是相似的。时序分析中的相似搜索有以下几种基本方法：

（1）数据变换方法，从时域变换到频域，这是由于许多信号分析的技术所需要的数据是来自于频率域。常见的变换方法有离散傅立叶变换（DFT）和离散小波变换（DWT）。对子序列匹配时，每一序列首先被分割为时间长度为1的窗口“片断”。每个序列映射为特征空间中的一个“线索”。对子序列分析时，把每个序列的线索划分为“子线索”，由最小边界矩形表示。

（2）增强相似搜索方法，可以包容处理偏移和振幅中的间隙和差异。大部分实际应用并不一定要求匹配的子序列在时间轴上完全一致，可以在序列内存在间隙或在偏移或振幅中存在差异，这时我们也可以认为它们是匹配的。增强相似搜索方法能够在这种差异的情况下仍能判断其相似性的是一种改进的相似模型，它允许用户或专家对一些参数进行说明，如滑动窗口尺寸，相似范围的宽度，最大间隙，匹配片段，等等。处理偏移与振幅的间隙和差异的相似搜索的执行步骤为：首先原子匹配，找出所有无间隙的较小相同窗口对；其次窗口结合，把相同窗口结合，形成大的相似子序列对，其中允许在原子匹配间有间隙；最后子序列排序。

（3）相似搜索的索引方法，为提高在大型数据库中进行相似搜索的效率，人们提出了各种索引的方法。如 R-树，R*-树等方法，它们用于存储最小边界矩形以加速相似搜索。另外，提出了 K-D-B 树的方法，它用于在高维点上提高空间相似连接的速度。

3．序列模式挖掘

序列模式挖掘（sequence pattern matching）是指挖掘相对时间或其他模式出现频率高的模式。对于序列模式挖掘，需要设置一些参数，参数取值如何，将严重影响挖掘效果。第一个参数是时间序列的持续时间 T，序列模式挖掘是限制在特定的持续时间内的挖掘。第二个参数是事件重叠窗口 W，在指定时间周期内出现的一组事件，可以视为某一分析中一起出现的事件。第三个参数是被发现的模式中时间之间的事件的间隔 int。

4．周期分析

周期分析是指对周期模式的挖掘，即在时序数据库中找出重复出现的模式。周期模式可以应用于许多重要的领域。例如季节、行星轨道、潮汐、每日交通模式和每日能源消耗等等。周期模式挖掘的问题可分为三类：

（1）挖掘全周期模式。这里每个时间点都影响着时序上的循环行为。

（2）挖掘部分周期模式。它描述在部分时间点的时序周期。部分周期是一种比全周期较为松散的形式，在现实世界也更为常见一些。

（3）挖掘循环或周期关联规则。这种规则是周期出现的事件的关联规则。

全周期分析的技术主要在信号分析和统计中研究。如快速傅立叶变换方法已用于时间域到频率域的数据转换，以便于全周期分析。有关部分周期模式和循环关联规则挖掘的大部分研究都应用了 Apriori 特性启发式和采用了变通的 Apriori 挖掘方法。在序列模式和周期模式挖掘中可以引入约束。

12.3.3　聚类分析

聚类分析的目标是在相似的基础上收集数据来分类，它是数据挖掘领域最为常见的方法之一，用于发现在数据库中未知的对象类。通过聚类形成的每一个组称为一个类/簇，在同一簇中的对象具有较高的相似度，而不同簇中的对象差异较大。人们通过聚类识别密集的或稀疏的区域，从而发现全局的分布模式，以及数据属性之间的关系。目前的聚类方法已经广泛应用在如数据挖掘、统计学、机器学习、空间数据库技术、等相关领域中，取得了很大的成功和实用价值。

聚类算法大体上可分为以下几类方法。

1．划分方法

给定一个具有 n 个对象或元组的数据集，由划分方法构建数据的 k 个划分，每个划分表示一个聚类，并且 $k \leqslant n$。也就是说，它将数据划分为 k 个组，同时满足如下要求：

（1）每个组至少包含一个对象。

（2）每个对象必须属于且只属于一个组。

该类算法的具体思路是：给定要构建的划分数目 k，首先创建一个初始划分。然后采用迭代的重定位技术，尝试通过对象在划分间的移动来改进划分。一个好的划分的一般准则是在同一类的对象之间的距离尽可能小，而不同类的对象之间的距离尽可能大。为了达到全局最优，基于划分的聚类会要穷举所有可能的划分。在绝大多数应用中主要采用以下两个比较流行的启发式算法：

（1）*k*-means 算法（*k* 平均算法），该算法中，每个簇用该簇中对象的平均值来表示。

（2）*k*-medoids 算法（*k* 中心点算法），在该算法中，每个簇用接近聚类中心的一个对象来表示。

以上这两种启发式聚类方法很适合在中小规模的数据集中发现球状簇。为了对大规模的数据集进行聚类，以及处理复杂形状的聚类，基于划分的方法需要进一步的扩展。

2．层次方法

层次方法一般被分为两种类型：

（1）凝聚的层次聚类。凝聚的层次聚类使用的是自底向上的策略，首先将每个对象作为一个簇，然后合并这些原子簇为越来越大的簇，直到所有的对象都在一个簇中，或者某个终结条件被满足。绝大多数层次聚类属于这种方法，它们只是在簇间相似度的定义上有所不同。

（2）分裂的层次聚类。分裂的层次聚类采用的是自顶向下的策略与凝聚层次聚类不同，它首先将全部对象置于一个簇中，然后逐渐细分为越来越小的簇，直到每个对象自成一簇或达到了某个终结条件，如达到了某个希望的簇数目，或者两个最近的簇之间的距离超过了某个闭值。

层次方法的缺陷在于，一旦一个合并或分裂步骤完成后，它就不能被撤销。这个严格规定是有用的，由于不用担心组合数目的不同选择，计算代价会较小。但是该技术的一个主要问题是它不能更正错误的决定。

基于层次聚类的方法有：CURE（clustering using representative，利用代表点聚类）、BIRCH（balanced iterative reducing and clustering using hierarchies，利用层次方法的平衡迭代约减和聚类）、Chameleon（利用动态模型的层次聚类）等。

3．基于网格的方法

基于网格的方法是把对象空间量化为有限数目的单元，形成网格结构，所有的聚类操作都在这个网格结构上进行。基于网格的方法的主要优点是它的处理速度很快，其处理时间独立于数据对象的数目，只与量化空间中每一维的单元数目有关。STING 是典型的基于网格的方法。WaveCluster 既可以说是基于网格的聚类算法，也可以说是基于密度的聚类算法。

4．基于模型的方法

基于模型的聚类方法试图为每个簇假定一个模型，寻找数据对给定模型的最佳匹配。基于模型的方法是以这样的假设为基础，它假设数据是根据潜在的概率分布而成的。一个基于模型的算法可能通过构建反映数据点空间分布的密度函数来定位聚类。它也给予标准的统计数在自动界定聚类的数目，祛除噪声的影响，从而具有健壮性。基于模型的方法主要有两类分别为统计学方法和神经网络方法。

5．基于密度的聚类

为了发现任意形状的簇，研究人员提出了基于密度的聚类方法，其主要思想是：只要邻近区域的对象或数据点的密度超过了某个闭值，就继续聚类。也就是说，对给定类中的每个数据点，在一个给定范围的区域中必须包含至少某个数目的点。这种方法可以用来过滤噪声数据，发现任意形状的簇。DBSCAN 是一个极具代表性的基于密度的聚类方法，它根据一个密度闭值来控制簇的增长。OPTICS 是另一个著名的基于密度的方法，它为自动的交互的聚类分析计算一个聚类次序。

12.3.4　孤立点分析

孤立点，指的是在数据库中，经常存在一些数据对象，它们不符合数据的一般模型，这样的数据对象被称为孤立点（outlier）。孤立点在某种尺度下与其他点不同或不一致。孤立点可能是由于度量或执行错误导致的。在挖掘正常类知识时，通常把它们作为噪音来处理。然而，一个人的噪声可能是另一个人的信号。这样的点通常包含了一些重要的隐藏信息。例如，在欺诈探测中，孤立点可能预示着欺诈行为。孤立点检测和分析在数据挖掘中是一个重要的内容，被称为孤立点挖掘。孤立点挖掘技术广泛应用于信用卡盗用、经济应用和市场调查。

孤立点的研究非常重要，这主要是由于：① 它对数据分析的结果有很大影响；② 它有可能蕴涵应用领域中有意义的、新颖的、有用的知识；③ 孤立点的确定经常导致发现新的知识。

如图 12-2 所示，孤立点分析的过程可以粗略包括：孤立点问题定义、数据准备、孤立点分析、分析结果的解释及评估。

（1）孤立点问题描述。在孤立点问题描述阶段，数据挖掘人员必须和目标领域专家及最终用户紧密协作来确定挖掘任务，一方面是确定实际工作对数据挖掘的需求；另一方面是确定可用的挖掘算法。

（2）数据准备。该阶段包括两个步骤：数据选取和数据预处理。数据选取是确定挖掘任务的目标数据，目标数据是根据用户需求从原始数据库中抽取的一组数据。数据预处理包括消除噪声、推导计算缺值数据、转换数据类型、降低数据维数等。

（3）孤立点分析。明确了挖掘任务后，本阶段的任务是通过确定挖掘算法来发现孤立点模式。

（4）挖掘结果的解释及评估。对发现的模式进行评估。对冗余或无用的模式进行剔除；对不满足用户要求的模式，要返回到前一阶段，重新数据准备、确定挖掘算法、设定新的参数值等。

由孤立点分析过程描述可以看出：整个挖掘过程是一个不断反馈的过程。

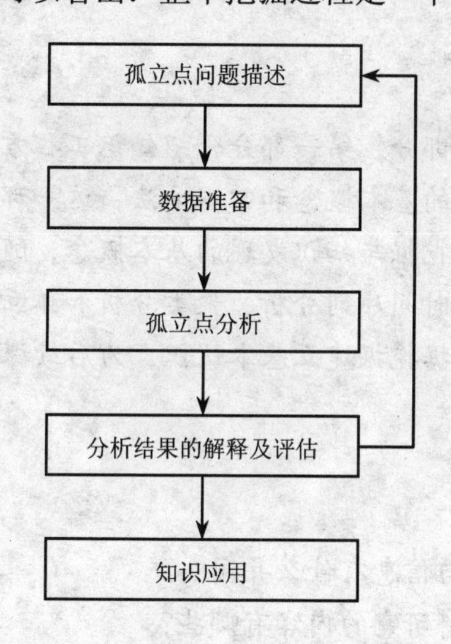

图 12-2　孤立点分析过程示意图

目前孤立点挖掘算法主要有以下三种。

1．统计学方法

统计的方法是对给定的数据集合假设一个分布或概率模型，然后根据模型采用不一致检验来确定孤立点。该检验要求知道数据集分布、分布参数和预期的孤立点数目。这是目前研究最多的方法。统计学方法优点在于，检验正确率较高，但是，它对先验知识的要求也最高，最不容易满足。比如，在三维或者更高维的数据中，很难知道数据是否符合某种分布，或者，数据集根本就不符合现有的分布模型，孤立点的数目事先也不一定能知道。

2．基于距离的方法

在这类方法中，一般将孤立点定义为：如果数据集 S 中对象至少有 P 部分与对象 O 的距离大于 d，则对象 O 是一个带参数 p 和 d 的基于距离（*DB*）的孤立点，即 DB(p, d)。也就是将没有足够多邻居的对象看作孤立点，这里的邻居是基于距离评价的。这类方法拓展了多个标准分布的不一致性检验的思想。基于距离的方法的缺点是对 p 和 d 的确定需要多次试探，而且在高维数据中的应用比较困难。

3．基于偏离的方法

这种方法通过检查一组对象的主要特征来确定孤立点。与给定的描述“偏离”的对象被认定为孤立点。基于偏离的方法中比较有代表性实现技术有以下三种：

（1）Arning 采用了系列化技术挖掘孤立点。

（2）Sarawagi 应用 OLAP 数据立方体引进了发现驱动的基于偏移的异常检测算法。

（3）Jagadish 提出了一个高效的挖掘时间序列中异常的基于偏移的检测算法。

目前，基于偏移的检测算法大多都停留在理论研究上，实际应用比较少。

本章小结

本章内容总体分为两大部分，第一部分介绍知识工程方面的一些基本知识，第二部分介绍数据挖掘和知识发现的基本概念和常用方法，这一部分是本章的重点内容。在第二部分中，首先介绍了数据挖掘与知识发现的基本概念，随后介绍了数据挖掘的一些主要方法，包括：关联规则、时间序列分析、聚类分析和孤立点分析等。读者通过对本章的阅读可以对知识工程和数据挖掘建立基本认识，为后续课程的学习打下基础。

本章习题

1. 什么是知识？知识与信息有什么异同？
2. 试论述知识工程学科研究的内容有哪些？
3. 什么是知识管理？如何进行知识管理？
4. 试论述知识管理与信息管理的异同。
5. 什么是数据挖掘？如何进行数据挖掘？
6. 数据仓库是什么？它有哪些特征？
7. 试论述如何利用关联规则进行数据挖掘。
8. 试举例分析如何对时间序列数据进行挖掘。
9. 试论述聚类分析的原理。
10. 什么是孤立点？孤立点对数据挖掘有什么意义？

参 考 文 献

[1] 周洪波. 物联网：技术、应用、标准和商业模式[M]. 北京：电子工业出版社，2010.

[2] 周瑾. 现代管理科学，Modern Management Science [J]. 我国商务智能研究，2007(4).

[3] 涂子沛．商务智能（BI）发展简史[EB/OL]．畅享网，中国信息主管网：http://www.cio360.net/ h/1812/344380，2010(3).

[4] 吴大刚，高立波. 知识管理与商务智能的整合及应用研究[J]. 黑龙江大学，2008(5).

[5] 孙海侠．商务智能系统的构架及技术支持[J]．情报杂志，2005(2).

[6] 黄岳. 商务智能 BI 的主流厂商与产品架构[EB/OL]. 原创-IT: http://home.donews.com/donews/article/7/77055.html.

[7] 鲁百年．商务智能的发展趋势[J]．信息与软件世界，2010.

[8] 李伟．商务智能将在未来物联网发展中大有可为．[EB/OL]．http://cio.it168.com/a2010/ 1027/1118/000001118769.shtml，2010-10-28.

[9] 物联网产品的十大智能应用领域．世界经理人[J]．2011-03-02.

[10] 物联网“十二五”规划出台：十大领域共同发力．物联网技术[J]，2011(1).

[11] 王广宇．知识管理：冲击与改进战略研究[M]．北京：清华大学出版社，2004.

[12] 李生琦，徐福缘，史伟．知识管理系统的构建目标与实现途径[J]．China Academic Journal Electronic Publishing House，2002(6).

[13] 李颖，姚艺. 国内外知识管理系统研究：回顾与展望[J]．Review and Prospect: Know ledge Management System at Home and Abroad，China Academic Journal Electronic Publishing House．2010(5).

[14] 王广宇．知识管理：冲击与改进战略研究[M]．北京：清华大学出版社，2004.

[15] 周瑾，黄立平. 知识管理和商务智能关系研究[J]. 科学学与科学技术管理. 2009(3).

[16] 吴大刚，高立波．知识管理与商务智能的整合及应用研究[J]．黑龙江大学.

[17] 李十勇、陈永强，李研．蚁群算法及其应用[J]．哈匀滨：哈尔滨工业大学出版社，2004.

[18] 蒋静坪，杨剑锋．蚁群算法及其应用研究[M]．浙江大学，2007(4).

[19] 吴启迪，汪镭著．智能蚁群算法及应用[M]．上海：上海科技教育出版社，2004.

[20] 王科俊，徐立芳．免疫克隆选择算法应用研究[J]．哈尔滨工程大学，2007(12).
[21] 章兢，周泉．人工免疫系统理论及免疫克隆优化算法研究[J]．湖南大学，2005(2).
[22] 陈莉，张丽霞．免疫克隆智能优化算法的研究与应用[J]．西北大学，2008.
[23] 周永权，聂黎明．人工鱼群算法及其应用[J]．广西民族大学，2009(4).
[24] 陆永忠，王雁飞．粒子群优化算法及其应用[J]．华中科技大学，2008(10).
[25] 崔刚，高芳．智能粒子群优化算法研究[J]．哈尔滨工业大学，2008(6).
[26] 汤兵勇．物联网时代的电子商务创新模式研究[J]．东华大学-IBM 电子商务学科发展中心，2010(11).
[27] 赵静，喻晓红，黄波，等．物联网的结构体系与发展[J]．通信技术．2010(09)：43.
[28] 毕晓君，张艳双．基于免疫算法的无线传感器网络路由算法[J]．智能系统学报，CAAI Transactions on Intelligent Systems．2009(1)：第 4 卷.
[29] 陈志奎，司威．传感器网络的粒子群优化定位算法[J]．通信技术，Communications Technology．2011(1)：第 44 卷.
[30] 蔡自兴，徐光佑．人工智能及其应用 研究生用书[M]．3 版．北京：清华大学出版社，2004.
[31] 蔡自兴．人工智能基础[M]．北京：高等教育出版社，2005.
[32] 尚福华．人工智能及其应用[M]．北京：石油工业出版社，2005.
[33] 佘玉梅，段鹏．人工智能及其应用[M]．上海：上海交通大学出版社，2007.
[34] 王士同．人工智能教程[M]．2 版．北京：电子工业出版社，2006.
[35] 王万森．人工智能原理及其应用[M]．2 版，北京：电子工业出版社，2007.
[36] 吴胜，王书芹．人工智能基础与应用[M]．北京：电子工业出版社，2007.
[37] 邢传鼎，杨家明，任庆生．人工智能原来及应用[M]．上海：东华大学出版社，2005.
[38] 张抑森．人工智能原理与应用[M]．北京：高等教育出版社，2004.
[39] 郑丽敏．人工智能与专家系统原理及其应用[M]．北京：中国农业大学出版社，2004.
[40] 尹朝庆．人工智能与专家系统[M]．北京：中国水利水电出版社，2002.
[41] 朱福喜，杜有福，夏定纯．人工智能引论[M]．武汉：武汉大学出版社，2006.
[42] 侯媛彬，杜京义，汪梅．神经网络[M]．西安：西安电子科技大学出版社，2007.
[43] 杨建刚．人工神经网络实用教程[M]．杭州：浙江大学出版社，2001.
[44] 韩力群．人工神经网络教程[M]．北京：北京邮电大学出版社，2006.
[45] 尹朝庆．人工智能与专家系统[M]．北京：中国水利水电出版社，2002.
[46] 杨汝清．智能控制工程[M]．上海：上海交通大学出版社，2001.

[47] 冯定．神经网络专家系统[M]．北京：北京科学出版社，2006．
[48] 玄光男，程润伟．遗传算法与工程优化[M]．于歆杰，周根费，译．北京：清华大学出版社，2004．
[49] 王凌．车间调度及其遗传算法[M]．北京：清华大学出版社，2003．
[50] 刘增良．模糊技术与神经网络技术选编5[M]．北京：北京航空航天大学出版社，2001．
[51] 闫友彪，陈元琰．机器学习的主要策略综述[J]．计算机应用研究，2004(7)：4-13．
[52] 陈凯，朱钰．机器学习及其相关算法综述[J]．统计与信息论坛，2007(9)：105-112．
[53] 苏淑玲．机器学习的发展现状及其相关研究[J]．肇庆学院学报，2007(3)：41-44．
[54] 李智．机器学习方法及其在基金项目评审中的应用研究[D]．博士学位论文．天津大学研究生院，2004(12)．
[55] 李宁，乐琦．决策树算法及其常见问题的解决[J]．计算机与数字工程，2005(3)：60-64．
[56] 杨明，张载鸿．决策树学习算法ID3的研究[J]．微机发展，2002(5)：5-9．
[57] 马瑜，王有刚．ID3算法应用研究[J]．信息技术，2006(12)：84-86．
[58] 张浩然，汪晓东．支持向量机的学习方法综述[J]．浙江师范大学学报（自然科学版），2005(8)：283-288．
[59] 忻栋．支持向量机算法的研究及在说话人识别上的应用[D]．硕士学位论文．浙江：浙江大学计算机系，2002(3)．
[60] 陆文聪，陈念贻，叶晨洲，李国正．支持向量机算法和软件ChemSVM介绍[J]．计算机与应用化学，2002(11)：697-702．
[61] 王芳．支持向量机算法的研究及其实现[D]．硕士学位论文．江南大学，2008．
[62] 白涛．贝叶斯算法在电力营销决策中的应用与研究[D]．硕士学位论文．华北电力大学，2007(12)．
[63] 赵毅．基于贝叶斯算法的垃圾邮件过滤系统的研究与开发[D]．硕士学位论文．西安：西安理工大学，2010(3)．
[64] 王丽辉，李涛，杜雨，郭京，胡晓勤，卢正添．一种基于自治Agent的分布式入侵检测系统[J]．计算机工程．2006(9)：172-174．
[65] 陈兰芳．多智能体技术及其在生产系统协调控制中的应用[D]．硕士学位论文．河北：河北工业大学，2005(1)．
[66] 陈波，于泠．基于自治Agent的入侵检测系统模型[J]．计算机工程．2000(12)：128-129．
[67] 尹晓虎．多Agent协同的强化学习方法研究[D]．硕士学位论文．国防科学技术大

学研究生院，2003(11).
[68] 杨朝．基于多智能体和 Q 学习的交通控制与诱导协同方法研究[D]．硕士学位论文．吉林：吉林大学，2008(5).
[69] 杜娟．分布式自治智能体优化算法研究[D]．硕士学位论文．中国石油大学，2009(5).
[70] 石轲．基于马尔可夫决策过程理论的 Agent 决策问题研究[D]．硕士学位论文．中国科学技术大学，2010.
[71] 李楠．基于强化学习算法的多智能体学习问题的研究[D]．硕士学位论文．江南大学，2006.
[72] 石岿然，李湘健．博弈学习理论及企业组织治理研究[J]．南京工业大学学报（社会科学版）．2007(9)：57-61.
[73] 李莉，石岩森，薛劲松，朱云龙．基于多智能体的虚拟企业环境下自治 agent 的协商[J]．控制与决策．2001(11)：770-778.
[74] 冯丽．电力市场竞价策略的博弈学习研究[D]．硕士学位论文．华中科技大学，2006.
[75] 张璐．计算机与自然语言的理解[J]．西安文理学院学报（社会科学版）．2010(2)：88-90.
[76] 余贞斌．自然语言理解的研究[D]．硕士学位论文．华东师范大学，2005.
[77] 李海林．自然语言理解及其在机务信息规范化中的应用[D]．硕士学位论文．南京：南京航空航天大学，2004.
[78] 索东梅．自然语言理解研究[J]．长春师范学院学报（自然科学版）．2005(3)：110-111.
[79] 王小波．自然语言理解研究[J]．山西广播电视大学学报．2005(4)：27-28.
[80] 谭俊明．自然语言的理解综述[J]．科技广场．2008(5)：253-256.
[81] 张爱民．自然语言处理及其智能搜索引擎模型的设计研究[D]．硕士学位论文．甘肃：兰州理工大学，2003.
[82] 周吉．自然语言处理及搜索引擎的研究[D]．硕士学位论文．吉林：吉林大学：2007.
[83] 司畅，张铁峰．关于自然语言生成技术的研究[J]．信息技术．2010(9)：108-110.
[84] 孙鑫．自然语言处理中语法分析研究[J]．现代图书情报技术．2004 年刊：44-46.
[85] 王万军．可拓方法与知识工程[J]．甘肃教育学院学报（自然科学版），2004(1)：27-30.
[86] 邱婧玲．知识管理研究综述[J]．河西学院学报，2010(5)：61-67.
[87] 王兴宇．知识工程关键技术支持的教育信息资源管理机制与运作模式应用研究[D]．硕士学位论文．吉林：吉林大学，2009.
[88] 盛小平．国内知识管理研究综述[J]．中国图书馆学报，2002(3)：60-64.
[89] 夏勇．聚类分析和离群点识别技术研究及其应用[D]．硕士学位论文．黑龙江：哈

尔滨工程大学，2008.

[90] 杨雅薇．基于数据仓库和数据挖掘的行为分析研究[D]．硕士学位论文．陕西：长安大学，2010.

[91] 陈大庆．数据仓库和数据挖掘技术在电信领域的应用研究[D]．硕士学位论文．上海：上海交通大学，2007.

[92] 盛小平，何立阳．知识管理系统研究综述[J]．图书馆，2003(1)：36-39.

[93] 宋鹤飞．数据仓库和数据挖掘在纳税评估中的应用[D]．硕士学位论文．内蒙古：内蒙古大学，2010.

[94] 齐雁，李石君，薛海峰．对演变数据进行关联规则挖掘的新方法[J]．计算机工程，2002(11)：126-130.

[95] 张泳涛．关联规则挖掘算法研究[D]．硕士学位论文．中南大学，2010.

[96] 徐辉增．关联规则数据挖掘方法的研究[D]．硕士学位论文．中国石油大学，2009.

[97] 杨杰．时间序列数据挖掘及其可视化研究[D]．硕士学位论文．合肥工业大学，2007.

[98] 贾澎涛，何华灿，刘丽，孙涛．时间序列数据挖掘综述[J]．计算机应用研究，2007(11)：15-18.

[99] 郭小芳．时间序列数据挖掘中的若干问题研究[D]．硕士学位论文．陕西：西北大学，2008.

[100] 吴楠楠．孤立点挖掘技术在异常检测中的应用研究[D]．硕士学位论文．厦门大学，2007.

[101] 大唐电信．感知矿山大唐电信物联网解决方案在煤炭行业的应用[J]．2010 通信展特刊，2010(10)：38-39.

[102] 何懿，曹邦功，张庆合．浅析物联网在石油行业中的应用[J]． 石油与化工设备，2010(13)：13-16.

[103] 北京中星微电子有限公司．物联网技术在安防行业中的应用与分析[J]．中国安防，2010(7)：34-36.

[104] 陈晰，李祥珍，王宏宇．物联网在智能电网中的应用[J]．华北电业，2010(3) .

[105] 吴睿，钱彬．物联网技术在智能电网的应用[J]． 2010(9):54-58.

[106] 卢志俊，黄若函，周招洋．物联网技术在智能电网中的应用[J]．电力系统通信，2010(7)：50-52.

[107] 李巍．物联网技术在电力智能在线监测的应用[J]．信息化建设，2009(12)：23-24.

[108] 颜志国，唐前进．物联网技术在智能交通中的应用[J]．警察技术，2010(11)：4-7.

[109] 李野，王晶波，董利波，周国志，宋俊德．物联网在智能交通中的应用研究[J]．移动通信，2010(15)：30-34．

[110] 陈鹏，陈奕珣．物联网应用的全新时代：厦门 TD 无线城市之物联网应用案例扫描[J]．中国电信业，2010(12)：36-39．

[111] AGRAWAL R,et al. Mining association rules between sets of items in large database [J]．Proc ACMSIGMOD Intel Conf. Management of Data ,Washington DC, 1993(3): 207-226．

[112] CHEUNG D W,et al. Maintenance of discovered association rules in large database:An incremental updating technique[C]//InProcedings of the 12th International Conference on Data Engineering, New Orleans,1995:106-114．

[113] WANG J, TAO Q. Rough Set Theory and Statistical Learning Theory[M]．Lu, R.Z., editors,Knowledge Science and Computing Science. Beijing:Tsinghua University Press, 2003:49-51．

[114] SANKAR K, PABITRA M. Case generation:A rough fuzzy approach[J]．Machine Learning, 2003,38(3):256-286．

[115] HAN J, FU Y. Discovery of multiple-level association rules from database[J]．Inter.J of Computational Intelligence, 1995,11(2):323-338．

[116] Lakshmanan LVS Optimization of constrained frequent set queries[C]//Proc.1999 ACM-SIGMOD Conf on Management of Data,Philadelphia,PA: 1999:228-236．

[117] PAL S, DILLON T. Soft Computing in Case Based Reasoning[M]．London:Springer Verlag,2000．

[118] DOMINNNIK S. Decomposition and synthese of decision tables with respect to generalized decision functions[J]．Fuzzy and RoughSet, Springer-Verlag, 2003．

[119] HUNG SON Nguyen. Discretization problem for rough set methods[C]//Rough Sets and Current Trends in Computing,1998:545-555．